手帖《オト》

さぐる

中村祥二

朝日文庫

本書は、一九八九年五月に小社より刊行された『香りの世界をさぐる』を改題、加筆したものです。

調香師の手帖《ノオト》
香りの世界をさぐる／目次

調香師の手帖《ノオト》

香りの世界をさぐる

第一章　自然の香りあれこれ

青葉の秘密

青葉の香りの本質は何なのだろう。

新緑の若葉を指先でもむと、青臭いにおいがする。植物により、季節により、青臭さの質と強さとが微妙に変わる。この青臭さの本体は、主として炭素数六個からなる青葉アルコールと青葉アルデヒドなどの八種類の化学物質である。お茶の生葉を摘んだときに感じるのが、その典型的な香りである。

何年か前、静岡で八十八夜の茶摘みをしたことがある。八十八夜のころは、青葉の香りと、茶のうま味テアニン、苦味タンニンの量の調和が最も優れている時期である。ごわごわした古い葉のついた堅い枝の先に、柔らかく、みずみずしく、静岡の言葉では

「みるい」と表現される、数枚の若葉をつけた若い枝がぴんと伸びてくる。慣れた人たちは、器用にその若い葉だけを摘んで、抱えたカゴをたちまち一杯にするが、不慣れな私たちは、まるい茶の木をトラ刈りにしただけだった。若芽に爪をかけないように、親指と人差し指の間にはさんで曲げると、はぜるように折れる。そのとき、新緑のナイーブともいえる柔らかな葉が、私の指先に残した香りは印象的だった。生葉二トンから約百グラムの青葉アルコールが得られる。緑茶の香りや風味は青葉アルコールに負うところが大きく、同じ茶の葉からつくられるウーロン茶や紅茶と味わいを異にするゆえんである。

「みるい」は、静岡県の方言で、「若い」、「柔らかい」の意味。「芽がみるい」などという、お茶の新芽のみずみずしさ、しかも、しゃきっとした感じを表す言葉は、これ以外には考えられない、という。類似語に「みるしい」があり、やはり静岡の方言で「柔らかい」の意味である。「みるみる」という表現は、「うるおいのある様」、「みずみずしい様」だ。『岩波古語辞典』で、「みるみる」の項をみると、次の例があがっている。

「春はみるみると若葉さしそめたりと見し程に」(『発心集』)

メロンや青みの残ったトマトにも、また、キャベツを包丁でさくさくと刻んだときのあのみずみずしいさわやかな香気にも、青葉アルコールが潜んでいる。

この青臭い香りは香水にも用いられており、私たち香料の専門家は一般に「グリーン・ノート」と呼んで、女性のおしゃれにも役立てている。フレッシュで新緑のイメージを持つ香りを特徴とする香水は、一九六〇年代の終わりころから、主として若い女性向けにつくられ、大変な流行となった。この流行は世界的なもので、川や大気の汚染、緑の少ない都市生活に自然を取り戻したいという、自然回帰へのあこがれによるものであったと考えられる。この傾向は、十年近くにも及び、なかなか抜け出せない流行であったので、「グリーン・ノートの長いトンネル」と呼ばれた。この間、グリーン・ノートは、香水の歴史に名を残すような「アリアージュ（エスティ・ローダー社、アメリカ）」、「シャネル十九番（シャネル社、フランス）」などいくつもの名品を生み出した。

香水に使うグリーン・ノートは、青葉の香り（リーフィー・グリーン）のほかにいくつかある。

トマトの葉で代表されるベジタブル・グリーンの香りをかぐと、食べ物が乏しかった戦後、焼け跡の畑に植えたトマトの脇芽《わきめ》を摘んだ小学生のころの記憶が、私によみがえる。

フランスで抽出された珍しいグリーン・ノートを見せてもらったことがある。その濃緑色の液体は、まさにバイオレット・リーフの深い香りであった。バイオレット・リーフとは、南仏の香料の産地、グラースなどで採れるニオイスミレの葉から溶剤抽出でとる香料である。ところが、その原料名と価格を聞いて、私は驚いてしまった。この液体はホウレンソウの葉から採ったもので、一キロ当たり百万円以上もするという。ホウレンソウは、それほど香りの強いものではないから、山ほどの葉からわずかな香料しかとれないのだろう。それは、まだ研究の段階で実用化されてはいないものだった。興味が尽きない香料だった。

花ではあるが、甘い青臭さを放って早春に咲くヒヤシンスのグリーンや、未熟な青いリンゴを想起させて甘さと酸味を混ぜた感じのアップル・グリーンもある。リンゴでも、「ふじ」や「ジョナゴールド」、「王林」などでそれぞれ異なるから、多様なグリーンが現れる。

海の香り（マリーン・ノート）もグリーン・ノートの範囲に入る。海藻のにおい、海辺のにおい、それにオゾンのにおいを総称してマリーン・ノートという。高電圧の紫色の電気火花が発生する装置を扱う人ならだれでも、放電で生まれるオゾンのにおいを知っているはずだ。生臭く、少し薬臭く、青紫のイメージのこのにおいは、確かに海辺の雰囲気を持っている。しかしこのにおいは、海辺だけでなく、ごく普通に存在するもので、地下街や空調の効いた会議室から陽光の輝く屋外に出た瞬間に、この香りによく出くわすことがある。私はまだ見たことはないが、十五パーセントを超える高濃度のオゾンの気体は常温常圧で薄い青色を呈するという。

ガルバナム樹脂は、合成香料化学が進歩する前から使われていた、古典的でしかも優れたグリーン・ノートの素材である。主産地はイランで、セリ科の植物の樹脂である。精油そのものは、身震いするほど不快なにおいだが、少量を巧みに配合すると、快い新鮮さをかもし出せる。グリーン・ノートの種類と用い方は、極めて多様なのである。

山口大学の畑中顕和名誉教授によると、植物は緑葉の香りを外界からの刺激によっておのおのの濃度バランスをいろいろ変え、特有のシグナルや免疫・防御物質、さらに、生理活性物質として全生態系にわたって広く作用させている。この香りは虫や鳥たちの世界でも、多様な働きをしている。チョウやガは、異性を呼ぶ性フェロモン、保護色の決定、脱皮の促進作用など世代交代の重要な手段として、アリは道しるべとして、それぞれ青葉アルコールを用いている。また、青葉アルデヒドは、アリの警報・通信フェロモン、ゴキブリの防御・忌避・集合フェロモンといった、生態保全のための欠かせない手段として用いられている。ある種の鳥類は、卵の孵化の際に必ず新鮮な緑葉を巣に敷く。これを欠くと、卵がかえらないのである。

十二月から四月までわが家の居間を占拠する十鉢ほどのシンビジウムの花の香りは、どれも青臭く、香りからはその花のような華やかなイメージは感じられない。そのあと大輪のボタンの花が庭先で一斉に咲くとき、やはりそのけんらんたる姿には不似合いな、青臭いにおいが漂う。両方の花に共通しているのは、虫がきているのを見たことがないことである。華やかな芳香を犠牲にして、青臭いにおいで身をまもっているのだろうか。「お前は本当にあの美しいボタンの花が嫌いなのか」とテントウムシにたずねてみたい。科学的に対話する実験となると、さぞ難しいことだろう。

〝話〟をする植物たち

森の木々が〝話〟をするというのは、本当なのだろうか。

植物は香りによって互いに語り合う、と畑中教授はいう。

「柳にテントウムシがつくと、緑の葉は、虫が食べてもおいしくないような、苦い物質をつくると同時に、目が回り吐き気を催すような、青臭いにおいを放つ。一方、虫に侵されていない周りの葉は、このにおいで危険を知り、食べにくいように葉を堅くする」という趣旨のことを畑中さんは、「緑葉の香りの秘密を探る」という論文（『現代化学』東京化学同人、一九八四年四月号）で述べている。庭で見るテントウムシの多くの種類は、アブラムシを食べてくれる益虫だが、葉や野菜を食べる種類もかなりいる。

元農林水産省林業試験場（つくば市）の林産化学部の天然物化学の専門家であり、現在は東京大学名誉教授の谷田貝光克博士によると、テンマクケムシに食害された柳の隣にある柳の葉と、遠く離れたところにある柳の葉とでテンマクケムシを飼育して、ケムシの育ち方を比べてみた。遠くにあった葉を食べさせた方がよく育った。このことは、被害木からケムシに対する警戒物質が大気中に放出され、隣接の木にそれが到達して、葉を食べにくくしたからだろう、としている（「フィトンチッドの研究開発の動向」『フレグランスジャーナル』六五号、一九八七）。

植物と虫の会話も知られるようになった。虫に食害された植物が葉から出す化学物質で虫の天敵を呼び身を守ることが報告されている。コナガの幼虫に食べられたキャベツがコナガの天敵のコナガコマユバチににおいでＳＯＳの信号を送っている。植物が食害を受けたときなどの傷口から発する揮発性化学物質は「みどりの香り」と呼ばれる。炭素数六個のアルコールやアルデヒド、さらに、テルペン類のにおい物質である。キャベツはモンシロチョウの幼虫にも食害される。キャベツはついた虫によってにおい物質の組成を変えてＳＯＳの信号を使い分け、それぞれの天敵となるハチを呼び寄せる。トウモロコシやペルー原産のリママメでもＳＯＳ信号を出すことが報告されている。このような植物のボディーガードの研究は害虫防除手段としても検討されている（『朝日新聞』二〇〇四年八月二十九日）（高林純示・京都大学生態学研究センター「第七回アロマサイエンスフォーラム二〇〇六」フレグランスジャーナル社）。

植物は、森林浴で知られるフィトンチッドなどの芳香物質をからだから出して、他の生物に信号を送っている。「フィトン」は「植物」、「チッド」は「殺す」の意味で、微生物など自分に害を与える恐れがある敵から、動くことのできないわが身をまもるためにつくり出す防御物質である。この物質の殺菌効果や人に対する好ましい生理効果に期待するのが、森林浴の理屈というわけだ。このような現象は、一九三〇年ころにソ連のレニングラード大学のボリス・ペトロビッチ・トーキン教授が、動物の発生学の研究の途上に、植物で初めて発見した。

植物にこのような発信機能があるのなら、受信機能もあるはず、と東京農工大学工学部生命工学科の松岡英明教授は考え、実験を重ねてきた。ツユクサなど二十四種類の植物の葉に〇・一～〇・〇五ppb（一ppbは十億分の一）の極めて低い濃度の化学物質を含むガスを当てると、細胞内電圧が変化した。バラの主要な香気成分の甘い芳香物質シトロネロールを、炭酸ガスに混合して、クチナシの葉を覆うと、電位変化が認められた。葉を切り取り、顕微鏡で小さな電極を刺して、種々のにおい分子を含む空気を葉に

植物が分泌する各種防御物質

種類	植物	分泌物質
動物の攻撃に対する防御物質	サクラソウ	ベンゾキノン誘導体
昆虫の攻撃に対する防御物質	バルサムモミ	ジュバビアン
フィトンチッド (殺細菌，殺原生動物，殺真菌の性質あり)	ナナカマド	青酸
フィトアレキシン (細菌，原生動物，真菌の生長を阻害)	ジャガイモ	テルペノイド (例　リシチン)
アレロパシー物質 (他の植物の生育を抑制する物質)	サルビア	シネオール，カンファー
ウーンドガス (細菌,昆虫,その他の攻撃に対して防御を行い,自分自身の生長を促進する)	ク　リ	スチレン，ローズフラン，他

松岡英明「植物のコミュニケーション」『日本音響学会誌』43巻8号（1987）の一部

植物の細胞内電圧の変化　『日本化学会61年秋季大会講演要旨集』より

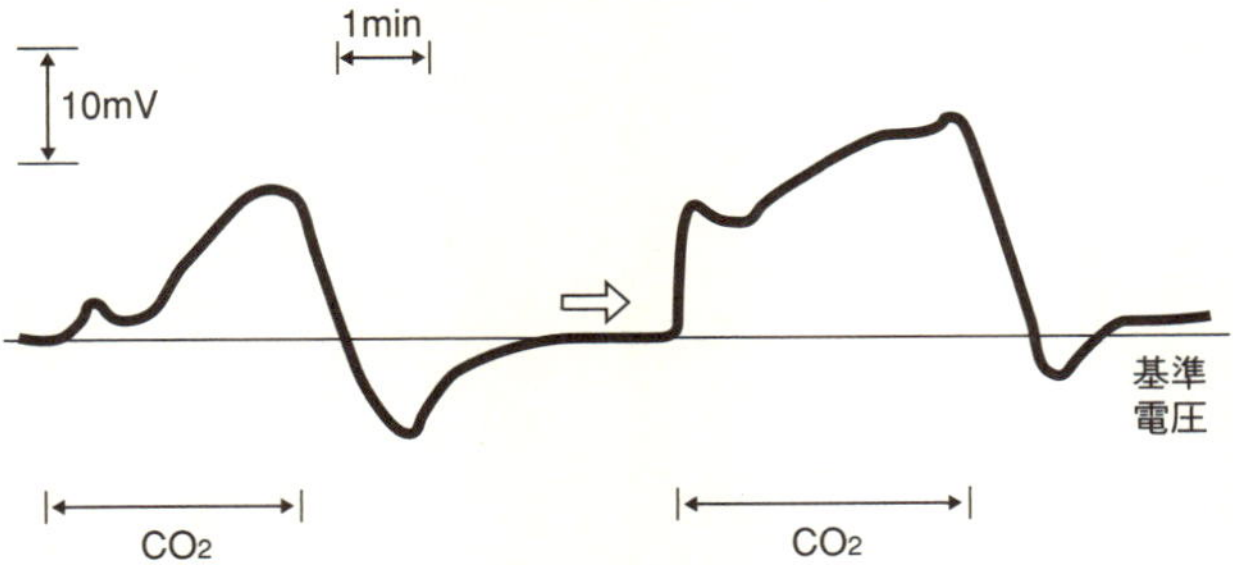

炭酸ガスをあてた時の電圧変化

シトロネロールを含む炭酸ガスをあてた時の電圧変化

当てて応答を調べる。これらの受信機能を利用して、将来、植物を利用したにおいセンサーの開発が可能ではないかという期待も持たれている。

植物は、様々な化学物質を分泌し、化学交信をしている。松岡さんのまとめによると、防御物質には、前ページの**表**のような例がある。

私は、観葉植物が置いてある部屋でよく香りをかぐ。木の香り、柑橘《かんきつ》の香り、青葉の香りなどは、植物の組織を壊したり、傷つけたりして取り出したものである。この中には、化学交信物質が多かれ少なかれ含まれている。改めてにおいをかぎながら、観葉植物のモンステラやドラセナ、ポトスなどを眺めていると、これらの葉のさざめきがかすかに聞こえてくるような気がするのである。

モダンローズ（現代バラ）

私たちの身の回りの香りも、時代とともに変遷している。約二百年前まで、バラの香りは、現在、街の花屋や園芸店にあるバラとは別の香りだった。私たちは、香りの化学成分の分析でそれを検証し、国際学会に報告した。

ローマ時代に人々が愛でたバラ、ルネッサンス期のイタリアの画家サンドロ・ボッテイチェルリが『春』に描いた、大地の精霊クロリスが生み出している赤いバラ、フラン

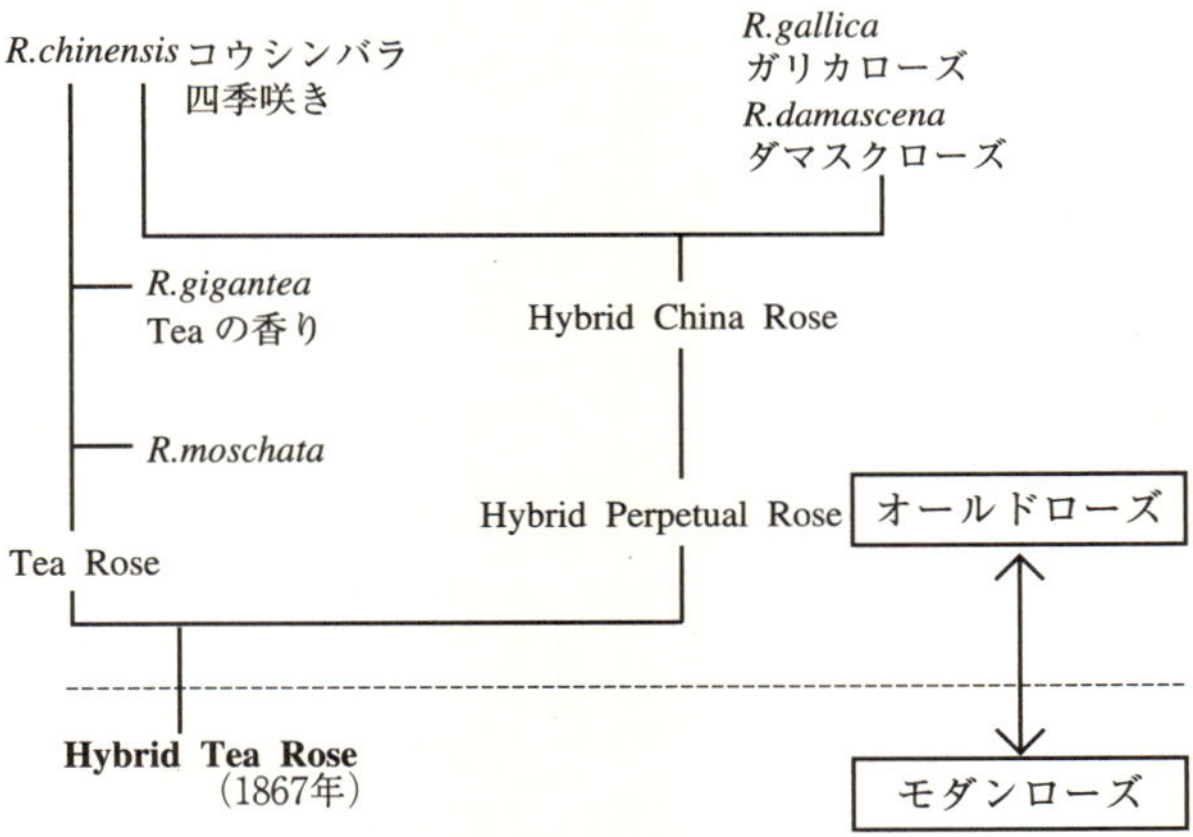

栽培バラの系譜

(上田善弘氏による、一部改変)

スのルイ十六世の王妃マリー・アントワネットが、ウィーンからパリに輿入れのとき、行く先々で沿道の人々にふりまいた高価なバラ。このようなバラは、大別して「オールド・ローズ」という。これは、私たちの身の回りにあって、変化に富んだ花の形、多彩な色と芳香を楽しませてくれる現代のバラとは、香りが違っているのである。

バラの系統樹はきわめて複雑で分かりにくい。上の図版は、岐阜県立国際園芸アカデミーの上田善弘教授の分かりやすい栽培バラの系譜から、私が香りの系譜を抜き出して改変したものである。

現代のバラは、原種ではなく、交雑によってつくり出された。「オールド・ローズ」と区別して「モダンローズ」と呼ばれ、その種類は、一万数千あるといわれる。現在、庭園等で栽培されているバラは、野生種と人が野生種をもとに育成してきた栽培バラ（品種）に分けられる。栽培バラは、中国の栽培バラから四季咲き性を導入し育成されたハイブリッドティー系統の第一号品種、「ラ・フランス」の発表年一八六七年で大きく分けられ、この年代以前に育成されていた系統をオールド・ローズとし、この年代以降に育成された系統をモダンローズと呼ぶことになっている。育成年代で分けるのではなく、その年代を境にし、育成された系統そのものを対象とする。例えば、一八六七年以降に育成されたティー系統の品種であっても、ティー系統はハイブリッドティー系統以前に育成されていた系統であるので、その品種はオールド・ローズに含められる（上田善弘「バラ　生い立ちと歴史、未来への展望」『バラ大百科』ＮＨＫ出版、二〇〇六）。

後述するが、ナポレオン一世の皇后ジョゼフィーヌはブルボン王朝に負けない宮廷文化を築き上げたいとの願いから、権力と財力を背景に、世界中から史上類をみない収集と栽培を行い、人工交配で新品種を育成した。ジョゼフィーヌを「現代バラの女神」といっても、異論を唱える人はいないだろう。パリとベルサイユの間にある彼女のマルメゾンのバラ園で育った幾多の育種家たちは、ナポレオンの死後、それぞれ独立し、次々に新しい魅力的で鮮やかな四季咲きバラをうみ出していった。十九世紀に入って、日本さなど、ハマナシの美しさのノイバラの多花性と強健性、テリハノイバラの蔓《つる》の性質と耐寒性、ハマナシの美しさなども、品種改良に大いに貢献した。

ハマナシは、日本の北海道から東北、北陸の浜辺に自生するバラの原種の一つで、「ハマナス」といういい方のほうがポピュラーになってしまったが、これは東北地方の人が「シ」を「ス」と発音するために起こった名称である。元来は丸い実をナシになぞらえた「浜梨《はまなし》」であり、「浜茄子《はまなす》」ではないという。

花がますます美しくつくられていく一方で、昨今のモダンローズは香りに乏しい、と指摘されることも多くなった。オールド・ローズは、古くローマ時代から人々によってその香りが愛でられた。香りが良いもの、それがバラだった。しかし、現在の育種は、花型、花色、花付き、栽培の容易さ、花もちの良さに傾きがちで、香りがなおざりにされてきたきらいがある。いや、なおざりにしたというより、目を楽しませる美しさをつくり出すのに夢中になってきて、ふと気がついたら、鼻の楽しみが失われつつあることに愕然とする事態になっていた、というべきであろう。例えば、色でいえば、大輪の朱色のバラで、蛍光を発するような感じの、ペラルゴニン色素にカロチノイドがまじったものは、光り輝くような色彩で見て実に美しい。ところが、このような系統のものをかいでみると、みんな香りが貧弱である。やはり、天は二物を与えず、といったところだろう。

それにしても、モダンローズの中にも、素晴らしい香りを放っているものが、必ず残っているはずである。バラの育種家として世界的に高名な、当時京成バラ園芸研究所（千葉県八千代市）の所長であった鈴木省三先生の協力を得て、私たちは千余種のモダンローズの香りをかぎ、その中から七種類を選び抜いた。うち三つの名前をあげれば、「芳純」、「パパメイアン」、「ドゥフトボルケ（ドイツ語で、香りの雲の意）」である。いずれも特徴ある強い芳香を持っていた。「芳純」は、昔からの香料バラにもあるような強く上品な甘さと、香りが良く独特の渋味と酷《こく》があるインド北東部の高級紅茶ダージリンの、いれたての軽やかな芳香とを併せ持った、たぐいまれな香気であった。「パパメイアン」は、フランスのメイアン社がつくった名花。バラの新種づくりをめざした世界的に有名な会社で、巨大輪の「ピース」をはじめ、「ソニア」、「ランデブー」、「ミッシェルメイアン」などを生んでいる。

歴史を飾ってきた原種バラの香りは、華やかで強い甘さがある。一方、私たちの身の回りにあるモダンローズの香りは、ソフトで軽く上品な甘さで親しみやすい。この違いはなぜ現れるのか。私たちは、違いに気づいてから五年がかりで、双方のバラの栽培、花の採取、香りの成分の抽出、分析を重ねた。その結果、モダンローズの紅茶（ティ

‘芳純’（京成バラ園芸研究所）〔鈴木省三氏提供〕

ー）の香りを特徴づけるジメトキシ・メチルベンゼンという物質を発見した。さらに、調香技術も加えて、香りの良いモダンローズを香水に再現することに成功し、「ばら園」シリーズとして世に出した。

　この成分のルーツを系図に従ってたどって行くと、幻のバラといわれる中国の「大花香《だいかこう》水月季（ロサ・ギガンテア）」にいきつくことができた。大花香バラの流れをくむティーローズがヨーロッパに渡ったのは、奇しくもフランス大革命の年、一七八九年であった。

　バラの花は、五月が最も美しい。日本ばら会は、このころバラ展を開く。一九八六年五月、東京の日本橋・髙島屋で開かれたバラ展で、私は香りの審査員を務めた。日本でバラの香りのコンテストが専門的に行われたのは、初めてのことだった。アメリカには、J・アレグザンダー・ギャンブル芳香メダル賞がある。ヨーロッパにはジュネーブの国際バラコンクールに芳香メダル賞が、またイギリスではクレイカップがある。ニュージーランドのコンテストでも、最高の南太平洋金星賞は香りの良いことが条件になっている。最近では、各国に強い芳香のバラを奨励する特別賞が設けられている。香りの良いことが、バラの大切な要素の一つになってきたのである。

高島屋のコンテスト初日の出品締め切り時間は、午前十一時だった。参加の会員たちは、自信の花をいそいそと持ち寄ってきた。熱狂的な愛好者が、丹精込めて育てた自慢のバラだ。同好の士に観賞してもらえる、評価してもらえる、苦労話を聞いてもらえる、旧知の人たちと心置きなく話し合える、といううれしさに満ちている。年配の人が多い。会員にとって一番怖いのは、長期出張と転勤だそうだ。バラを置き去りにしなければならないのなら、会社を辞める方がました、といった話もでるほどの面々である。ばら会の要職を務めているのは、専門家を除けば、医師、住職、経営者らが目立つ。

香り部門の審査は、まず、香りの系統別に花を分類し、各々について、香りの強さ、上品さ、新鮮さ、華やかさに着目して行う。対象の花すべての香りを順にかいでいき、分類と順位づけをするのはとても疲れ、また時間のかかる仕事である。これまでの審査対象であった花色、容姿の部では、審査員数人で次々と判定がはかどっているのに、香りの部では、早く始めたのに終わるのが後になってしまった。

紫のバラは、概して香りが強い。「ブルームーン」、「シャルルドゴール」も良い香りだが、「ブルーパフューム」にはかなわない。赤いバラも香りが強い。黄色は劣るようだ。白にも良いものがある。会場でお会いした審査員の一人、当時環境庁長官であり、日本ばら会副会長であった青木正久さんは、「ネージュ・パルファン（雪の香り）」を推賞していた。

色や容姿が主体のこれまでのコンテストで入賞するようなバラを育てるには、高い技術と入念な栽培が要求されるので、コンテスト参加者の顔ぶれが一部の人に絞られ、形式化する傾向が心配されていた。しかし、この年から、香りが良ければだれでも入賞の可能性があることになり、伝統あるコンテストに新風が吹き込まれたような気がした。このときのコンテストで私は、新たに「デオラマ」、「グランモゴール」、「ウィミィ」、「マダム・シャルル・ソバージュ」など香りの高い品種に出合え、幸せだった。これも、元をたどれば、かのジョゼフィーヌのおかげである。

草ぶえの丘バラ園

バラの香りに夢中な人は千葉県佐倉市の草ぶえの丘バラ園を訪ねるとよい。花は一斉には咲きそろわないから、春に二度はいきたい。バラの歴史に登場する原種のバラがある。ボッティチェルリの『春』にも登場するロサ・ガリカやロサ・アルバ、香料をとるセンティフォリア・ローズとブルガリア・ローズ、ハイブリッドティー・ローズの四季咲き性を生んだチャイナ・ローズ、スレイターズ・クリムゾン・チャイナやパーソンズ・ピンク・チャイナを嗅《か》げる。黄色の花色を生んだロサ・フォエティダはオレンジの果皮の香りに似ているが深く嗅ぎ込むと少し油くさい。よい香りのバラを揃えた区画もあるし、ムスクの原種や交配種もある。バラの「ムスク香」がどんな香りなのかが分かる。嗅ぎ疲れたら、鈴木省三先生の書斎を再現したコーナーでバラの資料や、書籍を見るのもよい。

特徴のある香りに出合うとその香りがどこから来たのかたどりたくなる。このバラ園でイングリッシュローズの特徴的な「ミルラ香」の源を見つけた。イングリッシュローズは一九六〇年代前半からイギリスのデビッド・オースチンが作出したバラのグループである。オールド・ガーデンローズとモダンローズの交配によって新しい特徴を出しているる。古いバラの華やかな香りと花弁の多さに、モダンローズの四季咲き性と豊かな色彩を併せ持つ興味深いバラ達である。

　イングリッシュローズは全般に芳香が強く、その中にやや重くハーブのアニス様の青くさい甘さのある特徴を感じるものが多い。「ミルラ香」と表現される。ハイブリッドティー・ローズに慣れた鼻には嗅ぎなれない香りと感じられる。バラの専門書や園芸誌によると、この香りは「神秘的なミルラの香り」だという。

「ミルラ香」の源は系統樹を調べてみてもなかなか分からない。ところが、デビッド・オースチンの著書『デビッド・オースチンズ・イングリッシュ・ローゼズ』(Little Brown & CO.1993)のなかにその糸口があった。

「私たちのイングリッシュローズのミルラの香りがどのようにして生まれたのか、全く謎めいている。唯一、私が示唆することのできるのは、イングリッシュローズの元になる親の一つである **Belle Isis**（ベル・イシス）の血統の中にミルラの香りのするバラとして知られていた **Ayrshire Roses**（エアシャー・ローズ）の一種があったことだ」

　Belle Isis は一八四五年ベルギーで作出され、強いミルラ香と記述されているが、調べても親は不明とある。**Ayrshire Roses** をたどっていくと **Ayrshire Splendens**（エアシャー・スプレンデンス）に行き着いた。このバラを嗅いでみたい。野生種のバラの分類や品種改良の歴史の専門家で、海外のバラ園やフィールドの調査を頻繁におこなっている御巫《みかなぎ》由紀さんに相談したところ、「以前行ったイタリアのバラ園で見たことがあるので、次回の調査の時一緒に行きましょうよ」とのこと。研究者らしくいかにもフットワークが軽い。しばらくして「佐倉の草ぶえの丘バラ園にありました」と連絡を頂いた。

開花の状況を幾度も確かめて五月下旬に訪れたバラ園では、Ayrshire Splendens の系統の五センチほどのセミダブルで淡いピンクの美しい花がまぎれもなく強い「ミルラ香」を放っていた。

香りの復権を目指すバラコンクール

「ミスターローズ」と呼ばれた鈴木省三先生は香りのよいバラの育種に情熱をお持ちで、「芳純」、「春芳」をはじめとして多くの香りのよいバラをつくりあげてきた。

先生にもなかなか実現できない夢があった。その夢というのはバラのコンクールで香りの評点を百点中三十点にしたいというものだった。これまでのコンクールではせいぜい十点止まりと低かったが、先生が亡くなって七年目の二〇〇七年にその夢が新潟県長岡市の越後丘陵公園で叶うことになった。

バラの育種の歴史も他の花と同じように、花に新しい特徴を出すように、花をより大きく、より美しく華やかに、より長持ちするように、より多く収穫できるようにと行われてきた。育種の過程で、香りが意図的ではないにしても排除され、「バラには香りがありますか」と訊かれた時には愕然としたことがあった。

失われてきたバラの「香りの復権」を目指したコンクール用のバラ園が二〇〇五年の初夏オープンした。長岡駅から車で三十分ほどの四百ヘクタールの広大な公園の一角で、世界のどこにもない香りバラだけに特化したコンクールを開催することを目指した。積雪・寒冷地域における優れた香りバラの発掘もねらいの一つだ。

審査株は世界中から募った。審査員はそれぞれの分野で長く実績を積んだ著名なバラの専門家八名、香りの専門家四名に公園の所長が加わった。

コンクールの審査に伴う難しさは、切り花にすると香りが変わってしまうから圃場《ほじょう》で木に咲いている花を直接評価したい、審査日に花が一斉には咲き揃わない、雨だと香りが流れてしまう等、いくつもあった。

前年の予備審査の折、バラの専門家の審査員はバラを植えてある場所に来た時いったい何をするかと注意していると、土を握って状態を調べている。ベテランは土を見る。鈴木省三先生と長くバラの育種に携わってきた野村和子さんは「こんなよい土はこれまで見たことがない」と驚いたように感心している。他の審査員も口々にほめていた。

私も勉強のため握ってみた。軽くふかふかしていて、いかにも空気の通りが良さそうだ。感触で覚えておくのも大切だ。株のそばによって花の香りをかぐときも土を踏む足裏の感触が快い。この土地は豪雪地帯の上、水を通しにくい土壌のため土壌の改良には大変な苦労があったと聞く。

審査基準は香りの質と強さで三十点、花付き・花の美しさ、耐病虫害性、生育力、耐候性などの合計が七十点の総計百点である。そして香りがいくら高い得点であっても、それ以外の耐病虫害性、生育力などの評価が低ければ入賞に至らない。逆に、花がいくら美しくとも香りの点が低ければ、もちろんだめである。

二〇〇七年秋、国内、海外から集まった三十三品種の中から、一位にフレグラント・ヒル（寺西菊雄作出）が選ばれた。フルーティな甘さに、さわやかなグリーン・ノートのある上品で調和のよい香りで、草原を渡る緑の風のような心地よさがある。他に四種類の受賞花も決まった。

第一回目のコンクールで、無事優れたバラを選べた時はほっとし、満足感があった。このコンクールが実現したのは何といっても新潟ばら会の石川直樹会長のバラに抱く深い情熱と、バラの香りの研究をライフワークとしている蓬田勝之さんの協力のお陰である。関係者のご苦労は言うに及ばないが、ボランティアの人達がいきいきと活躍する姿が印象にのこった。

二〇〇八年に向けて、前年より二倍以上の応募株が順調に育っている。春と秋の、それぞれ決められた短い期日の間にどのように優れた株を選び抜くか考えを巡らせている。コンクールを積み重ね、そして香りの良いバラが世の中に広まって、鈴木先生の夢が叶うことが私の夢でもある。

一九八七年四月、私は、アメリカパーフューマー協会の年会に招かれて、モダンローズについて講演した。モダンローズの香りの系統的な研究と私たちが発見した特徴的な成分、ジメトキシ・メチルベンゼンの研究が主題だった。バラは花の香りとして、調香に最も重要なものだから、反響は大きかった。（『パーフューマー・アンド・フレーバリスト』第3巻、十二月号、一九八七）。

この時期は、アメリカでは、バラに対する関心が最も盛り上がっていたときだった。八六年の秋に、レーガン大統領は法案に署名して、バラを国花に定めていたのである。国花になるまでのいきさつについては、雑誌『ジ・アメリカン・ローズ』の一九八六年十一月号に詳しく述べられている。私が講演のためアメリカに行ったときに聞いてみたら、バラの競争相手は、マリーゴールドだった。最終決定をみるまでには、バラ派の上院議員夫人らの活躍や激しい工作もあったようだ。

私の講演は幸い好評で、発表内容のコピーをほしいとか、発見した香料物質のにおいをかぎたいなどの依頼が相次いだ。香料用のバラといえばオールド・ローズのことで、モダンローズなどは対象にしていなかった専門家たちだが、そのモダンローズから新しい成分を抽出したという私たちの着想が、関心を集めたようだった。

このモダンローズの香りが折り込まれた本ができた。香りをかげる本は、おそらく初めてであろう。一九八八年四月、朝日新聞社発行の『天声人語　自然編』（辰濃和男著）の最後のページに、香りをしみこませた紙が密封されて貼りつけられている。「封に入ったままにしておくと、本にしだいに香りが移っていきます」と説明がある。これは香料会社がサンプルを顧客に配る方法の応用で、最近は、マイクロカプセルに香りを詰め込む方法もある。本の最終ページに香りのサンプルを一枚ずつ貼りつけたので、製本は大変な作業だったようだ。——大阪市の団地に住む目の見えない岩田光津子さんは、点訳奉仕をしながら、こよなくバラを愛していた。育てた花を手でそっと触って確かめつつ、その香りが何よりも楽しみだった。だが、どうしたことか、近ごろのバラは、香りがだんだん薄れていくようだ——そんな話が天声人語に載った。それを知った鈴木省三先生が、その女性に「芳純」の苗三本を贈った。ていねいに水をやり肥料をやった苗は、やがて立派な花を咲かせた。そこには、香りの復活があった。感動的なこの話が収録される本のためにと、鈴木さんは私に香りをかげる本をつくれないものかと提案してきたのだった。

それから二十年を経た二〇〇八年、もしやと思い書架の『天声人語　自然編』の最終ページをあけてみた。すると驚いたことに、そこにはなつかしく「芳純」の香りがほのかだが、はっきりと残っていた。

レディーヒリンドン

ハイブリッドティー・ローズの「紅茶」の Tea を最も良く表す香りを持つのはティー・ローズ（Tea Rose）の「レディーヒリンドン」である。

一九一〇年にイギリスで作出された品種だが、現在でも人気が高く、どのバラ園でもたいてい見かける。

私はこのバラが好きだ。東京都神代《じんだい》植物公園のバラ園の一画にはこのバラの大株がある。朝露がまだ残っている花びらに顔をちかづけると、紛れもなく紅茶の香りを感じる。紅茶のダージリン・セカンドフラッシュを缶からさらさらと出して、缶の中を嗅いだ時とそっくりな香りがする。ティー・ローズの名前の由来を実感する。日が高くなるとこい。

の香りが失われてくるから、朝か、昼なら木陰の「レディーヒリンドン」を選ぶのがよ

この特徴的な香りはジメトキシ・メチルベンゼンによるところが大きい。

多くのバラを育て、香りのバラコレクションで有名な高木絢子さんに、レディーヒリンドンが好きと話したところ、「私も大好き」という返事がかえってきた。「エレガントで、首が細くちょっとうつむき加減で、風に揺れる風情もいい。花弁も、花色も、香りも全部好き」と絶賛する。

鈴木省三先生も大のお気に入りのようだった。

「中央の小さい弁は清純な感じで『宵待草』の歌曲を思わせる。花色は弁先が白ぼかしの杏黄色《キョウオウ》で、しっとりとした落ち着きがある。……典型的なティ・ローズの芳香がある。……現在のハイブリッド・ティには花色の杏黄色や、芳香でこの花をしのぐものは少ない。……高く伸びた枝条から杏黄色の花が下向きにややたれて咲く情緒は美しく、今も一部の人々に愛好されている」(鈴木省三『ばら・花図譜』小学館、一九九〇)

バラ園では私はこのバラを連れの人に必ず案内するようにしている。みな感激して喜んでくれるので、私も嬉しい。

夜香る花

夜になると香りが変わる花がある。そんな花の代表は、夜来香《イエライシャン》だろう。何年かに一度の、幸運に恵まれたときしか咲かない。一九八五年九月、東京都神代植物公園で夜来香が咲いたという新聞記事を見て、私も早速出かけた。

午後四時の閉館ぎりぎりまで粘ってみたが、香りは強くなかった。花が咲いた九月の午後四時は、まだ十分に明るい。夜来香の名からして、日が沈んでからの香りをぜひかいでみたかった。柴沼弘所長の格別のご好意で、二日後の夜、私たちは大温室に入れていただいた。初めて香りを知る機会を得たうれしさで、私の胸は高鳴っていた。手元のライトを頼りに、私は大温室を歩いた。熱帯の夜の密林を思わせる湿気と静けさがあった。いつの間にか、私は密林の雰囲気に浸っていた。

夜来香（学名 *Pergularia odoratissime* Sm.）は、ガガイモ科に属し、サツマイモに似た葉をつける。対をなす二枚の葉の付け根から一本の花の茎が伸び、その先端から房状に花をつける。円筒状に組み上げられた支えをつたっている蔓《つる》から、黄色の花が房状に垂れていた。昼にそのにおいをかいだときは、バラとフリージア様の香りに、かすかにジンジャーの根の香りが混ざっていた。いま、夜にかいでみると、香りは強まり、青臭さと沈香《じんこう》様の幽玄な香りが加わってきていた。これが夜のにおいか、と私はいよいよ胸を

夜来香（東京都神代植物公園）〔金澤孝四郎氏提供〕

高鳴らせ、香気を吸着管に捕集した。香りの成分を分析した報告は、まだどこにもなかった。沈香とは、第三章「香を焚く」のところで後述するが、東南アジアに産する沈香樹という木に生成した特殊な樹脂を含む香木で、加熱すると芳香を放つものである。このような香りが夜来香にもあったことは、私には大きな発見であった。

花を少しいただき、研究室に持ち帰って、熱溶媒抽出法で香気成分を取り出した。慎重に分析した結果、ゲラニオール（バラ様）とβ-イオノン（スミレ様）が大部分を占めた。その他にα-ターピネオールなどもあった。夜来香の香りが遠く広く漂う秘密は、β-イオノンによる、と分かった。

『朝日新聞』科学欄の随筆コラム「変わる香

り」（一九八六年五月七日から六月三日）に夜来香の分析の話を書くことになったので、そのことを柴沼所長に了解を求めた。すると柴沼さんは、一瞬言葉を詰まらせてから、「学問の話だから、まあよろしいでしょう」といってくれた。この次にまた夜来香が咲いたときに、まただれかが貴重な花をむしりにつめかけるのではないか。そんな心配がよぎったのだろう。

　この植物と付き合って十五年、開花はわずかに二度目というのは、神代植物公園の鳥居恒夫さんだった。鳥居さんは、園芸の大家でサクラソウの権威。『朝日新聞』の園芸欄も担当していた。現在は園芸研究家として活躍されている。私が香りをかがせてもらったのは、その二度目のときだった。鳥居さんは一九七〇年にタイに行き、バンコクのサンデーマーケットの露店で夜来香を求め、持ち帰って育てていた。サンデーマーケットは、公園や道路で土、日曜に開かれ、植木や草花、野菜、香辛料などを扱っている。鳥居さんは、そのとき花をつけていなかった小さい鉢を買った。長年のカンで、夜来香らしいと思ったものが確かにそのものだった。鉢で育てていて公開の機会がなかったが、大温室に移し、一般に見せるようになったのが、八五年だった。

　八六年九月、夜来香の分析をした一年後に、私は公園内の新装になった植物会館で「花の香りと香水」と題して話をする機会があった。講演後、再び夜来香を見せていただいた。「今年はあまり元気がないんですよ」という鳥居さんの言葉通り、白ジラミのついた南国の植物は、前年の精彩はなかった。温室の中とはいえ、気候の異なる土地での栽培の難しさがうかがわれた。前年にこまかく香りを調査し分析できたことは、まことに幸運だった。

夜来香のことを話すと、その花のことならよく知っています、見たこともあります、という人が多い。そんなはずはない、とよくよく話を聴いてみると、リュウゼツラン科の月下香《チュベローズ》や、ナス科の夜香木《やこうぼく》と取り違えているのだった。

夜、香りを強める花は多い。その代表的なものが月下香、夜来香、夜香木である。以前、この三種類の植物の認識については若干混乱があり、朝日新聞の声欄に数回にわたり投書のやりとりがあった上、決着がついた。

一般の人にもこの三種類の実物を見てもらいながら納得してもらおうと、植物の専門家や香料関係者がフォーラムのようなものをしようということになった。私もかり出され、夏の宵に新宿の戸山の植物相談所で蚊に食われながら話をしたことがある。

三種類の夜香る花の香りを比べてみると月下香は拡散性が強く、華やかで官能的、あでやかである。夜来香は上品な香りであるが、強さと拡散性にやや欠ける。夜香木（学

名 *Cestrum nocturnum*）は西インド諸島原産で、枝の頂部に淡黄緑色の筒状の花を穂状に多数咲かせる。香りは拡散性こそ極めて強いが、少し甘酸っぱく重く、しかも鋭い青くさい香りは快い香りとは言い難い。その姿と香りの違いははっきりしていた。

イエライシャンには伝説がある。それは、「昔、中国で戦乱があり、ある軍隊が城を占領した。だが、兵士たちは、馥郁《ふくいく》たるイエライシャンの香りに包まれているうちに、戦意を失い、翌日の戦いでは、城を追われることになった」というものである。

これらの花を繰り返し嗅いでいるうちにこの伝説にいう「イエライシャン」は夜来香でなく月下香であると確信するようになった。イエライシャンは中国大陸では夜闇の中に強い香りを放つ花の総称のようである。私の記憶では、東京の新橋駅に近い歴史の古い中華料理店夜来香（現在の店名は新橋亭）の正面入り口の大きなガラスの扉が店の名前にふさわしい月下香の透かし彫りで飾られていた。それに李香蘭の歌った恋の歌「夜来香」は控えめな香りの夜来香でなくて、妖艶で官能的な香りの月下香でなければならないのだ。

月下香（学名 *Polianthes tuberosa* L.）は、まれに町の花屋でも切り花として見かける。房総あたりで栽培されているらしい。メキシコ、中米の原産で、かつてはフランスや台湾で香料用に栽培されていたが、土地や人件費のコスト高のためインドに移っている。

現在ではローズやジャスミンをしのぐ高価な花精油なのであまり使われることはなくなった。

香りは、ラクトン様の重さのある華やかな強い拡がりのある甘さを持っている。花瓶に切り花を挿しておくと、夕方から香りがどんどん強くなってくる。花を一輪とってテーブルの上に置いておいても、香りが強まってくるのも面白い。二〇〇七年の夏、熱帯食用植物研究家で珍しい植物をお持ちの吉田よし子さんから月下香が咲いたので来ないかと誘われた。夜に香る花の例にもれず、月下香の白い花は夜目にも浮き上がるように見えた。蒸し暑さの残る夜気のなか、あたりにはむせるような強い香りが拡がっていた。たくさんの花の付いた花茎をお土産にどうぞと言われたのを断って、花一輪を頂いて帰った。小さな皿に水を入れ、半開きの花をのせテーブルの上に置いておいた。翌朝、テーブルの上に置いておいたハンドタオルで顔を拭いたところ、おやっと思った。ほのかな花の香りがする。とても気持ちがよい。夜の間に花からタオルに香りが移ったのだ。試したところ次の朝も同じことが起こった。三日目はさすがに香りは移っていなかった。花もくたびれたようだ。

頂いた月下香の球根を植えたところ発芽した葉は光沢のある緑で、順調に伸びている。月下香は積算温度が多くないと花をつけないという。高温傾向が続けば私の月下香も夏の終わりには芳しい香りを放ってくれることだろう。楽しみだ。

私たちに身近な花テッポウユリは、日本独特のものであり、その姿の美しさと広がりのある香りから、観賞用の花として親しまれている。この花も昼間は香りが弱く、夕方から夜半にかけて強くなる。東京・日本橋の香料会社・曽田香料の研究グループは、分析装置ガスクロマトグラフィーで香りの時間差を追い、この現象をはっきりデータとしてとらえている。このデータにそって、成分研究用の香料を抽出するテッポウユリを最も香気の強くなる午後七時から八時にかけて採花した。このように生態まで研究し、最も収率の高い条件を選んでも、三十一キロもの花から抽出された香料は、わずか十グラムに過ぎなかった。

ローズと並んで最も重要な花精油を採るジャスミンも、時刻によって香りが変わる。スペインや南仏のグラースでは、ジャスミンの花を朝早くから摘むが、エジプトやモロッコでは、朝摘みと夜摘みの両方がある。エジプトのタンタという町の近くの農場では、夜間照明が点々とつけられ、その中を五歳から十歳の二百人から三百人の子どもたちが、おしゃべりをしながら摘んで行く。作業は毎夜午後十時ごろから翌日の午前四時ころまで続く。子どもたちにも夜露がおりる。夜摘みのジャスミンは、甘さがやや少ないものの、繊細でフレッシュなグリーン・ノートに魅力がある。

香妃と沙棗

東洋と西洋の歴史に登場する美女たちには、香りにまつわるエピソードが多い。中国にも美女は多いが私が選ぶとすれば、香りにまつわる逸話がある三美女の西施《せいし》（春秋時代）、楊貴妃（唐）、香妃《こうひ》（清）である。その一人香妃は、からだ全体から、まれにみるかぐわしい香りを発した女性として、また、皇帝に求愛されながら、若くしてその命を絶った悲劇のヒロインとして知られている。香妃の体臭になぞらえられた沙棗《さそう》とは、どんな香りなのだろうか。

日本を代表する香料会社で国際的にも知られる高砂香料工業の元副社長・諸江《もろえ》辰男博士は、その著『香りの歳時記』（東洋経済新報社、一九八五）にこう述べている。

「作家の井上靖氏もこの挙体芳香に興味をもたれていた。先年同氏はシルクロードを追ってカシュガルの現地にいかれ、土地の故老に香妃の体臭について聞かれた由である。土地の故老いわく、『それはかぐわしい棗《なつめ》の花の匂いがした』」

私たち資生堂の研究者は、高砂香料と共同で、一九八五年、香妃の香りの源を求めて、シルクロード沿いに調査隊を派遣することになった。

調査の話の前に、まず香妃の伝説について少し述べてみよう。十八世紀、清の乾隆帝の時代、シルクロードの中国西域、ヤルカンド、カシュガル地域に勢力を持っていたウイグル族（トルコ系にアーリア系が混血した西域民族）の王、ホジ・ハーンが清に反乱を起こしたが、逆に滅ぼされ王は殺された。その王妃は香妃といわれ、絶世の美人であるうえ、そのからだから、えもいわれぬ芳香を発していた。スウェーデンの地理学者、探検家で、中国の古代都市楼蘭の遺跡を発見したスウェン・ヘディン（一八六五～一九五二）は、その著『熱河―皇帝の都』の中で、香妃についてこう記述している。

「香妃は、まつげが長く、唇はサクランボウのように赤く、漆黒の髪の毛はふくよかな両肩にたれ、すらりと背は高く、手は白玉の彫刻のように透けて見えた」

かねがね香妃のうわさを耳にしていた乾隆帝は、香妃を大切に北京に迎え、後宮に入れた。時に皇帝五十歳、香妃二十歳。皇帝は天与の芳香を持つ香妃を愛し、寵を与えようとしたが、香妃はこれを拒み、かえって、夫ホジ・ハーンの仇としてすきがあれば皇帝の命を狙うありさまだった。これを皇帝の母后（皇太后）が心配して、皇帝の留守中に香妃に自刃を迫り、香妃もこれを受け入れた。時に香妃二十七歳であった。皇帝は大いに嘆き悲しみ、亡骸を輿に乗せ、多くの供をつけてカシュガルに送り帰した、という。現在カシュガルに香妃出身のホージャ家一族の墓が安置されている廟があり、この中に

沙棗（中国・ウルムチ）〔撮影・粟野文治郎氏〕

香妃の墓もある。この話は、作曲家團伊玖磨さんが随筆『パイプのけむり』「香妃を追う」でも書いている（『さてさてパイプのけむり』朝日新聞社、一九八七）。

さて、調査隊が出発する前に、手を尽くして集めた情報によると、香妃ゆかりの沙棗は、中国の新疆ウイグル自治区にあるらしい、と分かった。ウルムチ、カシュガル、トルファン付近に生育しているらしい。開花時期は五月下旬から六月上旬で、開花期間は二週間から三週間らしい。らしい、らしいが続くうえに、沙棗を見たことのある人がいるわけでもなし、はなはだ心もとない。

沙棗（学名 *Elaeagnus angustifolia* L.）は、グミ科に属する。中国の東北、華北、西北の砂漠地帯に野生で群生または栽培されている。東北、華北のもので沙棗と書くものがあるが、これは同じグミ科でも種類が異なる。高さ一メートルから五メートルの落葉樹で幹は曲がりくねり、太いもので直径二十センチくらい、普通は三センチから五センチである。枝は比較的真っすぐで茶褐色を呈し、刺があり、枝から柔らかい若枝が伸びて葉と花をつける。葉は、長円形で長径二センチから四センチ、葉裏が白いのは、オリーブに似ているという。

現地調査隊は、資生堂二人と高砂香料三人の計五人で、一人は中国語に堪能だった。中国科学院とも連絡をとって、いよいよ壮行会という席でも、危惧する声があった。沙棗が見つかり、しかもそれが運よく花をつけていて香りをかいだり香り成分を捕集したりするのは、かなり難しいのではないか、というのだ。それでも、だめでもともと、予定通りいけばもうけもの、という雰囲気だった。いずれにしても、「不慣れな土地へ乗り込むのだから、健康には注意して、行ってらっしゃい」と、送り出す側の挨拶はつとめて明るくふるまっていた。私はこのテーマの研究の責任者で、日本での留守隊だった。

調査隊が出発して数日足らずで、沙棗の花に出合えた、との知らせが入った。そのときはさすがに、日本の留守隊は、ホッとしたものだった。では、どんな香りなのか、という期待が次に膨らんでいった。

問題の花は、葉のもとに十個から二十個ほど群生し、長さ七ミリから八ミリの小さな釣鐘型で先端が四つに分かれ、花びらは三角形で黄色だった。最初に沙棗の花と出合ったウルムチでの開花状況は、五月二十八日、二十九日で、四～五分咲きだった。その後、五月三十日から六月五日まで訪れたカシュガル、トルファンでは、既に開花時期を過ぎていた。そこで、再び六月六日にウルムチへ戻ったとき、花はまだ五～六分咲きであった。訪れる道順が逆になって、カシュガルやトルファン周辺で咲き残りを探してねばり続けていたら、あるいは出合えなかったかもしれなかった。私たちは、幸運だった。

この香りは、特殊な二種類の装置で捕集した。一つは直接精密分析のできる吸着管、もう一つは無臭の油層に香気成分を吸着させ、持ち帰って香料を抽出した。このほかに、押し花として持ち帰ったものもあった。

期待に胸を弾ませてかいでみたその香りは、私のまったく知らないものだった。私は、仕事柄、花を見つけるとすぐ香りをかぐ習慣がある。数多くの香りを知っているつもりだが、その香りは初めてだった。花の香りには違いないが、エステル様の、強く甘い果実の香りを伴っている。それに、くせのある動物臭もある。その動物臭は、ビーバーの香嚢《こうのう》から取るカストリウム（海狸《かいり》香《こう》）の、鼻からのどに抜けるような、鋭くて、手につくとたやすくは離れない、持続性と重さのある香りだ。後で分析して分かったことだが、それは桂皮酸のエチル・エステルが五〇パーセントも含まれる、極めて珍しい組成であった。これが独特な香りに関係していた。このような成分組成の花の香料は、これまでに見いだされてはいなかった。

香妃の香りを再現し、この魅力ある香りを香水に活かすことはできないだろうか。新しい香水を創作するためには、これまでにない香りを持つ天然香料や合成香料、あるいは新奇な組み合わせなどで、オリジナリティーと特徴を出さなければならない。沙棗の素材は、香水の創作にはうってつけのものである。香妃の香りの創作に当たって私たちは、分析結果を応用しつつ、沙棗の香料を中国から入手して使ってみた。また、人をひきつけるフェロモン作用を持つと報告のあるヒト体臭成分アンドロステノールを配合した。こうして出来上がった私たちの香水「ＳＡＳＯ」は、女らしい成熟した大人のイメージを表現したものである。上品なセクシーさを持つ個性的なこの香りは、一九八七年に発売後、好評だった。

さて、香妃の体臭は、本当に沙棗のようであったかどうか。それは、乾隆帝に聞くしかないのだが、その科学的・生理学的根拠については、第七章の「体臭」のところで、謎解きの一部を試みてみたい。

つつましい椿

子どものころ、近所のお墓に植えられていた椿の木に登って遊んだ。私の家は当時、東京都大森区雪ケ谷町、現在の大田区東雪谷の洗足池の近くにあった。いまは木もさびしくなったが、その頃は登るだけなら、近所には枝の張った登るには格好の木が、いくらでもあった。自分の家や隣家の庭では、すぐに大人に見つかって、危ない危ない、とたちまちおろされてしまい、叱られるが、少し離れたお墓なら見つかる心配も少なかった。それに、遊び仲間と一緒の昼間なら、お墓でも怖くはなかった。

そこには数本の大きなやぶ椿が、墓石の上を覆うように枝を広げていた。身も軽かったのだろうが、椿の幹や枝も強く、木のてっぺんから首が出せるほど上まで登れて見晴らしも良かった。

赤い花が咲くころは、別の楽しみがあった。枝から手を伸ばして、花を引っ張ると、萼苞《がくほう》から離れて取れる。それを吸うと、蜜のかすかな甘さとほのかなかぐわしさとが、口の中に広がった。早春の雨の後には、湿気を含んだ花の蜜は、ややすえた甘さと濁りを染ませた香りに変わっていた。大人になって、椿の香りをかぐと、私は子どものときを思い出す。

椿の素晴らしい花の姿を知る人は多くても、その清楚でつつましやかな香りを知る人は少ない。伊豆大島の三原山が噴火した後の様子を『朝日新聞』の天声人語が次のように描写していた。

「噴火から二カ月以上もたつのに、雨を吸った溶岩のすきまからほの温かい湯気がわいている。ふと淡い香りがあって、まさかと思って落ち椿を拾ってみたら、つつましやかな香りがあった。やぶ椿は香りがないと思い込んでいたのは浅はかだった。……」（一九八七年二月四日）

椿の花言葉は、

白い椿――限りなく可憐

赤い椿――美しく秀でて、おごり高ぶることなし

これらの花言葉にふさわしく、その香りもつつましく美しい。

椿に関しては、七つの原種が知られている。最近、椿の交雑の研究が盛んに行われている。そのめざすところは、①黄色やオレンジ色、紫の色の椿、②秋咲きの椿、③芳香のある椿、④耐寒性のあるもの、などである。芳香の強いものも注目されているのは、香りの研究者としてはうれしい。いままで日本では、椿の葉と材部の精油の研究はあったが、花の香りの成分の研究は行われていなかった。椿の品種は、原種、交雑種合わせて数千種もある。その香りも多様に違いない。

私は椿の研究を通じて、多くの知人に恵まれた。伊豆大島の太田周さんは、東京都大島支庁大島公園の椿園の元主任で、管理と育種の専門家である。「こどもの国」（横浜市）におられた桐野秋豊さんは、椿の大家で育種でも知られる日本ツバキ協会会長。花芸家の安達瞳子さんの父、安達潮花氏の椿のコレクションを安達家が手放すに当たって、散逸しないように、社花を椿ときめている資生堂が資金を出し一括して「こどもの国」に移したときに、椿とともにそこへ移られた。東京農工大学園芸学教室の箱田直紀教授は、サザンカ、シャクナゲの研究で知られる。伊豆大島の桜椿園の園主尾川武雄さんは、香りの良い椿をつくり出し、桜や椿の新品種を販売している。

これらの皆さんのご協力とご指導によって、私たちは、香りのあるツバキ属七十種類について、香りとその成分の研究をした。香り椿は、アメリカでは意欲的に探求、育成がされているが、日本では偶然に野生種や栽培品の中から見つかることが多い。注意していれば私たちの身の回りで、香りの良い椿が見つかるかもしれない。

香りは花のどの部分にあるのだろうか。桐野さんによると、花の外側の花弁から内側の雌しべ、雄しべと分解し、順に香りの有無を探っていくと、子房と花糸の付け根に香りがあることが分かったという。私たちも同じように調べたら、桐野さんのいう通りだった。バラやジャスミンの強い芳香が花弁そのものからくるのとは、大きな違いである。

また、同じ椿の中でもサザンカの類は、花粉から香りを発するようである。

「こどもの国」には、六百種の椿を集めた椿の森がある。安達コレクションを移したものである。入り口から北へ中央広場を抜けて、奥へ奥へと進むと、めざす椿の森に出る。四月初旬の陽光は明るく、春の訪れを告げる椿の花は、たくさん咲いている。何ときれいな名前が付けられていることだろう。「香紫《こうし》」、「暁の香」、「匂吹雪《においふぶき》」のように、香り高い品種は、発見者や作出者がそれを思わせる名を冠してきたものだ。香気成分を分析してみると、リナロールが多いのが特徴だ。さわやかで甘い香りを持っている。天然香料の芳樟《ほうしょう》やボアドローズの成分と共通である。これらはツツジのオオムラサキの香りを思い浮かべてみると大体どんな香りかが分かる。芳樟はリナロールが主成分（七五〜九〇パーセント）で、原料になる樟《くす》は、高知県や鹿児島県に多い。芳樟を採る木の種子から出る苗は、面白いことに三種類できて、カンファーの多いもの、サフロールの多いもの、リナロールの多いものに分かれる。葉の枚数が二十枚ほどになったところで葉のにおいをかいで識別して、その中からリナロールの強いものだけを植えて芳樟を採る木に育てる。ボアドローズは、アマゾン流域のクスノキ科の木（学名 *Aniba rosaeodora*）から採るものである。

「やぶ椿」、「東海」、「雲竜椿」、「春曙紅《しゅんしょこう》」は別の香りの系統で、リナロールオキサイド、メチルベンゾエート、メチルサリシレートを含んでいる。さわやかですっとした甘い香りを感じさせる。この系統の「梅が香」は梅の花の香りをおもわせるのが面白い。命名した人が花の香りを的確にとらえているのに感心させられる。

沖縄や西表《いりおもて》島に生育する「姫さざんか」は、第三の系統の香りで、梅様の香りにヒヤシンス様の新鮮なグリーン・ノートが加わっている。梅の香りのベンズアルデヒドやバラの香りのフェニルエチルアルコールが認められる。

秋に東京農工大学で採取させていただいた一連のサザンカには、第四の香りの系統といえる特徴のある成分アセトフェノンが見いだされた。「サザンカ（原種）」、「朝日貝」、「千代鶴」などがそうで、樟脳の主成分のカンファーのように粉っぽく、きのこを思わせる土臭さが感じられた。サザンカの系統では、「月の笠」がきれいな香りであった。

椿は、春に先駆けて咲く花ということで、寒さに強いと思われがちだが、本州、四国、九州、沖縄と朝鮮半島の南端に野生している花木で、概して寒さに弱い。しかし、風の厳しい日本海側の山岳地帯にも野生の椿が密に分布している。戦後間もなく発見されたユキツバキである。原種の宝庫である中国大陸のツバキ属の北限が北緯三〇度止まりであるのに、ユキツバキの北限自生地は、北緯三九度を越える秋田県の田沢湖で、飛び離れて北である。この椿は、低木性で、雪の深いところでは枝が地をはっている。変異種が多く、花型、花色が変化に富んでいるのが特色である。

私は、かねがねユキツバキの香りをかぎたい、と思っていた。「こどもの国」の椿の森は、冬は寒く、同じ青葉区にある私の家は真冬でも氷点下になることは少ないのに、十数キロしか離れていない椿の森は、しばしば零下五度から零下八度になる、という。そこでめぐり合ったユキツバキ二種は、さすがに元気であった。白い花は、さわやかさの中に酷《こく》のある甘さがあった。赤い花は、みずみずしいグリーン・ノートの中にうすいバラ様の趣があった。北の自生地でも、けなげにこのような芳香を放っているのだろうか。

一九八五年四月、椿の森で、アメリカ生まれの「フレグラント・ピンク」をかぐ機会があった。この花は、一九六八年、香りに注目して人工交配でつくり出された初めてのものであった。生みの親は、元アメリカ農務省の育種の専門家で、椿で有名な西武舞鶴農場の顧問もしているウィリアム・L・アッカーマン博士だった。博士の手で、「濃紅八重ユキツバキ」と「姫さざんか」の種間雑種として生まれた。しかし、私には残念ながら、この牡丹《ぼたん》咲きの小型でピンクの花は、香りが弱く、かすかななめし革のようなにおいに感じられた。花の香りは、その土地の気温、湿度、土壌、日照などの影響を受ける。「フレグラント・ピンク」は、日本という異国の地で、十分な香りを生むことができなかったのだろうか。日本では、なめし革のように感じるあの香りを、アメリカではむしろ素晴らしい香りだと評価できるのだろうか。いつか、アメリカの地で、生き生きしたその香りをかいでみたいものである。

桜の香り

花見の季節は、どの名所も人込みと屋台の食べ物のにおいに圧倒されてしまう。現代の私たち日本人は、本当は、桜の香りというものを知らないか、あるいはしみじみと香りをかいでみた機会もないのではなかろうか。私はかねてそのように思っていた。命が短い桜の花は、産業としての香料になる花精油を採るには量の確保が難しく、香りも弱いということで、香料の専門家もおろそかにしてきたようだ。一度本格的に調べてみたいという私の念願が、最近実現した。

桜の香りを分析した話の前に、桜と日本人のかかわりを少し考えてみたい。改めて調べてみると、桜についての記述は『古事記』、『日本書紀』から現れ、『万葉集』にも四十三首よまれている。

桜を詠じた最初の歌は、

花《はな》ぐはし　桜の愛《め》で　同愛《ことめ》でば　早くは愛《め》でず　我が愛《め》づる子等《ら》（『日本書紀』允恭《いんぎょう》

紀)
これは、第十九代允恭天皇が、愛する女性の衣通姫《そとおりひめ》の濃麗な姿を桜花にたとえて「同じ愛するなら、もっと早く愛すればよかったものを」と詠んだもので、上代から桜は美しいものとして取り扱われていたことが分かる。桜は日本の古典文学の王座を占め、詩歌の数は限りない。

古くは内裏《だいり》の正殿、紫宸殿《ししんでん》の前には「右近《うこん》の橘《たちばな》」と「左近《さこん》の梅」であったが、桜の人気とともに桓武《かんむ》天皇の時代には「左近の桜」が植えられた。平安初期の嵯峨天皇の時代に花の宴がはじまり、これが桜狩りとなって、後のお花見の風習に定着した。古くから詩歌、絵画、物語の題材となったのはヤマザクラであり、吉野山の桜もヤマザクラであった。ソメイヨシノの誕生など品種改良は江戸時代になってからである。一九八四年のNHK放送文化研究所の調べによると、日本人の好きな花は桜が断然トップで、二位のバラを大きく引き離している。日本の国花にふさわしい花である。

植物学上の位置づけは、バラ科サクラ亜科サクラ属で、ウメ、モモ、アンズ、スモモの仲間である。それらの花の香り成分のほかに、サクラ特有の香りがあるのかどうか、これまでに研究されたことはなかった。世界で四百種以上の品種があり、その中には、香りの良いものがあることは、桜の名づけ方にも表れている。人々が香りに着目して名づけたものは、「千里香《せんりこう》」、「駿河台匂《するがだいにおい》」、「御座の間匂《ござのまにおい》」、「平野匂《ひらのにおい》」、「滝匂《たきにおい》」などがある。

このうち、「駿河台匂」については、その名が表すとおり、千代田区駿河台三丁目の駿河台道灌道にあるというので、ソメイヨシノが満開の四月初め、駿河台を訪ねてみた。御茶ノ水駅の聖橋口を出て小川町に向かってニコライ堂を右に見ながら、本郷通りの坂を下ると、あたりが駿河台である。聞いていた坂の右手を探してみたが、桜の気配など全くない。近所のコンビニで尋ねてみても店員は首をかしげるばかりだ。ないはずはないと思い、三井住友海上本社ビルの南側を通ると、それほど大きくはないが桜らしい木が並んでいる。花などは全くついていない。後で分かったことだがここが道灌道だった。来るのがだいぶ早すぎたらしい。すぐそばの店に入って女将に訳を話し、開花の様子を電話で教えてもらうことにした。

それから十日余たった頃、友人二人と連れだって再び出かけた。樹形はあまり整っていないし、花もソメイヨシノのようにたくさんは付いていない。しかし、木の下を通るだけで香りが降るように下りてくる。友人の一人が驚く。花に顔を近づけたわけでもないのに、桜の花がはっきりと香るという。確かにそうだ。

「駿河台匂」の香りは、フェニルエチルアルコールがとても多いのが特徴である。アニスアルデヒドとクマリンが桜餅様の粉っぽいフローラル感を強めている。ヒヤシンス様の新鮮さを感じるのも面白い。これまでかいだ香りの強い桜と比べてもはるかに強いし、フローラルなイメージがはっきりして、噂に違わず香り桜のトップに位置するものと感じた。

「駿河台匂」は新宿御苑、上野公園、多摩森林科学園にもあると聞く。しかし木が大きいと花に顔を近づけてかぐわけにはいかない。発祥の地――道灌道の「駿河台匂」はちょっと背をのばして枝を引き寄せれば、間近で香りをかげるのがうれしい。

私たちは、「こどもの国」の桐野秋豊さん、八王子市の高尾駅近くにある農林水産省浅川実験林の元場長・小林義雄さんの協力を受けて、桜の香りの成分を調べることにした。原種十三品種の中から香りに注目してオオシマザクラ、ヤマザクラ、オオヤマザクラ、マメザクラの四種、交雑種六系統のうち香り桜の多いサトザクラ系の千里香、駿河台匂、上匂《じょうにおい》など七種の花について、どれがにおいが強いか、どれが良いにおいかを調べていった。その結果、三十四個体のうち、原種および園芸品種の中で香りのあった桜は、ほとんどオオシマザクラ系統のものであった。八重の桜はほとんど香りがないか極めて弱く、香りがはっきり感じられたのは、すべて一重であった。ソメイヨシノには香りがないといわれていたが、満開の木の下に立つと、ほのかに香りを感じた。
八七年春、香りが最も強いオオシマザクラの香り成分を分析するため、「こどもの国」で丸ごと一本分の花をいただき、それから香料を抽出した。格別新しい成分は見つからなかった。梅の花香成分のベンズアルデヒド、椿のリナロールやリナロールオキサイド、バラのフェニルエチルアルコール、ジャスミンのインドールやシスージャスモンなどが主だったものだった。サトザクラ系の駿河台匂とは匂いにも差が認められた。オオシマザクラはグリーンでフレッシュなジャスミン・ローズ系の香りで、駿河台匂はグリーンなさわやかさとクマリン由来のパウダリーノートが特徴のフローラル系の香りであった。

桜には私たちが知らないような特有の成分はなかった、と分かれば、その香りの再現はそれほど難しい話ではない。私たちは八八年春に、研究成果をもとに桜のテーマで香水「花桜」をつくり上げた。これは、同じく成分分析をしたことがなかった椿の花の分析から、八七年に再現した香水「花椿」に次ぐ香水となった。

「花桜」も「花椿」も市販の商品にはしなかった。これらの香水は、私どもの商品をたくさん買って下さったお客様への感謝の品物として差し上げたのであるが、どちらも日本的であっさりとした上品な香りが良い、と好評らしい。

さて、桜の香りを楽しむ場所はといえば、どこだろうか。大阪に用事があった折、私はつごうよく、造幣局の「通り抜け」の時期にぶつかった。造幣局発行のパンフレットにある「沿革」によると、こうある。

「……造幣局の桜は、明治の初め、藤堂藩の蔵屋敷（現在の大阪アメニティパークのあたり）から移植されたもので、明治十六年、時の局長、遠藤謹助氏が『局員だけの観桜ではもったいない。大阪市民のみなさん方と共に楽しもうではないか』と満開時の数日間構内川岸を開放して一方通行による通り抜けが始まりました。以来大阪人のねばり強い郷土愛に支えられ今に続く花の里であります。

桜の通り抜けは戦時中一時中止したこともありましたが、昭和二十二年から再開され、同二十六年からは夜桜も始まり、現在では大阪の年中行事の一つとして行楽スケジュールに必ず加えられ……」

明治以来の桜は台風の被害や病虫害・大阪空襲で大半はなくなり、現在の桜は、その後各地から補植された。紙幣や硬貨をつくる専門家が四百本を超える桜を世話するのは容易ではない。その陰には、「桜守」といわれる元大阪市公園部管理課長・加藤亮太郎さんらの努力や、幹をブラシでこすって大気汚染による煤煙を洗うような特別の木の全身療法を考え出すなどの市民の応援があることを忘れてはならない。

私がこの香りをかぎに行った八五年は、百品種四百十三本、その二年後の八七年は、百三品種四百六本。二〇〇八年は百二十四品種三百七十本であり、品種はふえ、本数は減った。年によってこの数字は動くが、何しろこれほどの多くの品種の花を、街の中で、しかも一カ所で見ることができるのは、ここを措《お》いてはないだろう。香りの良い桜をまとめてかげる良い機会だ、と私はいそいそと出かけた。ここの桜は、町の中で人手で育てているという意味で、一括して「里桜」と呼んでいるようだが、品種系統でいう本当のサトザクラ系もたくさんあって、香りを調べるのにもまことに都合がよいのである。

東天満の南門から入ると、「関山《かんざん》」という名の濃紅大輪の桜が数も百四十本近くあり、あちこちで目立った。中には、淡紅色の花が上向きに咲く「天の川」という珍しい品種もあった。名前と本数、それに説明をまとめた桜樹一覧表は、さすがにすごい。百品種と一口でいうが、とても覚えられるものではない。よく探すと、あの允恭天皇が愛した女性の名「衣通姫」という桜もちゃんとあった。

香りのデリケートな違いを順番にかごうと張り切っていた私にとって、最大の障害物は、ここでも、周りで焼いているトウモロコシやイカのこうばしい強いにおいだったのである。

ムスクが香る蘭

らん展は桜前線とは逆に仙台から福島、東京、名古屋、神戸、岡山、福岡へと北から南へ下ってくる。東京では一月から二月が一番盛んで、最も規模の大きい東京ドームの世界らん展は冬の二月下旬。外の寒さをよそに、ドームの中は蘭の花の華やかな彩りと香りにあふれる。

らん展で香りの審査を始めて十九年になるが、ある年奇妙な香りの花が出品された。たくさんの黄色い花をつけた「エピカトレヤ・京口（*Epc.* Kyoguchi）」である。フレッシュな花の香りの中に拡散性のある強いムスクの香りを放っており、ムスクの香料が付けられているのではないかとも疑われた。香料会社や化粧品会社の香りの専門家もいたが判断できず、香りの総合的な評価点が入賞レベルに達しなかったので、結局それ以上検討されず分からずじまいになった。

同じ年の三月、名古屋国際蘭展の香り審査に出かけた。審査も終わり、展示されている花を見て回っていたときに、東京から一緒に来ていた審査員が「あそこに東京でムスクの香りがした蘭が並んでいますよ」と指さした。それはまさしく東京でかいだのと同じムスクの香りであった。

これで真偽がはっきりしたわけである。この蘭を作出した兵庫県加古川市の大西明さんを訪ねると、温室の一角に十株ほどのエピカトレヤ・京口がムスクの香りを放っていた。大西さんはこの花の香りを「ある化粧水の少し粉っぽい女らしい香り」と表現していたのが面白かった。

この花の成分の研究から二種類のムスク様香気成分が見つかった。蘭ばかりでなく花の世界からムスクの香り成分が見つかったのは初めてである。エピカトレヤ・京口の香りは交配に用いた片方の親の *Epi. aromaticum* から由来していると分かったが、興味あることに親よりも子どものエピカトレヤ・京口の方がムスクの香りが強く出ていた。遺伝の妙を感じた。

兄弟にはそれぞれ'*Happy Field*' '*Moon Powder*' '*Star Children*'などの名前がつけられていて花容やムスクの強さが少しずつ違う。

わが家の'*Happy Field*'はバルブ（球根）がはち切れんばかりに太って春を待っている。花と香りが楽しめる三月が待ち遠しい。

第二章　天然香料を求めて

経済地理学

「経済地理学」という学問は、新しい視点を開くものだそうだ。相当広い分野の学問で、私はその言葉を聞きかじっただけだが、天然香料の経済地理学というものを考えてみたら、どんなものになるのだろうか。まずは思いつくままに、多少の計算をしてみよう。

天然香料は、香りのある花、葉、材、種子、根、樹脂などを水蒸気蒸留（steam distillation）や溶剤による抽出、圧搾などの方法で取り出す。厳密にいえば、どんなものにも、香りやにおいのないものはない。経済の文字がある以上、当然ながら価値のある香りの資源ということになる。日本では、空気や水を、貨幣価値でとらえる経済上の資源とみなす考えは、近代まであまりなかった。それだけ恵まれた国民だったとも思うのだ

世界の天然香料地図

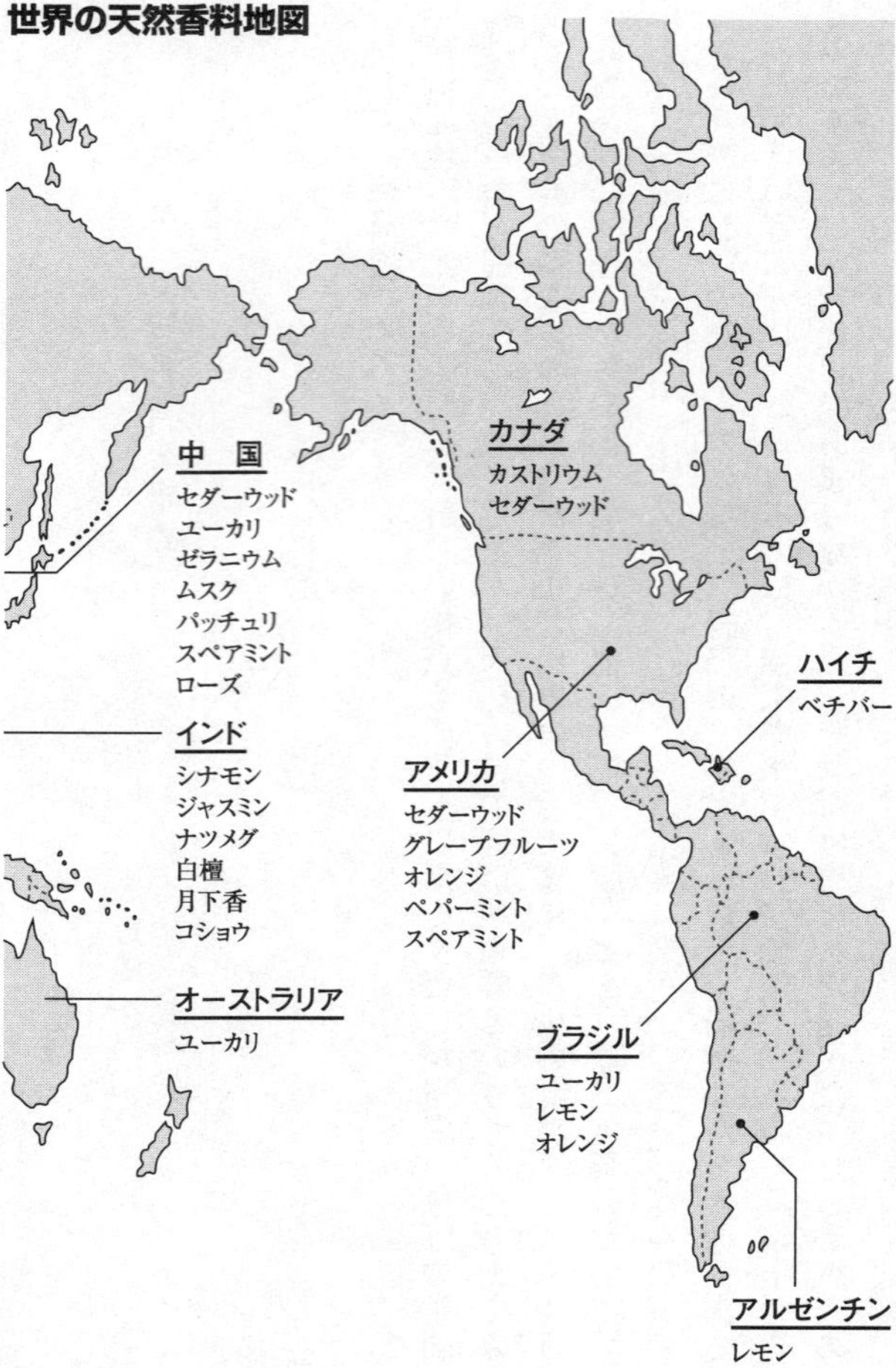

カナダ
カストリウム
セダーウッド
中　国
セダーウッド
ユーカリ
ゼラニウム
ムスク
パッチュリ
スペアミント
ローズ
ハイチ
ベチバー
インド
シナモン
ジャスミン
ナツメグ
白檀
月下香
コショウ
アメリカ
セダーウッド
グレープフルーツ
オレンジ
ペパーミント
スペアミント
オーストラリア
ユーカリ
ブラジル
ユーカリ
レモン
オレンジ
アルゼンチン
レモン

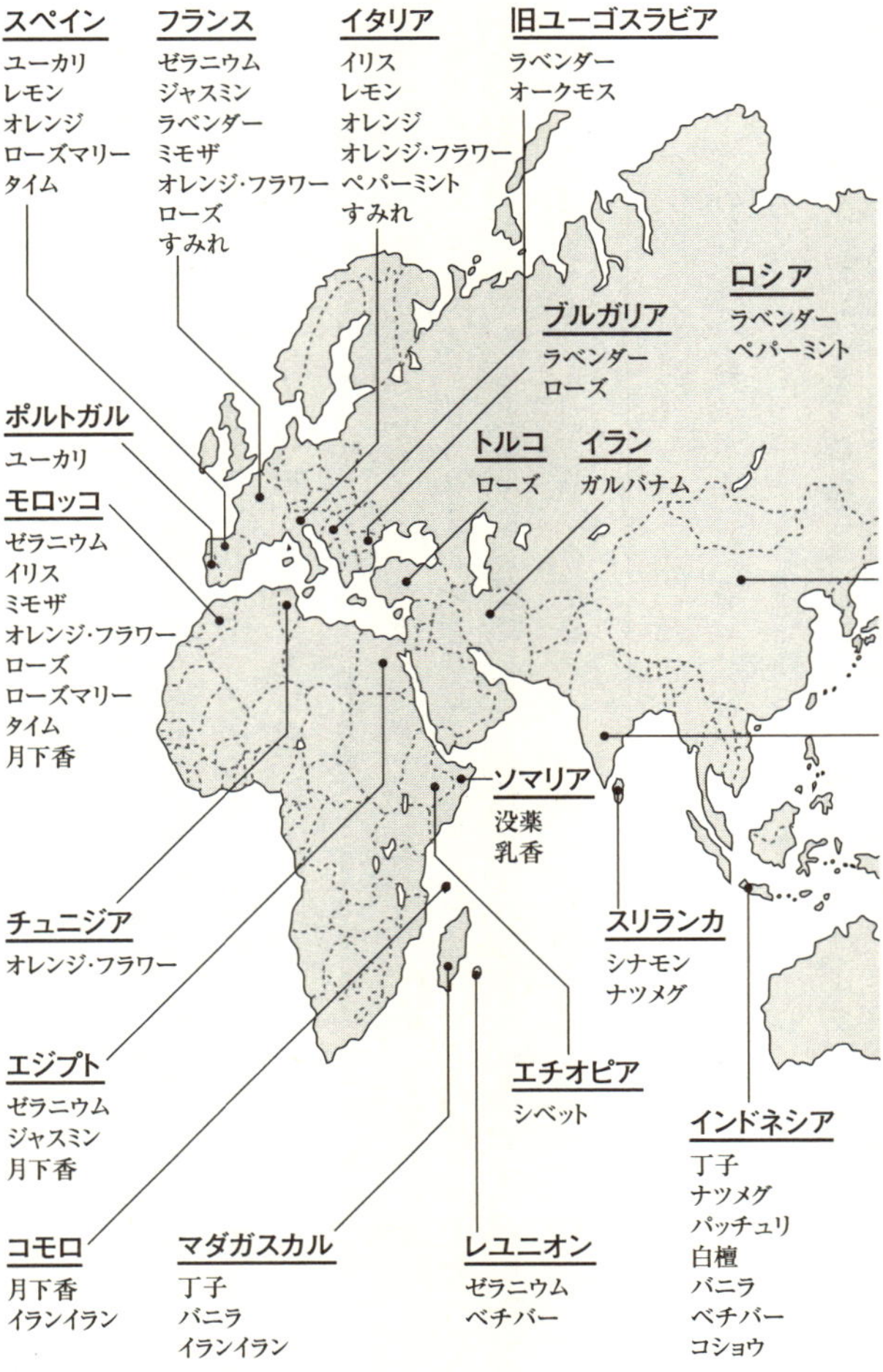

スペイン
ユーカリ
レモン
オレンジ
ローズマリー
タイム
フランス
ゼラニウム
ジャスミン
ラベンダー
ミモザ
オレンジ・フラワー
ローズ
すみれ
イタリア
イリス
レモン
オレンジ
オレンジ・フラワー
ペパーミント
すみれ
旧ユーゴスラビア
ラベンダー
オークモス
ロシア
ラベンダー
ペパーミント
ブルガリア
ラベンダー
ローズ
ポルトガル
ユーカリ
トルコ
ローズ
イラン
ガルバナム
モロッコ
ゼラニウム
イリス
ミモザ
オレンジ・フラワー
ローズ
ローズマリー
タイム
月下香
ソマリア
没薬
乳香
チュニジア
オレンジ・フラワー
スリランカ
シナモン
ナツメグ
エジプト
ゼラニウム
ジャスミン
月下香
エチオピア
シベット
インドネシア
丁子
ナツメグ
パッチュリ
白檀
バニラ
ベチバー
コショウ
コモロ
月下香
イランイラン
マダガスカル
丁子
バニラ
イランイラン
レユニオン
ゼラニウム
ベチバー

ので、最近はそうもいってはいられない。質の良い環境はそれ自体高い価値を有するのである。香りといえば、良い香りをかがせてくれる草花がいっぱいの庭園で、特に香りの料金などというものを、私たちは意識させられたこともない。よく考えてみると、入場料という形で、香りの対価をも支払っているのかもしれない。ただ、かがせてやるからいくらよこせ、と要求する習慣がないことは確かである。花泥棒という言葉はあっても、香り泥棒とはだれもいわない。しかし、香料を扱う私たちからみれば、香りの経済地理学は、確実に学問の対象になる、と思うのである。

高級香料に欠かせないジャスミンの香料は、一キロつくるのに五百円硬貨大のかれんな白い花が六百キロから七百キロ必要である。それだけの量を摘むのに延べ二千時間の人手がかかる。南仏グラース産の香料一キロが三百万円以上するのも、不思議ではない。

香料用のローズとして最も有名なものに、ブルガリア・ローズがある。ブルガリアのほぼ中央に位置する、幅五キロ、長さ五十〜六十キロ、標高二百〜六百メートルの地域は、ローズの谷と呼ばれ、主要な栽培地となっている。五月末から六月中旬の約三週間、周辺の老若男女によって、早朝五時過ぎから陽光があまり高くならない十時ころまで、花の摘み採りが行われる。農繁期のこの季節、最近では首都ソフィアの大学生も花摘みに参加している。花びらの中に最も多くの香料が含まれているのは、花がカップのような形を保っているときである。正午ともなると、三〇パーセントほども香料が失われ、夕方五時ころには、七〇〜八〇パーセントの香料が揮散してしまう。一人で三十〜五十キロを摘む。香料を一キロ採るには、三トンの花びらを摘み採らなければならない。三トンの花はどれほどの個数になるかは諸説あって、百万個という人もあれば、億を超えるはずだという人もあって、はっきりしなかった。そこで、たまたま仕事でブルガリアとトルコに行く私の会社の人に、個数を数えてもらうことにした。

帰国後早速教えてもらった答えによると、香料を採るダマセナ種のバラの花は、一キロで四百七十個と出た。貴重な数字である。これから計算すると、香料を一キロ得るには、実に百四十一万個の花を摘み採らなければならない。ブルガリア・ローズ香料の年間生産量は約一千三百キロなので、十八億三千三百万個の花を延べ十万人で収穫することになる。一九八〇年は一キロ三千ドルだったが、一九八六年暮れからのトルコ・ローズの高騰の影響もあって、五千ドルを超えた。二〇〇五年には八千五百ドルになった。ローズ香料の高値は、今後も続きそうである。

香料の栽培と収穫は、人件費と土地の安い国へと移っている。ジャスミンはフランスや南欧からエジプトへ、さらにそこでも難しくなって、インドと中国に目が向いている。数年前に訪れた南仏グラースのプラスカシエの栽培地には、ジャスミンはいくらも植えられておらず、フランスでの生産が減っているのを肌で感じ、寂しい気がした。溶剤抽出法のローズは、フランスからモロッコへ、水蒸気蒸留のオレンジの花は、イタリアからチュニジアやモロッコへ移行してきている。

数量に限りがあり、お金を出しさえすればいくらでも買えるというわけではないので、私たちも安心して使えない例がある。ヒヤシンスは、花の中でも独特の香気で、やや重い青臭さの中に、広がりのある強い甘さを感じる。私が訪れたシェークスピア生誕の地、イギリスのストラトフォードのシェークスピア夫人アン・ハサウエーの家の庭に咲いていたヒヤシンスの香りは、ひときわ印象が強かった。川沿いのホテルから街を抜けて、田舎の小道を歩いて十五分ほどのところ、四月初めのストラトフォードの朝は、冷気がピリッとする寒さだった。ヒヤシンスの紫と白と黄の花は露に濡れて、朝の光に輝いていた。しゃがんで香りをみると、周りの静けさや落ち着いたたたずまいとは不似合いなほどの、強い香りだった。不似合いな、と感じたのは、私の日本人的な感覚だったのかもしれない。横浜や静岡で咲くヒヤシンスとは香りの質も強さも違っていた。その香りのイメージを何とか香りづくりに活かせないものか、と私は胸にしまっておいた。

帰国後しばらくして、フランス最大の香料ディーラーから私たちのところへ、魅力的なヒヤシンス香料の紹介があった。花が咲くとすぐに採り、香料を抽出する。摘花は、球根の生長にも良く、オランダでは、香料と球根の両方がビジネスになっていると、聞いていた。

狙いとする優れた香りをつくり上げるために、どのような天然香料や合成香料をどうブレンドするか、また香りのこれまでにない特徴として、どんな新合成香料を大切な要素にするかなどをデザインし、一つの香水という最終製品につくり上げていく職業を、パーフューマー（調香師）と呼び、出来上がった設計図を香料処方という。ヒヤシンスは、処方の中で力を発揮した。品の良い、新鮮で持続するグリーンと、力強い華やかさを与えた。

さて、私たちの処方が完成して、いざ商品化というときになって驚いた。有名ディーラーの紹介だから大丈夫だと思っていたのに、そのとき世界中探してもたったの二百五十グラムしか在庫がない、と分かったのである。これ以上必要なら、次の春に花が咲くまで待ってほしいとのこと。間に入った日本代理店は平謝りだったが、ないものはない。天然香料の恐ろしさをこのとき改めて知った。

戦争勃発は香料の供給をも壊滅させる。一九八〇年に勃発したイラン・イラク戦争は、セリ科の植物から採りさわやかなグリーン・ノートの感じをだす重要な素材ガルバナム樹脂を、市場から追放してしまった。一九八八年八月、ようやくこの消耗戦は停戦にこぎつけたが、天然香料資源は、何百万人という人的資源の戦死とともに、壊滅的な状態となったに違いない。イラ・イラ戦争は、香料を扱う私たちをもイライラさせたのである。資源の回復に何年かかるのだろうか。中東戦争のときは、シソ科の草から採る香料で、スパイスや男性用化粧品にも使ってスッとさせる感じを出すタイムが市場から消えた。その記憶も生々しい。

一九八四年には、マダガスカルの北にあるコモロ諸島のイランイランの供給が、突然止まってしまった。イランイランは、バンレイシ科に属する高木で、その黄色の花から香水等に鮮やかな華やかさを与える香料を採る。コモロ共和国が、外貨事情の悪化を理由に輸入禁止措置をとった品物の中に、香料抽出用の溶剤が含まれていたからだ。外貨を減らすまいとする政府の政策が裏目に出て、外貨獲得の貴重な輸出品イランイランをつくれなくしてしまったのだ。

アメリカのフロリダを一九八三年暮れから翌年初めに寒波が襲って、香料としても重要なオレンジの果実と木を凍らせた。白骨化して立ち枯れたオレンジの木の列を見て、私たち香料関係者もふるえあがった。農民は、何十年かに一度襲ってくる異常寒波を避けるため、より南の土地を探している。

年初めに他の花に先駆けて、黄橙色のぼんぼりのような花をつけて南仏の山々を彩るミモザは、八五年グラース西オリボーで山火事に遭い、また数度にわたる大雪で激減してしまった。ややグリーン・ノートがかった甘い花の香りで、ジャスミンの香りによく調和する素材だ。数年で回復するだろうか。

植物性香料でいま最も高価なものは、イリス（アイリス）である。高品質のものは、一キロ四百万～五百万円。栽培と貯蔵に時間がかかり、収率も低いからだ。イリスはアヤメ属の *Iris pallida* Lam.で、イタリアで採れる。三年生の根茎を洗って皮をむき二、三年貯蔵させるうちに、香気成分のイロン類が増加してくる。水蒸気蒸留には二十～三十時間かかり、収率はわずか約〇・二パーセントである。持続性の強いバイオレット様の香気を放つ。六九年に訪れた南仏の香料原料の大ディーラー、シャラボー社の倉庫には、イリスの入ったかます袋がうずたかく積まれ、それだけでも莫大な金額になると思ってみたものだ。イロン類の中でも最も香りの良いγ－イロンは、最近合成品ができたが、それも一キロ三百万円。天然ムスクの主要香気成分ムスコンの四、五倍もする。この高値では使うパーフューマーは誰もいないだろう。

経済地理学的な変動の状況は、どんな資源にも必ずあるものだろうが、香料のような、グラム単位の物質を扱う私たちは、それこそ香りを通じて、敏感に世界の変化を、新聞にも載らないような小さな地方の気候の激変までをも、かぎとるのである。

香料の処方を書く私のペンは近ごろ思いきりも悪く、また鈍らざるをえない。いったん香水を製品化すると、メーカーには安定供給の義務がある。ワインの品質なら経済社会地理上の変動は常識だが、香水を求めるお客さんは、常識とは思ってくれないからである。

バラの秘密

野生のバラの出現は古く、約三千五百万年前と推定されるバラの化石が、アメリカのオレゴン州やコロラド州で見つかっている。

ギリシャ神話によると、美と愛の女神アフロディテ（ローマ神話ではビーナス）は、東地中海のサイプラス島の近くの、泡立つ海の中から生まれた。海が盛り上がって、波立つ中から美しいビーナスが現れたとき、大地は、海が美しい神々を生み出せるのと同じように、大地も美しいものを創造することができる、といって、バラの花を生み出した。

この神話は、ルネッサンス期の画家ボッティチェルリが、『ビーナスの誕生』に描いた。この有名な絵に描かれているバラをよく見ると、系統的には、ブルガリア・ローズの親に当たる赤色の「ロサ・ガリカ」と、ブルガリア・ローズの子に当たる白の「ロサ・アルバ」が両方描かれているようにみえる。この二種のバラは、一四五五年から三十年間イギリスで起こった「バラ戦争」で知られる、ランカスター家の紋章の赤花とヨーク家の紋章の白花でもある。

人間とバラとのかかわりの歴史も古く、紀元前五世紀のギリシャの歴史家ヘロドトスは、ギリシャ神話に出てくるミダス王の庭園にふれて、そこに六十枚の花弁を持った香りの強いバラが植えられている、と記している。

バラは世界中で最も親しまれている花で、その香りは多種多様だ。他のどの花もこれには及ばない。香料としても最も重要な素材であり、香料植物の女王といわれる。その香りは女らしい華やかなイメージが強い。

香料用のローズとして最も有名なものにブルガリア・ローズがある。「経済地理学」のところでも述べたように、その価格は高騰している。一九八〇年には香料一キロが三千ドルだったが、八六年暮れからのトルコ・ローズの高騰の影響もあって、五千ドルを越えた。ブルガリアに貴重な外貨をもたらしている香料の高値はその後も続き、八七年には新規の買い付けはできなくなった。

トルコ・ローズの高騰は、人件費アップや不作、政府の価格管理などのためといわれる。だが、一説によると、アメリカに本社を持つ大手の香料会社が買い占めたのが引き金になった、ともいう。これからの香水の流行の方向を読むと、高級ローズの要素はますます必要となる、との思惑があったからだろう。トルコでは現在、急いで作付けを増やしているので、数年先には品薄は解消される、と扱い業者は予想している。テンポの速い現代でも、こと天然香料の資源となると、その動きはこんなありさまだ。

研究室のコンピューターで、八七年のある日、私たちの研究所で手持ちのローズを検索してみたら、二百五十六種と出た。品種、価格、収穫年などのデータが、すべて打ち出されてくる。ブルガリアとトルコの品物に限ってみても、購入価格には十倍以上の開きがあった。買い方が難しいのである。その値で買ってよし、と判断するのは、私たちパーフューマーの鼻の仕事だ。季節変動や収穫地の違いだけでなく、ときには混ぜものの有無も見抜かなければならない。また、香料の嗅覚的純度が高いものでなければならない。それらの判断には機器分析も大いに助けになる。

「いまからこのローズ香料数十キロの購買契約に入る。判断はどうか」とサンプルを持ち込まれたときが、私たちが最も緊張するときである。審査は複数のパーフューマーで行うのだが、最終決定するのは私である。細長い無臭の試験紙を「におい紙」という。その紙にローズ香料をつける。鼻先に神経を集中させる。異臭はないか。華やかさはどうか。強さは十分か。透明感にも通ずるような、混じりけのない純粋さはよいか。何よりもローズに独特な「磯くさい」特徴が少なくはないか、と順次調べていく。私の鼻の先に異臭が引っかかるような場合は、まず不合格である。「鼻の先に異臭が引っかかる」とは、どういう状態か説明しろといわれても、それはご勘弁願いたい。香りを表現する言葉に困ることは後で述べるが、長年にわたる訓練で分かるのだ、としかいいようがない。ブルガリアが異常寒波に見舞われて、バラの枝が凍ってしまった年の香料は、確かに「異臭が引っかかった」のだった。

香料の判定に自信が持てるようになるまでには、相当の修練を要する。修練で最も大切なことは、まずその分野の最高級品の香料から「かぎ込んで」いくことである。「良い香りとは何か」を自分の身につけることである。決して質の低い香料から取り組んではならない。このことは、すべての天然香料に通ずる鉄則だ。最高級品は、混ぜものがなく、採取、製造工程も注意深く行われて、本物以外のにおいが入る可能性が少ない。それが身につけば、それから外れるにおいは、すべてが異臭なのである。

春しか収穫できず、また、不順な天候で作柄が脅かされるこのローズの高級天然香料と同程度のものを、何とか人の手で組み上げていけないものだろうか。これは、香料化学者の永遠のテーマであり、夢でもある。高度の機器を駆使した分析技術をもってすれば、現在は天然香料の構成成分の解析は、かなりのところまで可能である。ブルガリア・ローズは、六百種以上の成分から成り立っていることが、現在分かっている。しかし、そのうち学会や文献で報告され、化学構造が分かっているものは、三百余種類でしかない。これだけでも、香料の全成分の中の量でみれば、九五パーセント以上を占める。分かった成分だけで、成分比をできるだけ天然香料に似せて組み合わせて、人工ローズを作ってみたが、香りの輝き、酷《こく》、華やかさ、強さに欠け、本物にははるかに及ばない。いまだ人知の及ばない、残り五パーセントが問題なのである。

私たちの研究所では、この五パーセント中に未報告の微量硫黄化合物が多種類含まれていることを発見した。本物の特徴の一つ「磯くささ」を説明できる成分だった。これは人工香料と天然香料とを判別するときに、大切なポイントの一つとなっている。

一九八六年秋、私たちはワシントンの国際精油会議でこれらの微量成分の研究結果を発表したが、その反響は大きかった。

ムスクとは

ムスクについて文献を調べていくと、人間とムスクとのかかわりの深さ、広さに改めて驚かされた。パーフューマーという立場からだけで考えても、ムスク抜きにして香りの話はできないことを、思い知らされた。

ムスクは、香料の中でも最も神秘的でかつ貴重なものである。その価格は、昔も今も、黄金よりも高価である。ムスクの原料を手に取ってみる。ピンポン球大で、形はやや扁平だ。白い剛毛に覆われている。毛が渦巻いているつむじの中心に当たるところには、何かありそうだ。つむじの反対側には、一円玉ほどの黒い血のりのようなものがついている。そっとかいでみると、独特の獣臭と糞のようなにおいが入り混じっていて、快い香りとはお世辞にもいえない。

英語のムスク（musk）という言葉は、元をたどれば、サンスクリット語（梵語《ぼんご》）のムスカ（muska）で、本来は睾丸の意味である。漢字でいえば麝香《じゃこう》をさす。このサンスクリット語ムスカは、ペルシャ語やギリシャ語にとり入れられ、現在は麝香鹿の属名になり、種名にも使われている。

麝香の文字は、中国最古の薬物書『神農本草経』の「上薬」に明記されている。この古典は、東洋医学史の専門家で、元横浜市立大学医学部助教授の石原明さんの著書『漢方――中国医学の精華』（中公新書）によると、後漢の時代（二五～二二〇）に現在まで伝えられているような体裁を整えた、と考えられている。三百六十五品種の生薬が記載されており、上、中、下三巻からなっている。上巻の百二十品種の生薬は、「上薬」またの「君薬《くんやく》」と呼ばれ、命を養う薬。天、地、人の中の、天に由来する薬である。それらの薬は、大量を長期間服用しても無毒で、身体が爽快になり、元気が横溢し不老長寿をもたらす。甘草《かんぞう》、麝香、朝鮮人参などがそれに属する。中巻の百二十品種は、「中薬」あるいは「臣薬」という。また、下巻の百二十五品種は、「下薬」あるいは「佐使《さし》薬《やく》」と呼ばれた。

私は薬理学者ではないので、薬効のほどは何ともいえないが、麝香が太古からとびきりの貴重品であったことは間違いない。『神農本草経』の本文によると、「この麝香を久しく服用すると、邪気を除き、夢を見て跳び起きたり悪夢にうなされることがなくなる」とある。これを最初に使ったのは中国人である。中国では、強心剤、コレラの予防、神経衰弱、ぜんそくに効果があるとされてきた。媚薬や精力剤としても用いられてきた。いまでもそうだが、これを持ち歩くと、蛇よけに役立つと信じられている。

十三世紀のイブン・アル・バイタールのアラビア医学の薬物書によると、「ムスクは、発汗を清浄にし、心臓を強くし、気鬱症や元気を失った人に活力を与えてくれる。他の薬と併せて服用すれば、ムスク本来の特性を遺憾なく発揮して身体の各器官を温める。外用薬として塗布すれば、その部分を特に強壮にする」とある。東西の薬効をまとめると、強心、鎮静、鎮痙作用をもっている。

ムスクは、雄の麝香鹿の香嚢《こうのう》から得られる。麝香鹿は、中央アジアの山岳地帯に生息する。ヒマラヤ山脈の高地のチベットと四川付近のものがトンキンムスクといわれ、最

麝香鹿

高級品である。その他、雲南、アッサム、ネパール地方でも産出する。この鹿は、現存のシカ科の中では、最も原始的な種類である。小型で、臆病で、警戒心が強い。雄は、縄張りに標識点を持っていて、香嚢の中央の小さな穴から出されるムスクと糞で定期的ににおいづけを行う。

香嚢は、雄の下腹部のへそと生殖器の間にある。太古の人たちが思い込んでサンスクリット語の語源にもなったように、睾丸だと思う人が現在もいるが、それは間違いである。香嚢を切り取って、乾燥させたものが商品になる。極めて高価でかさばらないので、昔から交易品として至適なものだった。このようなものには、偽物が出回ることがよくある。ムスクにも偽和《ぎわ》と称されることが、古くから行われてきた。ムスクを全然含まない若獣の香嚢を切り取り、その内部に血や肝臓と少量の本物のムスクを詰め、縫い合わせて乾燥させる。また別の方法では、香嚢が乾き切らないうちに開き、中身をくりぬいて、ゆでた肝臓を粉にしたもの、乾燥させた血、煎った豆の粉などを入れる。

動物由来の香料を扱う、パリの信頼できるビングフィス社から、以前、香嚢を一つ買ったことがある。その品物は十五万円くらいはするとみたが、ありがたいことに、当時の急ピッチの円高のおかげで十万円だった。同社の動物性香料の権威ジャック・シュリンジャー氏とは、東京とパリで何度か会っている。背の高い、がっしりした体格の、白髪の紳士である。彼によると、ムスクは品質鑑定が最も難しい品物だという。そのまま外からにおいをかいでも本物か偽物か分からない。教えられた通り、私は細長くて先が丸いヘラを、買ったムスクに差し込んで、原形を壊さないように注意深く中身をかき出した。やや湿った感じの黒褐色の顆粒状のものがこぼれ出てきた。少量を手のひらに取り、わずかの水をつけてこすってみる。色がにじまない。これは、血液などで偽和されていない証拠である。次に舌の上にのせて味わってみる。弱い苦味がある。湿った薬臭さの中に、澄んだ清涼感がある。これこそ本物である。

この鑑定をした後、しばらくすると奇妙なことが私のからだに起こった。初冬の夜の研究室は、そのとき暖房も切れ、冷気が広がってきていた。それなのにからだが温まりはじめ、手足に伝わっていくのが感じられた。心臓の鼓動も速くなってきたようだ。私は、霊薬を飲み込んでしまっていたのに気づいた。味見の量が多すぎたに違いなかった。日本では、ムスクを配合した六神丸、宇津救命丸のような製剤が強心剤、小児五疳薬《かんやく》として生産、販売されている。原料ムスクの輸入量は、一九八五年で四百キロを超えており、絶滅の恐れのある野生動植物の取引を禁じるワシントン条約の規制などで、必要量を輸入するのが年々難しくなっている。このままでは、ムスクはいずれ入手できなくなる心配がある。

一九三〇年代には、年に一万数千頭の鹿が殺されていた。トンキンムスクをとるコビトジャコウジカは一産二子であり、子が成獣となるのに三年かかるので、保護には特別の注意を払わなければならない。しかし、これには朗報がある。中国の四川省を中心に、人工飼育が進んでいて、香嚢を切り取らずに、ムスクを反復採取することが研究されている。それでも、一頭当たり年に六グラム程度しか採れない高貴薬であることには変わりはない。人工飼育は一九五八年ごろから試みられているが、なかなか難しい点も多いらしく、一九八五年に中国側から日本製薬団体連合会に対して、人工飼育に関する技術援助の依頼があった。実現すれば、医薬品の原料分野で初の日中協力事業となる。日本の高い技術により、年々悪化してきているムスクの供給難に、変化の起こることを私は期待している。

偉大な効力

雄の麝香鹿の香嚢から採るムスクは、ごくわずかの量を香水に加えるだけで、普通の人には想像もつかない優れた効果を醸し出す。以前ムスクが高騰したとき、とりわけ高級品のトンキンムスクを、ある香水から試しに抜いてみたことがある。まるで別物になってしまった。ムスクなしの試作品の香りは、冷たく、平面的で、豊かさに欠け、みすぼらしいものに変わっていた。改めてムスクの偉大さを思い知ったものだ。香りに、「酷《こく》」、「幅」、「温かさ」、「女らしさ」、「セクシーさ」などを与え、広がりのあるものに変えてしまう、不思議な力をもつ物質である。

それにしても香りを表現するのに、私はいつも、ある種のもどかしさや、いらだちさえも感じるのだ。例えば「酷《こく》」といっても、それは古来、醸造で生まれた言葉だ。「幅」その他の表現も、一見して、元来は香りとはあまり関係がない。にもかかわらず、何とか考えつく限りの言葉を動員して、私たちは香りを語らなければならない。よく考えると、香りそのもののために人間が発明した言葉というものは、あまり見当たらない。色や味については、それなりにボキャブラリーが豊かで、言葉の文化も発展してきたのだろう。だが、だからといって、香りの文化が未発達だったかというと、とんでもない。太古から香りは、宗教や政治にも欠かせない役割を果たしてきた。ただ、香りには、言葉を拒絶する複雑さがあり、言葉の方が追いつかなかったのだ、と私は考えている。

さて、麝香鹿の香嚢自体は、不快なにおいである。糞のような、あるいはたんぱく質の分解で出来るアミンのような、さらに獣のようなにおいである。研究所を訪れる見学者にそのにおいをかがせると、みんな意外なにおいに驚いて、けげんな顔をするものだ。香料の処方の中にムスクを使い込んだときの素晴らしい効果は、普通の人には想像すら難しい。

ムスクは面白い力を持っている。香りに広がりと持続性を与えることだ。この香りは、雄の麝香鹿が、発情期に雌を引き付けるためと、縄張りのにおいづけのために発するものである。ヒマラヤ山脈の高地、チベットや四川省に生息する雄鹿にとって、その香りは、よほど遠くまでとばなければ、雌を引き付けることができないのだろう。
十三、四世紀のイタリアの探検家マルコ・ポーロは、中国や中央アジアへの旅で、麝香鹿のすむ国は、その香りがあまりにも強く、「部下が気を失ったほどだ」と書いたことが、香料関係の書物には伝えられている。「黄金の国ジパング」なみの誇張があるにせよ、香りの強さと広がりには、すぐ気がついたのだろう。そのことを正確に知りたいと思い、『東方見聞録』（東洋文庫）を開いてみた。しかし、ムスクの香りに満ちていた国の話はあったが、「部下が気を失った」という表現は、見つからなかった。もっとも、

『東方見聞録』にもいろいろな版があるそうだから、断定はできない。

東洋交易の中心、イギリスの東インド会社は、香りが移るのを恐れて、紅茶を積む船には、ムスクを同時に積むのを禁じたことがあった、という記録もある。これは、世界的に知られるスイスの香料会社ジボーダン社が一九七三年に出した広報誌の中で、ムスク特集をしたときに記述されている。

ムスクを表す麝香という漢字は、鹿の放つ香りが矢を射るように遠くまでとぶ、ということを表している。中国では、古くからこの香りの現象が知られていて、それを的確に表現する字をつくったに違いない。香りそのもの、しかもよくその特徴を表す、数少ない言葉の一つである。

香りを広がらせるムスクの働きに乗せて、香水はそれぞれの香りの特徴を遠くに運ぶことができる。ある日、香料会社主催のカクテルパーティーがホテルであり、かぎ慣れない女性用の香りに出合ったことがある。会場はかなり大きな広間で、私のごく身近には、それらしい婦人はいなかった。人の中を香りの流れに注意してたどって行くと、派手な服装がよく似合う一人の女性に行きついた。最初にその香りに気づいた場所からは、随分と離れたところに、その婦人はいた。

世界でもトップクラスのアメリカ人のパーフューマーの夫人だった。ムスクで広がりをつけた新しい創作の香りを、夫人が試していたのだった。後で、そのパーフューマーと話す機会があり、聞いてみると、彼はいつもこのように妻の協力を得て、新しい香りの出来栄えをみている、とのことだった。「この香りがお気に入りであれば、貴社にお売りいたしましょう」と、なかなかの商売熱心であった。

さて、ある香りをつけている女性を、その香りだけを頼りに嗅覚で追いながら、探し当てることができるだろうか。パーフューマーにとっては、答えはイエスである。鼻先に注意を集中してみると、どの方向から香りがくるかが分かる。空間に濃度の勾配が感じられる。風向きを考えに入れないと、左右を間違えることがあるが、何回か繰り返しているうちに、方向が確かになってくる。イヌは、ヒトの百万〜一千万倍も敏感で、いとも簡単にやっていることなのだが、私たちパーフューマーも、訓練によって、普通の人の百倍くらいはかぎ分けることができるようになる。

十八、九世紀のヨーロッパに栄え、ユダヤ系の金融業者で史上最大の富豪といわれたロスチャイルド家の邸宅だったというロンドンの落ち着いたレストランで、私はパーフューマーのナンシー・B・マッコンキー女史と食事をともにしたことがある。彼女は世界的にも数少ない女性パーフューマーで、しかもイギリスのパーフューマー協会の会長も務めた人だった。食事中にどこからかオリエンタル・ノートの濃厚な香りが漂ってきた。オリエンタル・ノートとは、主として東洋で産出する香料で組み立てられた香りで、濃厚で甘いイメージを持つときに、私たちパーフューマーが呼ぶいい方である。ムスクも効いていた。

あまりにもその香りが強かったので、「これは、におい公害《オーダー・ポリューション》ですね」と、私たちはささやき合った。明らかに適量を超えた使い過ぎだったが、悪口をいっていても仕方がないので、私たちは、その香水の名前を当てよう、ということになった。商品名でいえば「バラベルサイユ（デプレ社、フランス）」か「シアラ（レブロン社、アメリカ）」かのいずれかだ、と私たちの考えは一致した。正解は、つけている本人しか知らない。

やがて、マッコンキー女史はすっくと立ち上がって、離れたテーブルにいた一人の女性のところへ迷わず近づいて、何やら話をして戻ってきた。いく組ものお客がいる中で、だれがその香りの源なのかを、とうに見つけ出していたのだった。

「あなたのつけている香りは素晴らしい。香水の名前を教えて下さい」というのが、その女性に対する女史のせりふだった、と教えてくれた。このとき以来、私は、ご婦人を前にして香水の名前に迷ったとき、このせりふを使っている。日本でも外国でも、見知らぬご婦人に話しかけても、失敗したためしがない。

優れた香水の条件の一つは、香りに持続性があることである。いつまでもにおう白檀《びゃくだん》のような木の香りと同様に、ムスクは持続性を与えるために極めて重要な役割を果たしている。

ムスクの主成分は、化学物質名ムスコン（メチルシクロペンタデカノン）である。ムスクの中に一〜三パーセント含まれている。含有量が多いほど良い品質とされる。ムスコンは、融点が摂氏三三度で無色または白い結晶。私たちが研究所で持っているのは、融点以下でも液体の状態を保つ過冷却状態のもので、無色透明のとろっとした感じの、鉛ガラスを思わせる光を秘めている。現在では合成できるようになり、一キロ当たり七十万円で販売できるという香料会社も現れてきた。

一グラムのムスコンは、一秒間に約百万個の分子を揮発させ、一千年後でも揮発量はわずか〇・一パーセントに過ぎない、という数字が私の頭の中にこびりついている。どこかの香料の本には確かにそう書いてあったと記憶しているのである。それにしてもあまりにも少ない量なので私は信じられず、自分で計算し直してみた。揮発率が毎秒百万分子というのが正しいとすると、私の計算では、驚いたことに、一千年後の揮発量はさらに二桁も小さい〇・〇〇一二パーセントと出た。何という驚くべき持続性なのだろう。揮発率の数字の方が怪しいのかもしれない。現代化学の精密分析機器で、測定し直す必要がありそうだ。

性感情

男性の体臭は、女性より普通は強い。女性のにおいに男性が引かれるのは、香りの専門家としても、また一人の男性としても興味が尽きない現象である。若い女性の働く電話交換室に入ると、単に化粧品の香りだけとは違った雰囲気を、瞬時に感じる。鼻の穴から後頭部へツーンと抜けるようなにおいで、おもちゃのプラスチックのバットで軽く頭をたたかれたような、えもいわれぬショックを受けるのだ。このにおいがどんな物質で、私にどう働きかけているのかまだ分からないが、いずれ突き止めてみたいと思っている。

一方、女性に与える男性のにおいの影響は極めて重要である、といわれている。腋の下のにおいは、男と女とでは明らかに異なる、という実験結果がある。イギリスの科学誌『ネイチャー』(二六〇巻、五二〇ページ、一九七六)に発表したアメリカのカリフォルニア大学の臨床薬理学者M・J・ラッセル博士の報告「ヒトの嗅覚伝達」によると、こんなことが分かった。

男と女の香りの識別をするから、自分のからだと鼻で試してみたい学生のボランティアはいないか、と募ったところ、新入生の男性十六人、女性十三人が名乗り出た。全員に二十四時間せっけん、香水、デオドラントの使用を禁じ、きれいな水でからだを洗ってから、それぞれ同じTシャツを二十四時間着てもらった。それぞれのシャツをにおい判定用の容器に入れ、シャツの腋の下の部分のにおいを一人ずつかいでもらい、それは男が着ていたものか女が着ていたものかを当てさせた。でたらめにいっても五〇パーセントは当たるわけだから、本当に識別できたかどうかを判定するには、厳密な統計学的手法が必要である。こうして調べた結果、識別できたと判定された人は、男性八一パーセント、女性で六九パーセントだった。男性の方が女性よりやや鼻が利く人が多いらしい。「男のにおい」は「ムスク様」で、「女のにおい」は「甘い」、とボランティアたちは表現したという。

他人のにおいが染みついたシャツをかぐというのは、だれだってあまり愉快なことではない。実験をしたボランティアたちは報酬をもらったのだろうか、論文にはそこまでは書いていなかった。私たちの会社でも制汗防臭製品の新しい薬剤の効果を調べる必要があることも、ないではない。香料研究室の人たちなら鼻が良い。普通の人では判断にばらつきが多く出て、薬剤の効果がはっきりしない心配があるので、下着や靴下のにおいをかいでもらえまいか、と頼まれることもある。ふだんは仕事熱心な研究室の人たちも、これにはまいる。私は責任者として、こんな依頼は、丁重にお断りしている。

さて、男性のからだから出るにおいがムスク様におうことは、ムスクのほかエチオピアや台湾、東南アジアに生息する麝香猫の分泌腺からとる香料のシベット（霊猫香《れいびょうこう》）、マッコウクジラの腸内の分泌物からとる香料のアンバー（龍涎香《りゅうぜんこう》）などの動物性香料のすべてが、雌でなく雄から、よりいいものが採れることと考え合わせると、はなはだ興味深いことである。

ムスクは香水に欠かせないものだから、男性の私が香水の処方を書くとき、自分では調和と強さを十分に試したつもりでも、女性は一体どう感じているのか、不安になることもある。

女性はムスク様のにおいに対して男性より敏感である。カーンとパリの大学で哲学を修め、さらにパリで法律と生物学を研究、一九四五年に中央科学研究所（ＣＮＲＳ）に入った後、コレージュ・ド・フランスに入った異色のフランスの科学者、ジャック・ル・マニヤンは、成熟した女性はムスク様のにおいを持つシクロペンタデカノリッドのにおいを強く感じるのに対して、成人男性や少女はほとんど感じない、と報告している。

このシクロペンタデカノリッドに対する感受性は、女性ホルモンのエストロゲンによって強められる。両方の卵巣を切除した女性はこのにおいを感じにくいが、エストロゲンを与える治療をすると、ムスクのにおいに鋭敏になることが分かっている。また、その香りへの感度は、月経周期と密接な関係があり、感度のピークは排卵の時期と一致している。周期のはじめから排卵に至る前半は、徐々にエストロゲンの支配が強まるからだになっていき、筋肉や感覚器官、頭脳の働きまでもが次第に高まっていく。女子運動選手が良い記録を出すのは、このエストロゲン支配期といわれる。一方、排卵後に卵胞が黄体に変わって黄体ホルモンが支配する後半期には、女性のからだは柔らかくなり、体重も少し増えておなかの筋肉も柔軟になり……と、妊娠してもいいからだになるのである。ムスクの香りに敏感になったな、と感じたとき男性を受け入れれば、めでたくご懐妊というわけだ。このようなからだの微妙な変化は、少し注意深い女性なら、自分で分かるはずだ。

こうしたいくつかの事実から、ムスクの香りは、女性の性感情を高めるもの、と考えることもできる。女性のそのような状態を男性が望むのであれば、香水にムスクを使うことを、うまく説明できることになる。

エジプトの女王クレオパトラ（前六九～前三〇）の鼻が一センチ低かったら、歴史は……という言葉が有名だが、私たち香料の専門家からみれば、同じ鼻でも彼女の嗅覚の感度の良さを想像することの方が楽しい。香り使いの達人クレオパトラは、ムスクを浴びるように使って、ローマの権力者アントニウスを誘い迫った、という。クレオパトラは、無意識のうちに、香料を権力政治の小道具に使ったのかも知れない。ムスクで彼女自身の性感情を高める結果ともなったのだろう。アントニウスには、そんなクレオパトラがさぞ魅力的に見えたに違いない。本来は雄が雌を誘うものだった香りを逆手にとった、クレオパトラの非凡な才能を想像すると、私には、この女王が一層魅力的に見えてくるのである。

近年、男性用のコロンにムスクが使われているのを私はしばしば感じる。これは男の化粧品にある種の効果を期待したパーフューマーの深謀であろうか。また、そのような男性用のコロンをわざわざ付けている女性にも私は時々出会う。これは、現代のクレオパトラたちがそれと知っての細工であろうか。

ムスクは、いまは化学合成できるようになった。合成ムスクの化学の進歩は著しく、多種類のムスク様香気を持つものが使われている。その量は、合成香料全体の二パーセント、金額でいえば、七パーセントになる。私が香料の仕事に就いた昭和三十年代初めに一キロ三十万円だったシクロペンタデカノリッドは、現在四千円だ。ものみな値上がりのこの時代に、これは特筆されてもいい出来事である。

シクロペンタデカノリッドのケトン体は、より柔らかく、優雅な香気を持つ。その値段は、一九八五年に一キロ二十二万円だったものが、八八年には六万五千円にまで下がった。これまでは高価なため微量しか使えなかったものが、香料処方の中で数パーセントも使えるようになれば、その効果からいって革新的な新合成香料というべきだろう。

スイスの有機化学者、L・ルジチカ博士は、ムスクの主成分ムスコン（メチルシクロペンタデカノン）の発見など香料化学で一九三九年にノーベル化学賞を受けた。ムスクの大衆化を地下の博士は、いまどう思っているだろう。

第三章　香を焚く

幽玄な沈香

週に一度、日曜日に限って、私は、特別な香を焚く。京都の専門店、松栄堂の「正覚《しょうかく》」である。ふだんかいでいる香りとは異質のものをかぐと、鼻にも良い。わが家には香を焚く道具がないので、線香の形でしかも沈香《じんこう》にできるだけ近い香りのものを、といって買い求めたのが「正覚」だった。四十本で三万円、線香の長さは十八センチ弱である。一本七百五十円とは、普通の線香に比べ格段に高い。一本焚くと、六畳一間なら香りが強すぎるので、私は半分にして使う。火つきは良く、燃えるのが速い。燃えるに従って、香りがほかの部屋にも広がってくる。幽玄で気品のある、心の落ち着くような、不思議な香りである。部屋は、一日中その香りがしみついていて、出入りのたびに心地よい。これは、沈香の中で最高の伽羅《きやら》のみでつくったお香である。

一九七七年度に『東亜香料史研究』(中央公論美術出版、一九七六)の業績で日本学士院賞を受けた名古屋学院大学名誉教授の山田憲太郎博士は、香料史に詳しく、『香料の道』など著述も多い。博士は、沈香の香気を次のように表現している。

「木に非ず。空に非ず。火に非ず。何処より来たりて何処へ去るを知らず。香気寂然として鼻中に入る。神明に達し、祖霊を尊び、祥雲めぐる。幽玄な香気を感じ、仏教的影響と道方の現実的な匂いへの歓喜を備えるものと見なし、香料中の最高のものとした」(「沈香と伽羅」『香料』一七号、日本香料協会、一九五二)

明治以前、日本の香り文化の中心であった薫物《たきもの》のかなめをなす沈香、香道の中心であった沈香とその香りについて、考えてみよう。

沈香は、梵語《ぼんご》で「アガル」といい、「水に沈む」という意味。漢民族はアガルを意訳して、沈水香、略して沈香と名づけた。松栄堂で沈香の塊を手に取ってみると、ずしりと重かった。

博士は、『東亜香料史研究』の中で、古今の文献を詳細に集め、次のようなものをあげている。

『日本書紀』は、推古天皇三年(五九五)の夏四月の条に記している。「沈水《ぢむ》(沈香)、

蘭奢待（正倉院宝物）〔写真提供：奈良国立博物館〕

淡路嶋に漂着《よ》れり。其の大きさ一囲《ひといだき》。嶋人、沈水といふことを知らずして、薪《たきぎ》に交《か》てかまどに焼《た》く。その烟気《けぶり》、遠く薫《かお》る。即ち、異《け》なりとして献《たてまつ》る」。この一文は、日本に香料が伝来した記録として最初のものである。

沈香の比重は、一・〇二三五から一・〇六八九であるから、海水には浮かびにくく、淡路島に漂着したことに疑問を持つ人もいる。しかし、沈香《じんこう》木《ぼく》は、均一の物ではなく、軽い木質の部分と重い樹脂の部分が交じっているのが普通であり、全体として海水より軽ければ良いわけで、漂着説も誤りとはいえないと思う。

世に有名な正倉院に現存する沈香の一種である蘭奢待《らんじゃたい》は、聖武天皇の御代（七二四〜七四九）に中国から献ぜられたもので、現在長さ百六十センチあまり、重さ十一・六キロである。これについては、山田博士が集めた正倉院関係の資料に詳しい。山田憲太郎著『香料――日本のにおい』(法政大学出版局、一九七八)には次の文献が紹介されている。

「黄熟香《こうじゆくこう》。香木の巨材、世に称する蘭奢待《らんじやたい》これなり。かつて一部を截り取りて足利義政に賜わり、後又織田信長にも賜われり。明治天皇奈良行幸の際、一部を截り取らしめられたり。それぞれの箇所に箋を附して之を示す。截片及び塵末を添う」(『正倉院御物棚別目録』第二版)

「一見樟《くす》又は欅《けやき》の材の朽廃したような脆《ぜい》質に見え、色も大体黒褐色を呈するが、その切断面はなお灰白色をなして、質も甚だ緻密である。材の心部は朽廃して大きな洞《とう》を作り、ひいてそれは枝の部分に及んだところもある」(『正倉院御物図録』)

「正倉院沈香は外見上からすれば、今日一般に通用している沈香の材と同じである。ただその樹脂の沈着状況は充分な品とはいえない。そこに黄熟香、桟香と呼ばれる所以がうかがわれるのである」(朝比奈泰彦編『正倉院薬物』植物文献刊行会)

朝比奈博士の黄熟香、桟香というこの観察は近年、大阪大学総合学術博物館の米田該典准教授の詳細な分析研究によっても裏付けられている。ただし、このことによって蘭奢待が伽羅に匹敵する卓越した香気であるという今までの薫物・香道の専門家の一致した認識にはなんら影響を与えるものではない。

なお、正倉院展図録によると、足利義満、足利義教、徳川家康も蘭奢待を截り取った記録がある。一九九七年の正倉院展で展示された蘭奢待を写真の裏側から実際に見ることができた。そこには確かに付箋のない截り取られた痕がいくつも見られた。

沈香については、山田博士のほか、元高砂香料工業社長で日本香料協会会長でもあった平泉貞吉博士の論文に詳しい。それらの内容をかいつまんで示そう。

沈香を形成する沈香樹は、ジンチョウゲ科のいくつかの種類のアキラリア属のものと、エクスコカリア属のものとがあるが、前者のものが主で、ベトナム、インド、マレー半島、中国に分布している。常緑の高木で、高さ十八メートルから二十四メートル、場合によると三十メートルに達する。幹回り六十センチから四メートルである。樹皮は白色または淡黄色で、年輪は現れない。材質は柔軟で用材としては役に立たない。三十年以下の若い木には精油分はほとんどなく、何のにおいもしないが、五十年以上の老木や虫食いの木、野牛にいためつけられた障害木などに、ある種の菌がつくと、その部分が腐食して、沈香特有のにおいを出す。特に菌によって枯死し、倒れて土中に埋もれ、年代を経たものほど佳香を放つ高級品となる。要するに、沈香は、沈香樹に生成したテルペン類が、菌の作用で樹脂化したものということになる。

テルペンとは、樹木にはほぼ必ず含まれている香気成分。最初は、精油に含まれる炭素数十個の$C_{10}H_{16}$の炭化水素のことであったが、意味する内容が次第に拡張され、$(C_5H_8)n$のもの、それから導かれる酸素を含む化合物や不飽和度を異にするものも意味するようになった。モノテルペン、セスキテルペン、ジテルペンの一部は水蒸気蒸留で採る精油の主成分をなしている。

沈香の成因が、菌の作用による二次的な産物であることに異論はなく、一九二九年ころよりインドの学者によって研究されてきた。発見された沈香生成菌は、こうじ菌、青かび、不完全菌など七種であるが、この中でアスペルギルス・ルーバーが有力な役割を果たしているものと考えられている。この菌は鰹節《かつおぶし》に付いて、風味を増す菌でもある。インドの学者は、七種類の菌を沈香樹に接種してみて、沈香らしきものの生成に成功しているが、それは菌を接種したところを中心に二センチ以内の区域にとどまり、それ以上には大きくならない、という。この人工接種試験は、伐採した沈香樹については成功せず、やはり生きた立ち木でなければならない。

現在、目覚ましく発達したバイオテクノロジーの手法で、沈香を短期間につくり出せる可能性もある、と私は思っている。しかし、これには悲観的な見方もある。現在日本に輸入されている沈香は、古いものに比べてその品質が遠く及ばない、と専門家がいっているからだ。地球の長期的変動による気候の変化で木の性質が変わったり、あるいは数百年前の沈香生成菌はすでに死滅していて、今日生存している菌は、当時の菌の変種になっているのではないか、という意見もある。それほど再現は難しいということだ。

　これらの話を聞いて私は、楽器のことを思い出した。十七世紀から十八世紀、イタリアのクレモナでつくられたストラディバリの手になるバイオリンの名品が、かくも妙《たえ》なる音色を出す秘密に微生物説があることだ。現代の名工がどんなに材を選び、工夫を凝らしても、ストラディバリに匹敵するものは出来ない。これは、材料である木材に特異な微生物が作用して、材を特殊なものに変えたのではないか、という考え方である。だれが唱えた説かは忘れたが、木材と微生物とのかかわりの不思議さの例として、私の心に残っている話である。

　沈香を採取するには、立ち木の外観から内部に樹脂が固まっている部分が出来ているかどうかを見分け、材を削ってこの部分を取り出すのと、樹木が自然に朽ち倒れ、地上に長年そのまま横たわっているか、あるいは土に埋もれ腐り朽ちずに残っている樹脂の部分を探し出す方法などがある。沈香樹の材自体は水に浮かぶが、樹脂の多い部分は木質内に樹脂分が固まって、水より重く、黒色や暗褐色を呈している。沈香樹の塊を手に取ってみると、樹脂部分とそうではない部分とがはっきりと識別できる。一九八八年のNHKの番組『海のシルクロード』の中で、ベトナム中部のニャチャン近くで沈香樹を採取する映像があったが、斧で削り取られた白い材と、黒い樹脂部分が共存するのをはっきりと映し出していた。

日本の香道で用いられる香は六種で、伽羅《きやら》、羅国《らこく》、真那蛮《まなばん》、真那加《まなか》の四種が沈香で、佐曽羅《さそら》、寸聞多羅《すもたら》は白檀《びやくだん》である。沈香の中でも最も品質の優れたものを伽羅と呼ぶ。その特徴は、堅く緻密なことで、これは梵語の「黒い木」、kara（黒い）と muk または bak（木）、に発する。沈香は樹脂部分の細断する部位、樹脂化の進み具合、樹脂の多少、樹脂化していない木質の存在などによって、においに微妙な差異が起こる。

香道では、その微妙な差異をかぎ分け、その一つ一つに天体の名、花の名、物語などに関係のある銘を付け、香の種類は約五百にも及ぶという。この香りの表現として、味の言葉で酸っぱい、甘い、苦い、辛い、塩辛いと分類していた。ここでも香りを表す言葉に苦労しているのが分かる。

平安時代の香料は、沈香を中心にして白檀、丁香、浮香、麝香、甘松香《かんしようこう》、安息香《あんそくこう》、甲香《こうこう》など種々の香料を適当量調合し、細末にして梅肉、あまずらなどを加え、煉《ね》り固めて煉香《ねりこう》を作った。それを春、夏、秋、冬と四季を通じるにおいに配した。山田博士の『香料——日本のにおい』によれば、梅花（春）、荷葉《かよう》（ハスの葉、夏）、落葉《おちば》（秋）、侍従《じじゆう》（秋）、菊花（冬）、そして黒方《くろぼう》（四季）と名づけた。これらを作るには沈香がかなめになっていた。平安時代には、まだ「香道」という言葉はなくて、「薫物《たきもの》」といっていた。

鎌倉時代の末期、十四世紀の初めのころには、各種の香料の中から、沈香一種を取り上げ、それのみを焚いて、においを味わい始めるようになった。これは単に香気の良さとニュアンスを知るのみでなく、その背後に香道の心を発見し、素朴な香木のにおいの中に幽玄微妙な世界の展開を求めたもので、これがいわゆる日本の香道といわれたものである。外国でも沈香を燃やすことはあるが、日本の香道のような文化にまで育てたようなことは聞いていない。華道と同じことがいえるようだ。

私が初めて香道の御手前を見たのは、香料の研究・開発の道を歩まれた資生堂の伊与田光男元社長のお作法であった。香料研究室の数人を対象に、勉強のために、と自ら見せてくださった。次は、『源氏物語絵巻』などがある東京都世田谷区上野毛の五島美術館の古経楼での「御家流」で、資生堂が『香りの秘密』という映画をつくるため、香道の場面を撮影したときだった。もう一つは浅草の伝法院内で、これは「志野流」だったと思う。香道には、いくつもの流派があったが、その源流は御家流と志野流の二つに帰し、御家流の祖が三条西実隆、志野流の祖が志野宗信である。

私は最近、ある香問屋から研究用に特別に入手した各種の沈香を聞く幸運に恵まれた。

「聞く」という言葉は『広辞苑』によれば「かぎ試みる」という意味もあるが、薫物や香道の世界では「香を聞く」「聞香」は感覚を研ぎ澄まして香りを鑑賞し心の中でその香りをゆっくり味わうという意味を持っている。さらに幽玄な香りを通して神仏に願いを聞き届けてもらうという深い精神性を込めることもある。香の種類は、最高品の「緑油伽羅」から「黒伽羅」、「紫伽羅」などベトナム産のもの十三種類、「極上沈みタニ」、「沈みタニ」などインドネシア産九種類、マレーシア産二種類の計二十四品である。

本来なら、香りを聞くための香炉（聞香炉）に灰を入れ、その中に香道用の炭団《たどん》をおこして埋め、火口に雲母の板の回りを銀で縁取りした銀葉《ぎんよう》を載せて、その上で香木を焚く。灰は椎《しい》の実を焼いたものが最も良いというが、実際には、籾殻を焼いたものや、香炭団の灰を用いる。灰はにおいがなく白いものが良い。適度の重さで、空気を通すものがよい。しかし、銀葉の上の表面が、香を焚くのに適当な一定温度に保つように炭団をおこすのは、私たちにはままならなかった。銀葉の表面温度が摂氏一八〇度前後であることは、測定した結果から分かっていた。そこで市販の電気香炉に、電圧を変えられるサイリスターと、温度測定のサーミスターとをセットして、銀葉表面を一八〇度に保っておくように工夫した。

伽羅の小片を銀葉の上に載せる。志野流から発し比較的新しい流派の直心流のものでは、その大きさは五ミリ四方、厚さ〇・五ミリで、重さは十ミリグラムから十五ミリグラム。水一滴のほぼ半分くらいの重さだ。銀葉の上の小さい木片の表面には熱せられた樹脂が浮き上がってきて、すぐに薄青白い煙がほのかにたった。軽く乾いた、甘い樹脂のようなバルサミックな香りで、幽玄、荘重な香りが広がった。しびれるような感じもあった。香り全体のバランスが良い。最高級品二品にかすかな花の香りが感じられたのは面白い。木の焦げるようなにおいはどうしても避けられないが、少ない方が良い。この焦げるにおいは、焚き始めてからの時間が長くなるほど強くなってしまう。

第六章の「嗅覚の性質」のところでも述べるが、同じ香りをかぎ続けていると、鼻が慣れて分かりにくくなる。香りのプロの私でも、これは避けられない嗅覚の生理である。鼻を休めるために新鮮な空気を吸いに研究棟を一回りする。外に出ても、不思議なことに沈香の香りがする。白衣に焚き込められているものではなく、どうも私の鼻孔や嗅粘膜にしみついているような感じがする。

焚く前と後の香木の重さを比べてみると、極上品で一八パーセント強が減っていた。この値はテスト品の平均が一〇パーセントだったので、極上品は揮発性の樹脂をいかに多く含んでいるかが分かる。同じ極上品の小片でも見比べてみると、全体が黒いもの、褐色部が筋状に交じったもの、褐色部に黒い樹脂部が交じったものと実に様々である。

沈香を焚いたとき、同じ香りは二つとない、といわれるのも分かるような気がした。

香木の価格はいろいろだが、私の試した沈香の価格は、最も高いものと安いものとでは四十五倍の開きがあった。東京・銀座の「松栄堂」では、二〇〇八年に特上伽羅が一グラム一万二千六百円で売られているものがある。銀葉に載せる香木片は、単純計算で一グラムから六十～七十枚取れるから、一グラムでもかなり使えることになる。しかし、これは計算通りにはいかない。香木を一定の形に切る技が必要である。私たちは、研究用の鋭利な刃のミクロトームを使うことも考えたが、結局はうまくいかなかった。ダイヤモンドの加工ほどのことはないにしても、デリケートな手作業が要求されるに違いない。香木の良否は、香木そのものの質のほかに、細工師の腕によって左右される。眼識と熟練した技術を持つ細工師の手にかからないと、良い香木は得られないという。

沈香の神秘的な香りはどのような成分なのだろう。この研究は、一九三五年ころから、主として日本とインドの学者によって行われ、多数の成分が発見されている。研究者としては、日本人の加福均三さん、市川信敏さん、インドではM.SadgopalやB.C.Gulatiらの名がみられる。香木成分の主なものは、アガロフランやアガロスピロールなどのセスキテルペン類、カラノン類、クロモン類などである。特にクロモン類は、伽羅には圧倒的に多い。高砂香料で沈香の研究を担当した長島司さんらの研究によると、成分分析のガスクロマトグラフィーの応答曲線に現れるピークの約七〇パーセントの成分が、確認されている。しかし、そうして分かった成分の化合物を配合しても、元の香木の香りを再現することはできなかったという。

香木を加熱したときに、香り全体の成分としては、香木の構成成分のほかに、加熱によって木や樹脂が分解して発生してくる酢酸、フルフラール、ジヒドロクマリン、それにバニラ特有の甘い芳香があるバニリンなどが検出されている。私の研究室でも、クロモン類を合成してそれをさらに熱分解させ、成分を調べてみた。主として、アセトフェノン、フェニルエチルアルコール、ベンズアルデヒド、ベンジルアルコール、の四つの成分が確認できた。これらの成分はいろいろな天然精油に含まれているが、特に日本で冬から春にかけて咲く、最も日本的な花、サザンカ、梅、桜の花の香気成分に含まれている。沈香は、日本人の春を待つ心に通じるものがあるのではなかろうか。沈香の香りは、香木のもともとの構成成分と、加熱分解成分との極めて複雑な組み合わせによって醸し出された香気といえる。

組　香

一九八一年四月十日、私は、伝法院で源氏香の催しに参加した。組香《くみこう》の中でも殊に有名な、五種から成るものである。五種の香を、それぞれ五包みずつ用意し、計二十五包みの中から、任意の五包みを取り出す。数学的な組み合わせは、百二十六通りになる。ただし、ここでは例えば、五種類すべて同じ包みの場合は五通りできるが、これは組香のゲームの図形では別のものとすると意味をなさなくなるので、一つとみなす。すると、五十二の組香になる。源氏五十四帖の巻名をあてはめると、二巻はみ出してしまう。そこで、『源氏物語』の初めの巻である「桐壺」と、最後の巻「夢の浮橋」は、香の図の名目から外してある。こうして源氏香の名が生まれたものと思われる。

前述の二十五包みをよく交ぜ、その中から五包みを取り出してそれぞれ焚き出し、聞きを記す。記し方は、右から順に五本の縦線を引き、五回まわって来る香炉の香りを順次かいで、同じ香だと思ったものがあったら、それらの縦線の頂上の部分を横線で結び合わせる。例えば五回とも同じ香だと思ったらになり、全部違うと思ったら。こうして出来た五本の線の結ばれ方のパターンを、香の図に照合して、自分のパターンと同じものをみつける。そこに書かれている巻名が自分の香合わせの解答だから、それを記すのである。こうして、出題者の正解通りか否かを当てあって、優雅に、かつ幽玄に遊ぶのである。

そのときの催しは、化粧史研究会の主催だった。当時の東京教育大学名誉教授で、

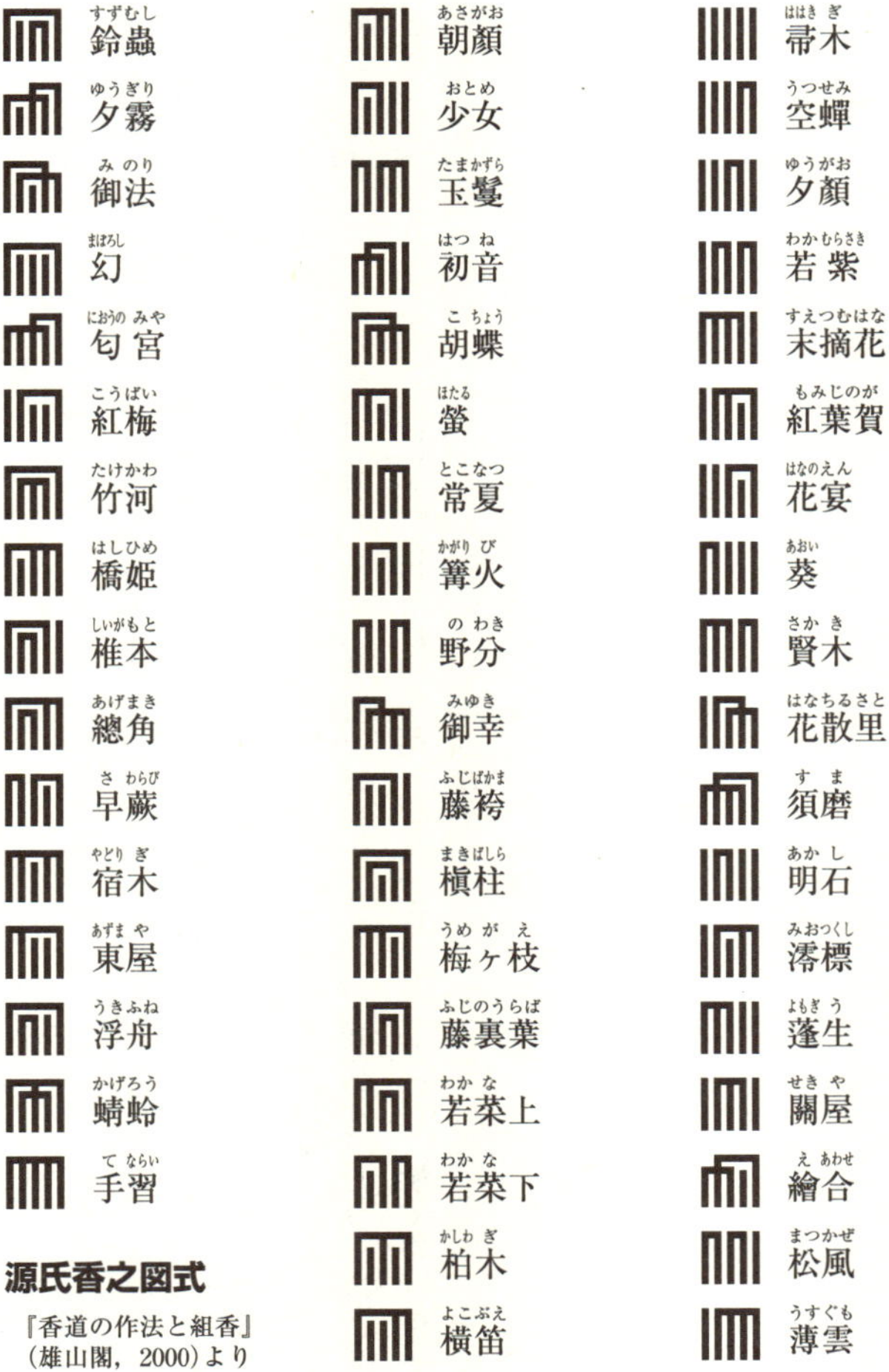

源氏香之図式

『香道の作法と組香』（雄山閣，2000）より

『家元ものがたり』、『家元の研究』などの著作がある西山松之助さんが「芸道における お香」を講演したのに引き続いて、源氏香と競馬香が行われ、化粧品と香料業界関連の多くの人たちが参加した。競馬香とは組香の正解に応じて盤上の馬を動かして勝負を競う、さらに手のこんだ遊びである。

大広間で、内側に向かって四角い形に座った大勢の人々に、端から順次香炉が回って来る。最初の人から私のところに回って来るまでには、かなりの時間がかかる。香炉は、五つ回ってくる。鼻に自信のある私は、最初の香りと二番目の香りとは明らかに違うことが、すぐに分かった。三番と四番とは、一番と同じ香りだと感じた。最後の五番目は、かなり迷った。それは一、三、四番と同じ感じもするが、バルサミックな感じがより少なく、木の焦げるにおいをやや強く感じた。そこで私は、それまでのいずれの香りとも違う第三種の香りと判断して、答えは。これは、『源氏物語』の「紅葉賀」の巻に相当する香の図であった。ところが、正解はで、「梅ヶ枝」の巻だった。

香りの判定には自信があるのだが、どうして間違えたのだろうか。私はこのことがずっと頭にあった。後日あらためて、多くの香木を時間をかけて焚いてみた結果、間違えた理由が分かった。それは、次のようなことだと思う。

第一に、香木が、熱せられた銀葉に載せられてから経過する時間差によって、同じ香木を焚いても、香りの質が刻々と変わっていくことを、私は知らなかった。時間に依存する香りなら、様式化された作法の、一定の条件の下で香を聞くことが、香りそのものの識別以前に必要である。つまり作法の全体像が分かっていなければ、香りの識別も微妙なところまでは、難しい。

第二に、多種類の香木の香りの間に、どの程度の違いがあったときに異種の香木と判定するのか、という知識が私には欠けていた。細かく違いが分かったからといって、それが香道の極意ではない。要するに、私は香りそのものは正確に判断できていたのだろうが、香道とか香木についての知識や勉強が足りなかった、ということに尽きる。奥深い芸の道は、香りの専門家とはいえ、門外漢がすぐに大きな顔をして仲間入りできるほど、やさしいものではないことを痛感した。香道の家元でも、いつでも全部を正解するとは限らない、というから、もっと複雑微妙な変動要因があるのだろう。

最初に組香の代表的な源氏香を体験してから、組香の面白さと奥の深さに幾度も出会う場があった。二〇〇一年晩秋の横浜・三溪園鶴翔閣の御家流香席では思いがけず三条西堯水宗家の隣で香を聞く機会に恵まれた。宗家に作法を直していただきながら聞いた組香「白菊香」の結果は、よい成績で上席ということもあり記録紙を頂けた。その席では緊張はしていたものの、香りはよく分かったし不思議とゆったりとした気持ちで香りを聞くことが出来た。文字通り家元の薫陶を受けたといってよいのだろう。

ところが、このゆったりとした気持ちというのはいつでも現れるものではないらしい。二〇〇七年十月、同じく三溪園のお茶とお香の会に招かれた。ＪＲ根岸駅の駅前では和服姿の女性がバスを待っていたり、二、三人ずつタクシーに乗り込んでいたりするのを見かける。みな三溪園に向かうのだ。秋の良く晴れた三溪園の景色とあでやかな和服はどちらもまぶしい。

この日は表流の薄茶席と志野流香席を選んだ。

白雲邸でのこの日の組香は「三星香」だ。組香は古典文学や年中行事などをテーマにしたゲーム性に富んだ香りの楽しみ方だ。

福禄寿がテーマで、もともと福星・禄星・寿星の三星をそれぞれ神格化した三体一組の神である。中国の春節には福・禄・寿を描いた「三星図」を飾る風習がある。

聞き方を説明すると次のようになる。

香三種（福星・禄星・寿星）をそれぞれ二包みずつ用意する。初めに三種類をたいて回す。その香りを覚えておく。本番では残った香の包みを交ぜて、初めと同じ三種類をたいて回す。後で回した香が初めの香の何番目かを答えとして数字で書く。例えば答えもらえる。

は「二　三　一」となる。三種とも当たれば点数の所におめでたい「福禄寿」と書いて

私たちの席は十八人だった。その内三種とも当てたのは五人で、少ないなと思った。私も連れの香料関係の人も正解は一種だった。答えを知らされた後「きょうの組香は難しかったですね」と数人から感想が出た。私もそう思ったから相槌を打った。

サイコロを振るようにでたらめに答えを書くと三種とも当たる確率は六分の一である。十八人では三人は当たる計算で、五人はそれよりは多いが……。如何にもお作法に慣れた品の良いご婦人の結果やいかにと見ると三種正解ではなかった。正解の人は挙手を求められるから分かる。やはり難しかったのだ。

「組香の本質は香りを聞き、日ごろの喧騒の外に身を置いて、静寂の中でその趣向を味わうことにあり、答えの成否、優劣を競うものではない」という。そして「静かに深く長く聞く」が基本である。私は長い香料の仕事の習慣でくんくんと嗅いでしまう。いってみれば「普通に浅く短く嗅いで」しまう。これは香道のお作法とは正反対で「聞き方」というより「嗅ぎ方」になってしまう。組香になると絶対に香りを当てるぞと意気込んでいるのが自分で分かる。始まる前から緊張して手のひらに薄く汗をかいている。だいたい香りを深く味わって楽しもうとする精神に欠けている。間違うと恥ずかしいと

か、自分が情けないとか感じるのがいやなのだ。全身の感覚は鋭くなっているが、気持ちが先走っていて、感性を研ぎ澄まして香とむきあっていない。先生方でも間違えることがあるというからそう意気込まなくて良いのに、困ったものだ。これからはゆったりした、おおらかな気持ちで香席に臨みたいと思っている。

乳香

パリのモンマルトルの小高い丘の上に建つサクレクール寺院に入ると、乳香《にゆうこう》を焚く香りがする。うすい松やにに、ツンとした鋭さの混じった独特の香りで、乳香だということがすぐにわかる。ここはビザンチン様式をとり入れた白亜の寺院で、普仏戦争に敗れた国民の暗い気持ちに希望を与えるため建てられたものだと聞いた。寺院ではミサが行われていて、司祭の祈りが歌うような旋律で流れていた。オルガンの音色と、高い天井と、窓のステンドグラスを通して差し込むほの暗い光が、ミサの荘重な雰囲気を盛り上げている。異教徒の私でもこの雰囲気にひたると、自然に敬虔な気持ちになってしまうのに驚く。何か逆らい難い力を持っている。

乳香に出合ったのはここだけではない。ウィーンの日曜日の朝は少年合唱団の歌声が聞ける。王宮に連なる王立礼拝堂の前には、朝の九時少し過ぎた頃には、たくさんの人が集まっていた。日本で予約した入場券は、三階の右手のあまりよい席ではなかった。ミサの中で天使の歌声が響いてくる。歌声は三階のさらに上から聞こえてくるようで、いかにも天上から降ってくるような不思議な雰囲気に包まれた。そのとき私はやはり乳香を感じた。少しシナモンが混じっているような、いつもとは少し違うニュアンスがして、乳香にも種類の違いがあるのを感じた。

スペインのマドリッドの南七十キロにあるトレドは、スペイン最長の川タホ河の流れが取り巻く赤土色に霞む丘の上に築かれている。一時代、ユダヤ教徒、イスラム教徒、キリスト教徒が共に住んだ歴史を持っていて、現在でも中世のたたずまいを目の当たりにすることができる。ここで、一つの建物に異なった宗教と時代の建築様式が入り混じった大きな教会を訪れたとき、やはり強い乳香の香りを感じた。

古代の最も貴重な焚香料である乳香が、今でも教会でよく用いられているのを実感して面白かった。

私の研究室にある乳香は、琥珀《こはく》色を帯びた半透明乳白色の小指の先ほどの塊で、乳香の中でも高級品である。薫じると、すすをあげたあと、澄んだ甘さと松やにのような香りのする白い煙をたてる。目を閉じてかぐと、古代エジプトの神官たちが神に捧げたこの煙には、恍惚にもつながる軽いめまいを感じさせるものがある。

古代、文明を問わず、香料は宗教上の儀式に用いられ、香木や香りの良い樹脂が祭壇で焚かれた。かぐわしい香りの煙は、古代人の崇拝する神と人間とを仲立ちするものであり、天上の神を喜ばせるものであり、また、人々の願いを神に届けるものであった。同時に、祭壇に捧げたいけにえのにおいを消す効果も持っていた。香木や芳香樹脂による薫香は、人体を清め、災厄をもたらすあらゆる悪鬼悪霊を追い払う方法として、古い時代から広く世界各地で行われていた。

香水や香料を意味する英語のperfumeは、ラテン語のper fumum（煙を通して）を語源としている。香りは、神に接近する手段と説明されてきた。香りが人の心に作用する効果を考えると、古代国家の成立のとき、政治《まつりごと》を行う者は、香煙によって祭壇の前にひれ伏す人々の心を和らげ、国家統一を容易にするのに役立てた。香料は政治の小道具だったと私は思う。

その芳香樹脂の代表が乳香で、没薬《もつやく》と並び古代エジプトにおいて最も貴重で神聖なものであった。ツタンカーメンの出土品の中にも乳香が見いだされている。乳香の名は『聖書』に二十二回も出てくる（藤田安二「古代エジプトにおける乳香、没薬」『香料』一〇〇号、日本香料協会、一九七一）。「（東から来た学者たちが）家に入ってみると、幼子は母マリアと共におられた。彼らはひれ伏して幼子を拝み、宝の箱を開けて、黄金、乳香、没薬を贈り物として献げた」(「マタイ伝」第二章)。これは、イエスがユダヤのベツレヘムで生まれたときのことである。ここで、「黄金」は現世の王、「乳香」は神、「没薬」は人を病から救う医師を寓意している。古代エジプトやオリエントでは、乳香や没薬が人を救うものと考えられていた。

乳香は現代でも北東アフリカのソマリアやイエメン北部、オマーンで産出される。私は、産地には行ったことがないが、中部大学の堀内勝教授(西アジア言語文化論)が、一九八七年五月十九日の『朝日新聞』に書かれた記事「乳香の故郷オマーン訪問」は、私にとっても知らないことが多く、興味深いものであった。一部要旨を紹介しよう。

「かろうじて道だと分かるような丘陵地帯をタクシーで行く。ワジとよぶ涸れ川の底の梅か桃を思わせるような木が多分、目指す乳香樹であろう、という。根元近くから乳白色の粒々が不規則にいくつも目に飛び込んできた。同時にあの乳香独特の淡く甘い香りが鼻を芳しく刺激してきた。これを見たさに己の生を享けてきたのではないか。異様な樹影が荒涼とした原野に点々と散在するただ中にあって、この香りと共に、また香りの持つ宗教的雰囲気、神秘性とも重なって、そんな錯覚をもおぼえた。

……次の驚きは、木の大きさに比して葉の小ささ、少なさであった。……それも多くは鉄さびのような赤味を帯びたくすんだ濃い緑を、霜枯れしたように縮れてつけている

乳香樹（オマーン）〔堀内勝氏提供〕

にすぎない。

五弁の白、または淡い黄色の花びらは、……梅のそれを思い起こさせる。しかし花そのものには香りは無かった。

葉と花と実との注視は、さらに別の感動を呼んだ。……小さな粒々（乳香）を表面に、特に先端部に宿しているものがあった。

……樹脂をにじみ出させるための円形の切り込みの範囲の中に、……色あざやかに乳白色の小さな塊がいくつも見られる。既に固形化したものは、丸形のものが多く、にじみでた量の多いのはつららのように空中に垂れ下がった形になっている。その先端の形は、乳香と命名された起源を想起させる女性の乳首にそっくりなのもある。……にじみ出してそう日が経たないのは半透明で、粘着度が強い。

いったん手に付くと、指はねばねばになって、……」

値段は、乳香ガム（乳香の粒）として、一キロ当たり高級品が八・六〇ドル、普通品が四・三〇ドル（一九八五年）、また精製した香料としては一キロ当たり三～十二万円である。日本では、外資系の会社かその代理店六社が扱っている。木一本からどれだけ採れるかはよく分からないが、採取量は、ガムとして年約五百トン。薫じる以外に香料は香水、オーデコロン、男性用コロン、せっけんなどに使われる。第五章「香りを創造する」のところの香料処方2、ホワイト・フローラルの末尾にある Olibanum absolute が乳香である。成分はあまり分析されてはいないが、炭素数が十五個のセスキテルペンなど約三十種の物質とみられることが、アメリカの専門誌に載っている（B・M・ローレンス「精油の進歩」『パーフューマー・アンド・フレーバリスト』七巻、二、三月号、一九八二）。

一九八六年の東京サミットでは、迎賓館でどんな香りが焚かれていたのだろうか。香りのことは、どこにも紹介されなかったが、現代政治にもオリエントの香りはいかがであろうか。

第四章　香りで癒す

芳香治療学

古代社会の多くの原始宗教では、魔術師や祈禱師が、病気の治療や祭祀に、香りのある木や樹脂類を使っていた。人類は、香りに神秘の力を感じ取っていたのである。では、現代は、そのような香りの力には本当に無縁だといえるのだろうか。ネアンデルタール人の遺跡から、香りの良い木を焚いた跡が発見されている。国立民族学博物館の石毛直道名誉教授によると、四万六千年前、ネアンデルタール人が死者を葬る際、花を敷き詰めた床を用いた跡が、北イラクのザグロス山脈中にあるシャニダールに残されていた。花粉分析の結果分かったことだが、それら植物の種類は、薬草の類が多かった、という。美しい花とかぐわしい香りは、神に通じる力を持っており、またそれらは死者に安らかな永眠を与えるもの、と考えたのかもしれない。仏教の古い書物には、インドで、傷ついた蛇が香木の白檀《びゃくだん》に巻きついてその傷を治す話がある。香りに神秘の力を感じていたからだろう。

古代から近代までの香薬の発達の歴史の中では、服用（飲む）だけでなく、外用（塗る）や吸入（かぐ）のように明らかに精油の芳香性に着目した用法も発達した。しかし、十九世紀に入り、化学療法全盛時代が到来するとともに、香りの薬効への関心は、次第に影を潜めていった。

香りの効用に科学的に再び光が当てられたのは、二十世紀前半のことだった。このころ、精油の外用を中心とした伝承的芳香療法が科学的に見直される一方、香り自体の効果の研究の新しい流れも始まった。一九三七年、フランスの比較病理学者R・M・ガットフォッセが、芳香性生薬の中の精油や呈味物質、ハーブ類の香味成分などを治療に応用する領域を開いた。

1　飲む

「太田胃散」といえば、私にはまずあの懐かしいにおいが浮かんでくる。子どものころから時々飲んでいた。この薬の話をすると年が知れます、と冷やかされるほど昔からおなじみだ。この薬は、生薬に制酸剤や消化酵素を配合したもので、穏やかな効き目がある。その処方にある生薬だけでも、かなりよく知られたものである。桂皮《けいひ》はシナモンのことで、後に「香蔵庫」のところでもふれる。丁子《ちょうじ》（英語名クローブ）は、フトモモ科の常緑高木の花のつぼみを干したもので、強い殺菌力があるスパイスの代表。マダガスカル、インドネシアが主産地で丁子油をとる。バニリンの原料にもなる。ナツメグは後述する。ウイキョウは、フランス、イタリア、ハンガリーで栽培されるセリ科の多年生草本で、その実に多量のアネトールを含む。健胃、駆風、矯味、矯臭、去痰薬。魚の寄生虫アニサキスを殺す成分でもある。ℓ‐メントールも配合されている。それぞれの成分の効果とその相乗効果があるのだろう。

和漢薬強心剤の「六神丸」は、朝鮮人参の根や熊胆《くまのい》などのほかに、沈香《じんこう》や麝香《じゃこう》を含んでいる。直径一ミリほどの黒い丸薬を歯で割ってみると、舌をしびれさせる強い苦味の中に、沈香のバルサミックな香りが潜んでいるのが感じられる。

天然香料を得意とするフランスのロベルテ社のボルドナーブ専務夫妻と食事をともにしたとき、私はこんな話を聞いた。

クリスマスのころになると、香料会社はいまでも従業員にチーズやオレンジフラワーウォーターを贈る習わしになっている。この水は、オレンジの花を水蒸気蒸留した留液の上層の香料を取った後に残る液で、よい香りがする。南仏の香料の主産地グラースでは、寝室にオレンジフラワーウォーターの瓶とコップが備えられていて、寝つきを良くするために、それをよく飲んだという。いまでは、このうるわしくも健康的な習慣が薄れつつあると、専務夫人は嘆いていた。

リキュールの中には、香り高いものが多い。この酒は、日本語では「混成酒」というなじみのない、硬い名前で分類されている。醸造酒や蒸留酒を果実、花、種子、香草などで香味づけしたものである。「ポプロ」という名前の、十六世紀に現れたイタリアの有名なリキュールは、ワインを蒸留した強い酒スピリッツに水を加えて薄め、ニッケイ、アニス、ムスクなどで香味をつけ、砂糖を加えたものだった。『世界の名酒事典』にも載っていないから、現在はおそらくないものだろう。つくり方を聞くと、おおよその味と香りが想像できるのだが、味わってみたいものである。

リキュールの中でも香草のハーブ類を用いたものは、薬用酒的な意味合いが強く、高級リキュールと呼ばれる。薬用酒の中では、「シャルトルーズ」と「ベネディクティーヌ」が名酒であり、それぞれシャルトルー会とベネディクト派の修道院でつくられたものである。この二つは日本でも買える。医薬には縁遠い山村の人々や貧しい漁民、農民に薬代わりに飲ませたところ、奇跡ともいえる効能があって、霊酒の評判がたった。シャルトルー会は聖ブリュノ（一〇三〇〜一一〇一）がアルプスの山都グルノーブルの北東十三マイルの寒村ラ・シャルトルーズに創立した修道会。名酒は一七六〇年ころ出来た。ベネディクトゥス（四八〇〜五四三）が創立したベネディクト派の戒律は、長く修道士の鉄則となり、清貧、童貞、服従を誓い、中世には学問と文化の保存普及に貢献した。名酒は一五一〇年ころ、北フランスの漁港フェカンの修道院で生まれた。

「ベネディクティーヌ」は、二十七種類のハーブやスパイスを用いている。ブランデーをベースにアンゲリカルート（セリ科、α-ピネン、シクロペンタデカノリッドなどを含む）、ヤマヨモギ、ショウガ、アルニカ（欧州中北の山岳地帯や西南アジアの産。花は神経系、循環器系の興奮薬）の花、丁子、ニッケイなどを配合して二回蒸留し、二年間貯蔵するという工程だ。これは香料をつくるときにアルコールで香料成分を抽出するのとまるでそっくりの手続きで、チンキをそのまま熟成させるようなものだ。味わってみると、ハーブ類の香味がやや強く出ている。ブランデーほどには洗練されてはいないが、甘さの奥に見事な調和のある風味が感じられて、なるほど名酒である。肉の食事の後、脚の長いリキュールグラスで、とろっとした琥珀色のリキュールを飲むのが、私は好きだ。

2　ローズウォーター

紀元前六世紀のギリシャの叙情詩人で、酒や恋を面白おかしく歌ったアナクレオンは「バラは病を癒す香膏《こうこう》をつくり出す。苦痛に搏《う》つ脈を鎮めるために」と歌っている。古代ローマ人は、バラを、花の冠に、香水に、芳香浴に、お菓子に、さらに二日酔の薬に、と広く利用していた（ロバート・ティスランド『アロマテラピー――〈芳香療法〉の理論と実際』フレグランスジャーナル社、一九八五）。

古代ローマの博物誌家プリニュウス（二三ごろ～七九）は古代ローマの貴婦人達が最も愛好した香りはローズウォーターであり、最も贅沢な使い方は入浴に用いることだと述べている。そして富裕階級ばかりでなく一般市民までローズウォーターを盛んに使っていたのが古代ローマの特徴であった。

ローズウォーターの用途を見てみると、①香粧品として入浴時やフレグランスとして用いる、②薬として用いる、③食品（シャーベットやケーキなど）に入れる、④身体、調度、寺院を清めるのに用いる、に大別される。

しかしこの当時のものは今日のような品質のものではなく単純にローズを水や油に浸して香りを移したチンキであったと考えられる。

十字軍遠征の時代、シリアからメソポタミアにいたる大帝国を建設した王サラディン

（一一三八〜一一九三）は、一一八七年キリスト教徒から奪い返したエルサレムのイスラム教寺院を清めようと、ローズウォーターを利用した。このためにダマスカスからはるばる数百頭のラクダでローズウォーターを運搬した。

十三世紀シリアから大量のローズウォーターが生産され西方アラブ諸国、インド、中国へと輸出された。アラビアの世界では香りの王者はムスクとローズであり、ローズはイスラム世界の重要な文化である。現在でもイスラム社会の伝統的行事として家々では祭壇にローズの花を飾り守護神に捧げる風習があるし、客をもてなす時に、ローズウォーターを口の長いフラスコから客に向かって振りまく習慣がある。

プリニュウスはトロイ戦争の時代（前十三〜前十二世紀とされる）にバラの花びらを絞って純粋な油に溶かし、香りの良い香油をつくったとしている。

白井剛夫氏は、古代ギリシャの哲学者テオフラストス（前三七一〜前二八八）と、プリニュウスの書物の記述から、①水やワインにローズの香りを移したローズウォーターと、②オリーブ油やビッターアーモンド油に香りを移したローズ香油があり、ローズウォーターの製法が進歩した十世紀頃を境として、その前後でローズウォーターの品質に相当の隔たりがあった、と考察している。

蒸留器がアラブ人によって発明されたのは十世紀頃といわれるが、その起源は八世紀頃から活躍した多くの著名な錬金術師（alchemist）たちの道具に遡る。現代に近い水の冷却による基本的な形が出来上がったのは十三世紀であった。

この発明はアラブ人からギリシャ人、ローマ人へと拡がっていった。その後、各地で蒸留器の改良が行われた。ブルガリアへはペルシャとチュニジアから移入された。十七世紀までアラビアの商人達は、ローズウォーターも、ローズオイルも、ひっくるめてローズオイルと表現していた。

この間、収穫したローズの花弁を素焼の甕の中に水と一緒に漬けて、一週間程度かけ、日中は日向に保管され夜間の気温低下の時には室内に取り込むことを繰り返して生産する方式もあった。その間四～五日後には油分が膜状に現れるが、これを木綿やウールのパッドで吸着させて油分を搾り取って分離することにした。このようにしてローズの油とローズウォーターが同時に生産されることになった。

現在、市場のローズウォーターは、すべて近代的な水蒸気蒸留法によって、留出部の下層の水溶解部分として生産されたものである。留出部の上部に浮く水に不溶の層がローズオイルとしてえられる。

現在では、トルコ及びブルガリアがその代表的な産出国であるが、ここでは、その生産体制及び生産量で世界第一のブルガリアを取り上げた。ブルガリアにおけるローズウォーターやローズオイルの生産は、約三百五十年以前に遡る。ローズの栽培地の中心地は、山脈に挟まれたカザンルック、カルロボ及びプロヴデブの谷一帯である。この地方は首都ソフィアから三十～五十キロの距離にある。

ブルガリアのローズの品種として *Rosa damascena* var. *Bulgarica trigintipetala Roseus* が用いられている。ブルガリアではこの種を Damascena Mill. Kazanlik と呼称している。

工場の蒸留装置は大小あるが、標準的には三トンないし十トンのステンレスの釜に三百キロないし三トン程度の花と三～四倍の水を注入する。蒸留後、油層と水層とに分離されて、水層の方は、タンクの底の部分から抜き取られる。この水層がローズウォーターであり、五～十トンの水槽に溜められる。上部にある油層が、オットーオブローズ（Otto of Rose）である。

ローズウォーターの香気成分はブルガリア国立バラ研究所の分析によると最大約〇・一二五パーセントの精油成分を含み、主な香気成分はフェニルエチルアルコール、シトロネロール、ゲラニオール、ネロール、リナロール、α-テルピネオール、オイゲノールである。

ローズの実、花、葉などには精油成分の他にビタミンB、C、E、K、コチン酸アミド、有機酸、タンニン、ポリフェノール、ワックスなどが含まれているが、この中で水溶性の物質がローズウォーターに溶解している。

中近東や欧州における十五、六世紀の治療薬としてローズウォーターは大変貴重なものであった。胃腸障害、肝臓疾患、口中の腫瘍治療には蜂蜜やシロップにローズウォーターを加えて加熱濃縮して飲むとか、皮膚の手入れにはローズウォーターを塗布することで効果があるとして珍重された（関口英雄『VENUS』十四巻、国際香りと文化の会、二〇〇二）。

一七四三年のフランスの百科事典には、「バラ水は心胃を強健にし、精神を活発にする。赤バラのバラ水は収斂の作用があり、下痢、下血、吐血などに効がある。淡泊と白色のバラのバラ水は、身体を清爽にし清涼にする。その他、大便閉塞、抑鬱病ならびに脾病に良好である」とある。

日本では、北海道から青森にかけて自生するバラ科の低木ハマナシは、その花に強い芳香があり香料をとる。これについて、中国の『本草綱目』五十二巻の編者、李時珍（一五一八〜一五九三）は、こう書いている。「この本性は、冷却することにあり、味には軽い苦味を伴う甘さがある。これは特に脾と肝臓とに働きかけ、血液の循環を促す。また、抑鬱を散じる効果を持つ」（前掲『アロマテラピー――〈芳香療法〉の理論と実際』）。

私の研究室のローズの研究グループで、ローズウォーターを飲んでみよう、ということになった。だれもからだの具合が悪いわけではなく、せいぜい二日酔くらいのものだが、効能はよいことずくめだし、一度は味わってみないことには、専門家としての沽券にもかかわる。ローズウォーターとは、バラの花の香料を水蒸気蒸留で採るときに、上層の香料の下に残る水の層の部分。ブルガリアのローズウォーターは、〇・〇五〜〇・一パーセントほどの香料が溶け込んでいる。ブルガリアではこのローズウォーターを化粧水、シャンプーのほか、お菓子を作るときにも使う。殺菌作用もある。

異物が入っていないことは確かめてあった。その水は、弱いながらも殺菌効果があることも、応用微生物の研究室のテストで確かめてある。飲んでも大丈夫だろう、ということになったが、そのままではいくら実験でも強過ぎるので、五倍に薄めた。おそるおそる一口やると、青臭さと収斂味のある弱い渋さと苦味があって、いかにもまずい。収斂味とは変な言葉だが、舌が引き締まるような感じのことである。苦味を抑えるには甘さが良かろうと、砂糖を入れてもみたが、それでも飲みにくいことには変わりはない。中国にある玫瑰《まいかい》酒をまねてアルコールをたらしてみたが、どうにもならない。玫瑰というのはハマナシに似たバラである。良薬は口に苦し、という通り、昔の人は、この味に耐えて薬効を求めたのだろう。

3　塗る

東南アジアで「タイガーバーム」と呼ばれる虎標萬金油は、万病に効くということで、巨万の利益をあげてきた。これは商標であり、「トラ印の万金に値する軟膏」というほどの意味であろう。メントールを含む万能軟膏といわれている。

シンガポールには、一九三九年に巨費を投じてつくった一万坪ものタイガーバームガーデンがある。「タイガーバーム」で巨万の富を築いた胡文虎が造ったものとされる。ガーデンといっても樹木や草花の類がたくさんあるわけではなく、色付けされた人形や彫刻類が洞窟や池などの間に配置された遊園地のような所である。香港のタイガーバームガーデンは、それよりひと回り大きい。この薬は、人々の間でよほど人気があるとみえて広く使われている。その効果も実証されているということだ。私の手元にあるのは、現地の製薬会社で日本向けに製造され、輸入されたものである。輸入元は龍角散とある。その効能は、腰痛、神経痛、関節炎、リューマチ、筋肉痛、打ち身、ねんざ、など適用範囲は広い。

私はこの有効成分表を見て驚いた。それは、香料の塊とでもいうべきもので、百グラム中に何と六十三・二グラムが、カンファーやハッカ、ユーカリ、丁子油などの香料であった。

「タイガーバーム」を愛用する人は、日本でつくられたものより現地のものの方がよく効くということで、東南アジアに出かける人に買って来るように頼むことが多いようだ。現地のものを見てみると、含まれている香料の種類と量が日本とは異なっている。しかし、香料の塊であることには変わりはない。現地のものには、カヤプテという香料が使われていて、ユーカリは含まれていない。だから、においも両者はやや異なり、日本のものはユーカリからくる薬効的なさわやかさが強い。現地のものは、カヤプテからくる甘い木のような香りが感じられる。カヤプテはフトモモ科の高木の根茎を水蒸気蒸留して得られる精油で、シネオール（五〇〜六五パーセント）などを含む。

処方が違うのは、日本に輸入されるものは薬事法によって効果効能、副作用が厚生労働省にチェックされるからだろう。私は東南アジアのものを、ひげをそった後に使ってみた。強い爽快感があって気持ちが良かったが、それを塗ったところは、海水浴の日焼けの後に皮膚がむけるように、ひと皮むけてしまった。薬効がそれほど強いのか、私の皮膚が弱過ぎたのかはよく分からない。

香りを身体に塗ることは、各国の古い文明の記録に記されている。例えば、仏教の経典、『華厳経』には、塗香《ずこう》の功徳として次のように記述されている。

一、精気を増益する。
二、身体を芳潔ならしめる。
三、温涼を調適する。
四、寿命を長からしめる。
五、顔色を光盛ならしめる。
六、心神を悦楽ならしめる。
七、耳目を清明ならしめる。
八、人をして強壮ならしめる。
九、見る者をして愛敬せしめる。
十、大威儀を具する。

ローズマリーは、地中海沿岸に広く分布するシソ科の多年生の小低木で、葉の表面は濃い緑色で裏面は銀灰色の、細長くとがった葉をつける。横浜でも越冬できる薬草である。その葉を指先でもんでみると、樟脳のような鋭い強い香りがある。イギリスでは、薬用植物の中で最も古く、最も有名なものである。いろいろな薬効があるが、若はげ、脱毛、ふけなど頭皮の各種病気に昔から使っている。刺激、清浄作用がある。ごく最近の研究によるとローズマリー油の成分には、酸化防止作用があることが分かった。

私が特許に名を連ねている育毛剤がある。これは、ハッカの一種であるスペアミントの中のℓ-カルボンが育毛効果を持つというものである。男性ホルモンが頭髪を薄くする作用のあることは、よく知られている。男性ホルモンのテストステロンがそのような働きをするためには、5-α-レダクターゼという酵素の働きによって、5-α-ジヒドロテストステロンに変化する必要がある。この物質は胸毛やひげは濃くするが、頭髪の方は逆に薄くする働きがある。頭髪が薄くなる家系の人には、この作用は強く現れる。ひげが濃く男性的な人で頭髪の薄い人をよく見かけるのも合点がいくのである。この酵素の働きを阻害するのが、即ちℓ-カルボンというわけである。面白いことに、その光学異性体のd-カルボンは阻害の効果が弱い。d-カルボンは、スパイス、セリ科の草本の実からとる精油で、実はビスケットやパンなどの風味づけに使うヒメウイキョウの主成分である。微妙な化学構造の差が、酵素の働きに影響している。スペアミントは、スペアミントガムやダブルミントガムに感じられる香気である。

4　吸う

駅の売店やコンビニエンス・ストアなどで、のど飴というものが盛んに売られている。

レモンやヨーロッパのハーブを配合しているもの、和漢薬を配合しているものなど様々である。価格も百円から三百円と手ごろである。中でも最も単純な成分から出来ているものは、アメリカのキャドバリー・ジャパン社の「ホールズ・ハイパーミント」であろう。名前とにおいや味からして、メントールとユーカリ油から成っているのだろう。のどがいがらっぽく、ざらざらしたような感じのときに、これを口に含んでいると、確かに良くなる。

風邪をひきかけたときに、気管支の上の方がもやもやして、炎症がだんだん下の方へ下がってくるような気がすることがある。このようなときに私は、百円で十二粒あるこの飴の一つを口に含んで、息を深く吸い込む。鼻から息を吸わないで、前歯でその飴を挟むようにして、息をすうすう吸い込む。かんだりなめたりしないようにして、飴が発する香気が肺の方に行くようにする。初めは、炎症を起こしている上気道がひりひりとかすかに痛む感じがするが、間もなくそれが消えて、もやもやも治ってしまう。充血を除いたり炎症を抑える効用のほかに、のどや気管支にからむ痰を取り除く作用がある。芳香物質の蒸気が、痰や、患部を覆っている粘液の表面張力を低下させ、痰を取る作用を促進させるものと考えられる。

冬の間、私は気管支炎の初期の症状を数回起こすが、のど飴で抑え込んでしまう。研究所にいてもそんな兆候のときは、迷わず飴を口に含む。こんなときにエレベーターの中で人に会ったりすると、「今日は変わったにおいがしますね。いつもあなたの周りでは良い香りがするのに、今日は一体、何ですか」といわれてしまう。仕事をしていると、私の白衣や衣服には、知らないうちに良い香りがしみついていて、周りの人にふりまいているらしい。そこにこのℓ-メントールとユーカリの、強烈でフレッシュな樟脳のような香りをすうすうさせていると、いつもとは違ったイメージを人々に与えるようだ。

医薬部外品の「ヴィックス・メディケイテッド・ドロップ」となると、成分もかなり複雑になる。ℓ-メントール、樟脳の主成分dℓ-カンファー、ベンジルアルコール、トルーバルサム、ハーブであるタイムの主成分チモール、ユーカリで処方されている。これらはすべて香料として使われるものとまったく同じものである。

5　かぐ

私には、独特の頭痛の治し方がある。レモンとかペパーミントの香りをかいで治す方法である。会社の研究室には、世界各地からのあらゆる天然香料がそろっている。レモンだけでも数十種類のものがあるが、極上の地中海シシリー島のものを選んでみる。においい紙に淡黄色のエッセンスをつけて、目を閉じたまま静かに新鮮でさわやかな香りをかいでいると、重いもやが薄くなって晴れるように、痛みが薄れていくのが分かる。

ペパーミントは、北米西部オレゴン州のウィラメットに産する精油を特別に蒸留処理したものを選ぶ。味もさることながら、香りの点で最高級品といわれている。それにふさわしいフレッシュさの中にも、酷《こく》のあるきれいな香りを持っている。ペパーミントにもレモンと似た効用がある。私は、これらの両方を混ぜて使うことはしない。そんなことをしても調和がとれない感じがする。

面白いことに、頭痛を取り去る香りがあれば、それとは反対に、からだが何ともないときでも、かぎ続けていると頭痛がしてくるものもある。ドクダミの葉のようなにおいがする脂肪族のラウリルアルデヒドや、青葉や青草に含まれる青葉アルデヒドがそれで、濃度の低いときはさわやかなイメージの香りを醸し出すのに、濃い状態では頭痛を引き起こす。香料も使い方次第である。

中世ヨーロッパには、いろいろな魔物が出没した。夢魔《ナイトメア》もその一種だ。夢魔は夜、寝室に現れて、人々を揺すったり、押さえつけたり、恐ろしい言葉を投げかけて眠る人々を苦しめた。尼僧を誘惑する男の姿をとる夢魔も出没する。尼僧たちは男と寝たかのように感じ、朝目覚めると穢されたと感じたのである。かの精神分析学者のフロイトは、この夢魔をどう分析したのだろうか。

夢魔が寝室に入るのを防ぐために人々は、香りのよい草や葉、枝、花を入り口や窓のところに掛けてやすんだ。すると不思議なことに夢魔は現れなくなり、眠りを快くすることができた。人々は、これらの植物の香りを夢魔が嫌って来なくなったものと考えた。現在この話をまともに考えると、確かにおかしいが、寝室に漂うかぐわしい香りが人々を深い眠りに誘ったと解釈すれば、おかしい話ではない、と私は思っている。

古代エジプト人は、そのような香りの効果について、すでに気づいていた。彼らが用いた最も有名な香料は、「キフィ」と名づけられていた。これは単一香料ではなくて、いくつもの香料を組み合わせたものだった。この古代の処方はいくつか見つかっている。古代ギリシャの哲学者プルタルコスがあげた十六成分のある処方の中には、没薬《もつやく》、シプレス、サフラン、二種類の杜松実《としょうじつ》などの香料植物の名がみられる。これらの芳香物質は、眠りを誘い、悩みを和らげ、夢を快くする。その成分はいずれも夜を心地よくするのが特色で、効果が著しく現れるのも夜間である、と語っている（C・J・S・トンプソン『香料博物誌』東京書房社、一九七三）。

ここに例をあげた成分はいずれも古代から現代に至るまで、極めて重要な香料であった。没薬は、乳香《にゅうこう》と並び、古代エジプトでは最も神聖で貴重な薫香であった。いずれも樹皮を傷つけて得られる樹脂で、カンラン科の植物からとる。乳香が白色または緑色の塊なのに対して、没薬は黄赤色で区別される。とる植物は同じカンラン科でも両者は異なり、乳香はトゲのない木、没薬はトゲのある木である。没薬（myrrh）は、カンラン科コンミフォラ属の植物からとり、ヘブライ語の mor、アラビア語の mur からきて、ともに「苦い」という意味である。産地はアビシニア（エチオピア）、ソマリア、南アラビア諸国である。分泌抑制、通経、健胃の効果がある、とされている。古来、乳香や没薬がいかに貴重なものとされたかは、第三章の「乳香」に詳しい。

シプレスは、イトスギ属のセイヨウヒノキで北アフリカ、欧州南部、西部アジアに広く分布する木の枝葉、幹材から香料をとる。

サフランは、アヤメ科多年生の草で球茎をもち、花の雌しべの柱頭が生薬になる。小アジア、南ヨーロッパの原産だが、現在は各地で栽培されている。杜松実は、セイヨウネズの毬果《きゅうか》（juniperberry）で、ヨーロッパ、北部アジア、北アメリカに産する。ジンの香りつけとして知られ、利尿、発汗剤として古くから使われている。

『旧約聖書』に描かれている古代香料に詳しい外山孟生さん（大阪・塩野香料）にお会いする機会があった。取締役部長で、パーフューマーでもあり香料の安全性にも詳しい。約二カ月かかってキフィのにおいをほぼ完全に復元した人である。復元してみると、それは、現代の香水とは系統の違う香りだったが、「なかなか格調のあるにおいのような気がする。古代エジプトの風土性も十分に復元出来たと思う」とおっしゃっていた。

そのキフィを私のためにもう一度再現していただけないか、とお願いしたところ、引き受けていただけた。原料の関係もあるので、少し時間がかかるかもしれない、ということだったが、やがて三、四週間ほどたって、細いガラス瓶に入った、五ミリリットルほどの、淡い黄緑色の香油を届けていただいた。瓶には、「KYPHI OIL No.11」とあった。

私は興味深くかいでみた。その香りは、重い粘着性の木のような香りを中心にして、やや涼し気で軽やかな香りがそれを取り囲んでいた。現代の香水には、このようなものはまったくなかった。典型的なオリエンタル・ノートの原型ともいえるものだった。外山さんは、「涼しさのある、しかも強烈なにおい」と表現している。このような香りは、昼間の気温が四〇度を超すエジプトのような、乾燥した灼熱の風土によく適したものなのだろう。目をつぶってかいでみると、私の頭の中には、エリザベス・テーラーが扮する映画『クレオパトラ』とそのストーリーを彷彿とさせる雰囲気がわきあがってきた。暑い夏の、寝苦しい夜に、この香りを試してみるのもよいだろう、とふと考えた。

古代人が数々の効用を述べたこのキフィを、香りを職業とする私が、寝苦しい夜に試したら、本当に「眠りを誘われ、悩みを和らげられ、夢を快くされる」ことになるのだろうか。やらなくてもその答えは分かっている。多分私は、その香りに対して、夜中にも強い職業意識が働いて、眠るどころかますます目は冴えてしまうだろう。どのような成分から出来ているのか、効果はどれほどあるのか、エジプト人はどのように感じたのだろうかなど、思いは駆け巡り、気がついたら朝だった、ということになるだろう。私は以前、「夜に使う香水」を研究したことがある。そのとき、まさしく不眠症に陥って、懲りたことを思い出していた。ただし私がかいで、いろいろ思えば不眠症の元になっても、普通の人がかげば、また別の効果があるだろう。ここは古代人の知恵を信じていいのである。

イギリスやフランスの貴婦人たちは、かつて、よく気を失った、といわれている。そのとき、ラベンダーの香りをかがせると意識を取り戻した。たしなみのある女性は、いつも、におい袋を腰につけていた、という。私もラベンダーの気つけ薬としての効果をいつか試したいと真面目に思っているが、気を失うようなご婦人に出会うチャンスが一度もなく、せっかくのラベンダーの効き目を試す機会にはまだ恵まれていない。

それにしても、高貴な婦人たちは、ちょっとしたショックでもどうして気を失ってしまったのだろう。それもたしなみのうちだったのだろうか。

日本でのファッションモデルの草分け、ヘレン・ヒギンズさんと私は、一九八二年三月、東京・銀座の名店街のしゃれた広報誌『銀座百点』で対談したことがある。そのときヘレンさんは、正装の女性はコルセットに胸から腰をきつく締め上げられるので、いつも失神寸前の状態にあったのです、と説明してくれた。コルセットは、鋼鉄線と鯨骨で出来ていて、それはそれは頑丈なものだったそうだ。

一九八六年末から翌年秋まで、ニューヨークのメトロポリタン美術館でダンス展があり、資生堂が単独で後援した。私はダンス展を記念して発売した香水「エンチャンティング・ダンス」の研究を担当した。ダンス展では、過去二百年のコスチューム、装身具が中心に展示されていた。きらびやかなコスチュームをさらに美しく際立たせる、胸から腰の線には、多くの女性の失神寸前の辛抱が隠れていたことに思いが至った人は、どれほどいたのだろうか。私も、ヘレンさんの話を聞いていなかったら、隠された苦痛をまったく想像もしなかっただろう。

バラの快い芳香は、神経に穏やかに作用し、眠りを誘う。鎮静効果や頭痛を和らげる効果がある。エジプトの女王クレオパトラは、深い眠りがほしいとき、バラの甘い香りの花びらで枕と床を満たしたといわれる。また、女王は、疲れを癒し元気を取り戻すためには、ラベンダー、ローズマリー、マジョラムで満たした枕を用いた。マジョラムはハーブの一種で、シソ科の多年草。調味料や薬味として葉茎を使い、産地はフランス、チュニジア、モロッコ。

バラの育種家、ロイ・ジェンダースさんの『ローズのハンドブック』（ロバート・ヘール社）の香りの項には、眠りを誘うバラの効果について興味深い記述がある。

「私のバラ園には香りの良いバラだけを植えている一画がある。新しい香りの良いバラを見つけるとそこに植える。そこには香りの良い『タヒチ』とか『シニョーラ』などがある。それらはみんな、熟したリンゴが置いてある部屋に入ったときに感じるような、気持ちを和らげるフルーティな香りを放っている。夏の暑い日の終わりに、就眠する前、疲れを感じたときはいつも、私はこのかぐわしいバラたちを訪れる。そこで私は気持ちが落ち着くまで、そのさわやかでフルーティな香りを胸いっぱいにかぐ。そうすると頭が枕につくかつかないうちに眠りにおちてしまうのだ」

一九七六年、秋田大学で開かれた第二十回「香料、テルペンおよび精油化学に関する討論会」の特別講演で、秋田大学医学部の産婦人科講師の長谷川直義博士は、聞香《もんこう》によって心身症の治療をした研究例を発表している。心身症とは、身体の症状を主とするが、その診断や治療に心理的因子についての配慮が特に意味を持つ病態、と定義されている。博士は三種類の香を用いて、肌身に付けたり、財布や机、枕の下に置くなど、香を三カ月以上身近に置くという治療を試みている。そして心身症の老年の婦人や、不定愁訴の人たちに対して、極めて高い治療効果をあげている。ここで特徴的なことは、増悪例や副作用がなかったことと、身体的愁訴の改善に比べ、不安、怒り、緊張、過敏などの精神的愁訴の改善が著しかったことである。

八十年代半ば、大手食品会社に勤める友人から、ある相談が持ち込まれた。北海道の、その会社に隣接する土地を買わないかという話がある。スズランが自生している広い土地だという。ヨーロッパの北国の人々にとって、スズランは春の訪れを告げる花であり、欧米ではこの花を幸福のシンボルとして、花嫁が手に持つ習慣がある。しかし、北海道の人々にとっては、スズランは牧場にもならないやせ地を象徴し、歓迎される花ではない。

スズランの花の咲いている山に入ると、眠りに襲われて帰って来られなくなる、という言い伝えがアイヌにはある。スズランの香りは、やや緑を帯びたさわやかさの中にも、すっきりした甘さのある心地よい香りである。病室などに置くには、少し強すぎるかもしれない。その食品会社の医薬品部門としては、スズランの香りも含めて、生理作用のある成分を期待しようというものだったらしい。この草には、コンバラトキシンなどのステロイドの配糖体が含まれていて、根が以前には強心剤に使われたことがある。その土地を手に入れることはまんざらでもない、ということになるかもしれない、とその友人は迷っていたようだ。私はいろいろと科学的にアドバイスしたつもりだったが、この話がまとまったかどうかまでは聞いていない。だが、花の香りの作用にかなりの関心が寄せられたことを面白く思った。

数あるスパイスの中でも、私はナツメグがとりわけ好きだ。粉にしたものでなく、種子そのままの香りが良い。インドネシアのスマトラ島の奥地で、一九八三年に、その収穫の様子を見たことがある。果実の中に丸い種子があり、それがナツメグである。果肉と種子の間に赤い細い筋状のものがあり、それをはがしたものがメースという香辛料で、ケーキ、クッキー、パイに使う。その香りはナツメグに近い。乾燥した種子を手に取ってかぐと、もっと深くかいでみたい気持ちになる。

アメリカのエール大学と世界最大の香料会社IFFとの共同研究によると、ナツメグの香りには、一時的に上昇した血圧を緩やかに下げる効果がある。分厚い特許の明細を見ると、ヒトでの実験でその作用を確かめている。血圧が上がるようなストレスを与えてから、この香りをかがせると、血圧は正常近くに戻る。数多くの香料をテストした結果、ナツメグにその効果がある、と分かったのである。現在の社会でストレスからくるイライラの解消に効果的、とその香料会社の研究担当重役のクレイグ・B・ウォレンさんは話している。

いろいろな香りをかいでいる私が、それらの香りの中でもナツメグの香りを自然に好きになったのは、日ごろ受け続けているストレスを解消させようとする生理的欲求からくるのかもしれない。そんなことを資生堂東京本社の若い人に話すと、その実をぜひひとつほしいといった。若い自分たちが使うのではなくて、多忙な自分の上司にあげたいのだという。「なかなか、ヤッてくれるではないか」と、私は喜んで渡した。ストレスの多い上司の小言をそれで和らげるつもりなのに違いない。

においの信号は、鼻から嗅球《きゅうきゅう》を通り大脳新皮質に至る途中に特定の辺縁系を通る。その辺縁系は、鎮静や不安解消の薬剤が作用する場所でもある。男性用のコロンには、ナツメグばかりでなく、生理心理効果を持つハーブやスパイス類が多用されている。このようなコロンを使う人は、その恩恵を無意識のうちに享受していることになる。

アロマコロジー

アロマコロジーとは香りの感覚が人間の心身に及ぼす影響を生理心理学的手段によって解明する研究を指す。快い香りが生活空間や、コロンや化粧品の快適感を高めたり、心身の不調を改善したりするのを目的としている。一九八〇年ころから始まった比較的新しい研究領域といえる。

最近の研究の進歩により、疲労感の軽減や睡眠改善、鎮静・覚醒、ストレスの緩和、免疫機能の調節、自律神経活性の調節、皮膚機能の改善など、香りのもつさまざまな幅広い効用が明らかとなっている（『香りの百科事典』丸善、二〇〇五）。これまで伝承にもとづいた香りの効果が心理学的手法、電気生理・生化学的手法により次第に証明され始めた。特に最近は生化学的手法による研究が注目され、香りが人のホメオスタシス（恒常性維持機能）全体を調整する働きの可能性にも興味が持たれ、ストレスホルモンのコルチゾールや免疫指標のS-IgA（分泌型免疫グロブリンA）の変化を用いた研究成果も報告されている。疑いをもたれていた香りの効果が説得力を持つようになったのは喜ばしいことである。

S-IgAは局所の産生細胞から粘膜中に分泌される抗体で、口腔等の粘膜に細菌やウイルス等の侵入を防ぐ為の抗菌性の膜を作るとされている免疫物質である。唾液中のS-

IgA分泌量は個人差が大きいが、高齢者が遭遇する配偶者の死のような強いストレスによってS-IgA量が低下することが知られている。

精神神経免疫学によれば、香りが影響を与える自律神経系、内分泌系、免疫系が相互に作用し合って体の働きを正常に戻そうとする機能を調節していると考えられる。

ポーラ研究所の研究員、菅千帆子氏らは、ラバンジン（ラベンダーよりすっとした薬臭さがある）を成人男女十名に嗅がせたときにS-IgAの増加率を被験者別に解析し、香りに対する好みとS-IgA上昇率との間に相関関係が成り立つことを見いだした。すなわち香りを嗅いだときの嗜好とS-IgAとの関係を明らかにし、香りによる免疫系の活性化が単なる薬理的な効果ではなく、好き嫌いという情動を介して起こることを意味していることを示唆した（菅千帆子ら「化粧品の精神神経免疫学的ベネフット」『日本化粧品技術者会誌』二九巻、三号、一九九五）。

バラのレディーヒリンドン（第一章）に多く含まれるジメトキシメチルベンゼンは、脳波の一種であるCNV（随伴性陰性変動）によって鎮静効果が、またテープストリッピング法によって破壊した皮膚のバリア機能を回復させる肌荒れの改善効果が、それぞれ認められている。

「良薬は口に苦し」は香りにはあてはまらない。気持ちがいいと感じる快適感、心地よさが香りの効果につながるのである。だから健康維持には身辺に好きな香りを増やすのも大切なことだ。

香りを嗅いでいると、この香りには何か効果がありそうだなと直感的に感じることがある。以前共同研究を行っていた三重大学の小森照久医師（現・教授）からうつ病に効きそうな香りのサンプル依頼があった。すでに市場で販売している男性用コロンを選んで提供した。紅茶のアールグレイとオレンジ、レモンのさわやかな柑橘系の香りにスパイス類を効かせ、それにムスクを加えた香りで嗜好も高く、よく売れていた。一見単純そうだがスパイス類にはかなり凝ったつもりだ。

抗うつ薬を使った長期治療でも治せなかった重度の患者十人に香り療法と抗うつ薬投与を併用したところ、三カ月程度でほぼ全員を健康状態に回復させることができた。

患者にはインフォームドコンセントを実施した後、臨床応用に入った。香りは小型ファンで漂わせた。この間患者の血液と尿からホルモンや免疫反応に関わる細胞など三十項目を調べ、治療効果を数値化し評価した。

その結果、香りを抗うつ薬と併用して以来、四〜十一週でうつの症状の尺度（HRSD）がいずれも健康状態に入り再発がなかった。抗うつ剤の使用量が一人をのぞいて一〇〇ミリグラム以上だったのがゼロになった。また、発香器を使用しなかった患者に比べ、ストレスで低下するとされるウイルスなどを殺すナチュラルキラー（NK）細胞をはじめとした免疫力の回復も認められ、うつの症状も改善が見られた。香りの療法を受けたうつ病患者の男性（五十一歳）は「心も体も癒される感じで、自らの生き方を見直すことができた」と、うつ特有の落ち込んだ気分などから、かなり解放されたという。

私には期待以上に良い結果に思えた。今のストレスの強い社会で不眠やうつ症状に悩む人は多い。実際、この研究の学会発表が報道されると身の回りの人達からその香りがほしいという希望があった。医師の管理下でテストしたものだから、私がハイハイと差し上げるわけにもいかないだろう。うつ病の治療薬としての可能性を調べてみると、いくつもある薬の分類のなかに「香り」という項目はないのだ。いくら臨床試験を重ねても薬としての申請は門前払いだ。それは分かっていても惜しい気がした。

しかし小森先生は医薬品と香りの関係について次の様にはっきりと意見を述べている。「忘れてはならないのは、香りはあくまで、抗うつ薬など医薬品を補完するものということです」。近年のアロマブームの影響で、香りだけで様々な病気から解放されると考える人もいてそれに頼ってしまうとせっかくの香りの効能を十分に生かせないだけでなく、症状を悪化させることもある。

専門家の重い言葉に私も納得した。

芳香療法師《アロマテラピスト》のジュディス・ジャクソンさんを、資生堂のビューティーサイエンス研究所（現・ビューティーソリューション開発センター、東京・五反田）に案内した際、彼女といろいろ話す機会があった。彼女はロンドンで訓練を受け、資格を取った。アロマテラピーの各協会でも目的に応じてアロマテラピーのアドバイザー、インストラクター、セラピストなどの資格を取ることができる。彼女の芳香療法の特徴は、香料を植物油脂に溶かして、マッサージのときに用いることである。これは、香料の塗る、吸う、かぐ、の効果とマッサージの複合効果を狙ったもので、興味深い療法だった。複合効果は、芳香療法のめざすべき一方向であると私も思っている。

近年日本でもアロマテラピーは一般に広く普及している。デパート、専門店、ローカルな店舗でエッセンシャルオイル、マッサージオイル、インセンスなどの多様な商品が置かれているのを見るとアロマテラピーが一時的な流行ではなく人々の間に浸透し、定着しているのを感じる。実際にエッセンシャルオイル類の香りを店頭で試しに嗅いでみると品質の高さがわかり、安心感がある。

香りを嗅いでいるだけでは人に話すときに、実感が伝わらないから、効果を実体験することにした。施術は資生堂のサロンで、芳香ローションを用いたマッサージで、「リ

アロマテラピーに用いられる精油とその特性

	強心作用	消毒作用	癒傷作用	去痰作用	鎮静作用	利尿作用	駆風作用	収れん作用	鎮痙作用	血圧降下作用	抗抑うつ作用	緩下作用	強壮作用	健胃作用	通経作用	駆虫作用	消化促進作用	鎮痛作用	解熱作用	抗炎症作用
ベンゾイン	○	○	○	○	○	○	○													
シプレス		○			○	○		○	○											
イランイラン		○			○					○	○									
ウイキョウ		○		○			○		○			○	○	○	○	○				
ネロリ	○	○			○				○		○		○				○			
カミツレ		○	○		○	○	○		○		○		○	○		○	○	○	○	○
カルダモン		○				○	○		○				○	○			○			
クラリセージ		○			○		○	○	○	○	○		○	○	○		○			
ブラックペパー		○				○	○		○			○	○	○			○	○	○	
シダーウッド		○		○	○	○		○												
ジャスミン		○			○				○		○		○							
ジュニパー		○	○		○	○	○	○	○				○	○	○					
樟脳		○	○		○	○	○		○		○	○				○		○	○	
ゼラニウム		○	○		○	○		○			○		○							
乳香		○	○		○	○	○	○					○				○			
バジル		○		○			○		○		○		○	○	○		○		○	
パッチュリ		○			○			○			○		○							○
ローズ		○			○			○	○		○	○	○	○	○					○
ヒソップ		○	○	○	○	○	○		○				○		○	○	○		○	
白檀		○		○	○	○	○	○	○		○		○							○
ペニロイヤル		○		○			○		○					○	○		○		○	
ペパーミント	○	○		○			○	○	○					○	○	○		○	○	○
ベルガモット		○	○	○	○		○		○		○					○	○	○	○	
マジョラム	○			○	○		○		○	○		○	○		○		○	○		
メリッサ	○				○		○		○	○	○		○	○		○	○		○	
没薬		○	○	○	○		○	○					○	○	○					○
ユーカリ		○	○	○		○			○							○		○	○	
ラベンダー	○	○	○		○	○	○		○	○	○		○		○	○		○		
ローズマリー	○	○	○			○	○	○	○					○	○		○	○		

渡辺洋二他『フレグランスジャーナル』77号（1986年）の一部

ラックス」のコースを選んだ。用いた芳香油はボディー用四種、フェーシャル用七種の計十一種類とかなり多い。施術中、プチグレン、タイム、ラベンダー、ユーカリ、ローズマリー、マジョラム、ペパーミントなどの調合された香気が感じられた。香りはそれ程強くはなかった。

施術はベッドでうつぶせになり、芳香ローションによる腿から下の足全体のマッサージ、次に上半身、仰向けになり、足から上半身へと移る。膝下全体を熱いタオルで巻き、やや熱めに保温器で保温する。足全体を保温したまま、芳香油でフェーシャルマッサージを行う。次いで、足の熱いタオルをはずし、手の平と甲、足の裏と甲、耳のうしろのツボと後頭部へ指圧を行う。

施術の快さからかしばらくまどろんでしまう。このままベッドで眠っていられたらいいのにな、と思う。コース全体の時間は九十分間だった。

日々の忙しさの中で重くなっていた心と体がリラックスし、疲れがとれた感じで気持ちが良くなった。しかも翌日、翌々日も効果が続くのが嬉しい。お金と時間が許せば時々は施術を受けたいというのが私の本音である。

化粧品会社に四十年も勤めていると、長い間には奇妙なことに出くわす。製造実績を長く積んだ、あるクリームに、黴《かび》が生えた事件があった。たまたま一つの瓶に生えたのではなく、同じタンクで作ったクリーム製品のいくつもの瓶に生えたのである。もちろんすべて廃棄処分だ。いまから三十年以上も前の出来事だが、なぜこんな失敗があったのだろうか。

黴の原因として、疑われることがいくつもあった。水の殺菌が不足していたのでは、タンクの洗浄に手落ちがあったのでは、容器の洗浄がうまくいっていなかったのでは等々。調べてみると、これらの容疑は次々に消えていった。にもかかわらず、そのクリームをかいでみると、確かに黴臭かった。

通常の原因調査ではつきとめられず、においの専門家たちの出番になった。私たちは、おかしなことに気づいた。いつもの、ローズやジャスミンの甘く優しい香りが、そのクリームには感じられなかった。黴の表面を取り除いて、内側のクリームを取り、手の甲につけてかいでみた。それでも香りはまったくなく、脂臭さがしただけだった。何のことはない、香料を配合し忘れたという単純ミスなのではないか——やはり、その通りだった。香料は、殺菌効果を持っているものが多い。香料を入れ忘れたために、黴が異常増殖してしまったのだった。

香料の防腐、防黴効果は、古くから知られている。その効果の強い香料を組み合わせて用いれば、防腐剤を使わなくても、スズランの甘いさわやかな香りの乳液や化粧水もつくれる。スズランの香料〇・三パーセントで、防腐剤のメチルパラペン〇・一パーセントの配合に匹敵する効果をもっていることが分かっている。

香料の作用で体臭の発生を抑えたり、体臭を目立たなくさせたりすることができる。体臭は、腋の下の分泌物が酸化されたり、微生物によって分解されたりして発生する。香料は微生物に作用して分泌物が酸化分解するのを防ぐとともに、良い香りで体臭をマスキングする。抗菌力の強い合成香料や精油を用いて、デオドラント商品にふさわしい香りをつくり上げることができる。このような香料は、ヨーロッパではすでに数十種類以上のデオドラント商品に使われている。

日本の店頭で見かける多種類のデオドラント商品は、抗菌性や酸化防止力のある安全な薬剤を用いていて、香りはシンプルで弱いものや無賦香のものが多い。

一九六三年、ローマ近郊で、約一千八百年前に埋葬された七、八歳の少女の遺体の入っている石棺が発掘された。この少女は、柔らかな組織、眉、まつげ、皮膚が保たれ、半ば開いた口の中に白い歯、その頭蓋骨の中には、脳の組織の残りまでみられた。石棺を開けた際、謎の葉から出たとみられる液体の鋭い芳香が鼻をついた、と立ち会った医師が書いているという。

その正体不明の液体は、主としてユーカリの葉のエキスであった、というのが今日の医師たちの考えである。フランス最大の香料会社ルール社にいるイギリス人香料化学者で、私もパリで会ったことがあるＪ・Ｍ・ブレイクウェイ博士は、抗菌力のテストで、ユーカリが大腸菌や枯葉菌、酵母、各種の黴に対して効果を持っていることを明らかにした。しかし、酸化防止作用は弱いので、棺内は嫌気的に保たれていたか、あるいは酸化防止力のある別の精油が併用されていたのかもしれない。ユーカリという植物は、その葉しか食べないコアラの生息地オーストラリアが原産地だが、ブラジルやポルトガルでも生育している。日本で一般に花屋の店先で見かけるユーカリは、葉が丸く、白い粉をふいたような青緑のマルバユーカリの仲間で、ほこり臭い不快なにおいが強い。

一九八一年、ポルトガルの南部ポルティマオンで開かれた世界パーフューマー会議に出席した折、リスボンからファーロに南下する道は、進むにつれ、両側にユーカリの巨木の並木が続いていた。オーストラリアでは、高さ百メートルもの大木になるという。車を降りて、垂れ下がった細長い葉を採ってもんでみると、さわやかだが鋭い、薬効的な木の香りが感じられた。ユーカリの枝をあふれんばかりに高く積んだトラックが、よたよたと走るのを見かけたのもこの道中である。精油製造所に向かうのであろう。

中世、疫病が多く発生した時代、香りの強い木や草をそのまま、あるいは乾燥した形で、においを空気中に拡散させたり、粉末や樹脂状のものを燃やして薫煙を大気中に浸透させたりして消毒し、疫病の広がりを防ごうとした。

天然香料のメッカであり、長く香水づくりの中心であった南仏プロバンス地方のグラースでは、結核の有効な治療薬がまだ出来る前にも、この不治の病に侵されるような香料産業従事者はいなかったという。グラースではほとんどすべての人が香料の仕事と何らかの形で関係している。毎日の仕事の中で香料をかいでいる。胸に香料を吸い込むことは、即ち、肺の中を毎日殺菌していることにつながった、というわけだった。この話が私たち香りの専門家の間に広がって、このようなおまけの話がついている。

「特に毎日深く香りを吸い込んでいるパーフューマーは、注意せねばならぬ。定年などで仕事を離れた後、香りをかぐのを急にやめると、それまで細菌が少なかった肺の中で細菌数が増えやすくなるので、重い病気になるかもしれない。だからパーフューマーは、急に仕事をやめてはいけないのだ」

冗談半分にしても、パーフューマーはいつまでも若々しく、現役でいたい、という気概をよく示す話ではある。

丁子《ちょうじ》の花のつぼみから採る丁子油や、この香料の主成分であるオイゲノールをかぐと、私は、「今治《こんじ》水《すい》」を思い出す。幼いころ、虫歯で歯が痛かったとき、脱脂綿を小さく丸めて液につけ、虫歯の小さな穴にピンセットで押し込むと、痛みが和らいだものだ。「今治水」には、痛みどめの他に、丁子油が配合されていて、痛みを抑えると同時に、丁子油の強い殺菌力を利用していた。オイゲノールは、化学構造的には、消毒に使うフェノールの類縁化合物である。いまでも歯科医にいくと、このにおいを感じることがある。

香料のなかで殺菌力の強いものには、シナモン（セイロン・シナモン）やニッケイ（シナ肉桂でカッシアと通称する）、タイムがある。シナモンやニッケイの主成分はシンナミックアルデヒドである。

白檀という植物にも殺菌力がある。インドのマイソール地方でとれる白檀は、とりわけ有名だ。六メートルほどに育つ常緑の高木で、その材は香に焚いたり、扇子や彫像をつくるのに使われる。虫がつきにくいことを昔の人は知っていて、これで仏像などをつくった。「双葉より芳し」の栴檀《せんだん》とは、白檀の別名である。抗生物質などが発見されるまで、淋病の薬としてカプセルにいれて飲んだという話だ。材を砕いてそのまま飲んだわけでもなかろうから、薬としたのは、材を砕いて水蒸気蒸留して得られた白檀油であろう。それを皮膚に塗ると、熱を取り去り、暑さの中でも涼しさを感じ、また、同時に人のすべての悩みを癒すといわれた。

香料の抗菌性を組織的に研究した報告は、これまでにいくつもある。なかでも、ブレイクウェイ博士の研究は本格的で、天然精油五十種類、微生物としては各種バクテリアや酵母など二十二種類を選んで実験している。それによると、樹木系の天然精油のほとんどが、耐熱性胞子を形成する枯草菌に対して、強い殺菌性を示している。精油は植物の香料を含む部分を水蒸気蒸留などで取り出すテルペン系などの油分だが、それに天然樹脂が溶けているものをバルサムという。ペルーバルサムは、精油分が溶けこんでいる樹脂で、エルサルバドルやグアテマラに自生する樹皮からとる、暗褐色の粘っこい液体で、化粧品やせっけん香料に用いる。コロンビアやペルー、ベネズエラに分布する樹幹を傷つけてとるトルーバルサムは、バニラに似た香りで、風邪薬の去痰剤になる。この二種類は、グラム陽性菌および陰性菌に対して著しい活性を示す。これらのバクテリアは、樹木にとって共通の脅威であり、それに対する防衛機構を樹木は備えている。根が裂かれたり樹皮が傷つけられて材が露出しているとき、傷口からにじみ出た樹脂がバクテリアの侵入を防ぐ。地中海沿岸のミカン科の常緑多年草の葉から採るリュウオイルは、化膿菌と共存する緑膿菌に対して強い活性を示す珍しい精油である。生葉は茶剤として鎮痙、ヒステリー、駆風用。黴に対しては、コウスイガヤという香料植物の草の代表レモングラスから採る精油が、特に有効である。酵母と黴の両方に対しては、タイムとスペアミントが有効だった。これらの研究成果は、一九八〇年九月にベネチアで開かれた国際化粧品技術者連盟の大会で発表された。

横浜市立大学文理学部の岩波洋造名誉教授は、植物体から出ている揮発性物質（広い意味の精油）は、細菌の増殖や他の花粉の生長を抑えるだけでなく、その植物の周りにある他の高等植物の生長を抑え、ショウジョウバエ、ミツバチ、イモリ、ネズミなどを殺す作用があることを報告している（『香料』一四〇号、日本香料協会、一九八三）。

岩波教授の実験によると、ショウジョウバエは、円柱形の瓶の中に入れて密封しても十数時間は平気で動き回っているが、そこへレモンの果皮を一グラム入れると、約十分で動けなくなった。ところがレモンの果皮一グラムとともに活性炭一グラムを入れてにおい成分を活性炭に吸着させると、ショウジョウバエは、いつまでも元気に動き回っている。また、瓶の中にはんぺんを入れ、その横にワサビおろし二グラムを置いて摂氏二五度で四カ月間密封しておいた。ワサビを入れておかなかった瓶のはんぺんは、黴だらけになって形も崩れているのに、ワサビ付きのはんぺんは、真っ白く形も元のまま保たれていた。だれでも出来る実験だから、やってみたら納得できるだろう。

これらの事実から、岩波教授は一九八三年五月、日本香料協会の講演会で「香蔵庫《こうぞうこ》」というものはどうであろうか、と提案している。ものを保存するには、冷蔵庫や温蔵庫ばかりでなく、香料の抗菌活性を利用した香蔵庫も大いに役に立つ。密閉法の技術が進んだ現在なら、できないはずはない。密閉パック容器があるのだから、普通の冷蔵庫の中に、香料を入れたパック容器をも入れて、併用するのも良い考えだろう。

この香蔵庫に入れておくと、ワサビの香りのするはんぺん、丁子やタイムやコショウの香りのする牛肉、ローレルの香りのする豚肉、ニンニクの香りのするカツオやアジの刺し身など、保存と香りつけが同時にできて、まことに都合がいいだろう。刺し身は新鮮な方がいいが、肉類はやってみる価値がありそうだ。ソーセージをつくるときにいろいろな香料をいれるのも、同じような効果からである。食べ物のことだから、中途半端な実験は危ないが、ニラやタマネギの香りにも、それなりの効果が予想される。どなたか、本気になって、科学的に実証してはくれないものだろうか。

森林浴

「森林浴」という言葉を辞書でさがしてみた。『広辞苑』の第三版（一九八三）には、「森林浴」の言葉はない。『現代用語の基礎知識』（自由国民社）には、一九八三年版では見当たらないが、翌年の一九八四年版では載っている。『言泉』（小学館、一九八六）や、『大辞林』（三省堂、一九八八）にはあるから、一九八五年前後に日常語の仲間入りをした新しい言葉である。森林浴は現在、国民の健康意識と結びついて、ブームとなり、海水浴、日光浴と並ぶ三大浴の一つとなっている。

日本には、古くから各地に森についての不思議な伝承があった。「森林の中で暮らす人には、長生きの人が多い」、「森に入ると、二日酔が治る」など、数え上げれば切りがない。お四国参りとして、弘法大師の霊場、四国八十八カ所を巡礼し、森の静寂の中を徒歩で巡って功徳を上げたのは、昔の森林浴だったと私は思う。功徳を上げたおかげでもあったのだろうが、からだが弱い人でも森林の良い空気の中で次第に健脚になり、札所をすべて巡り終われるような人は、やはり健康を取り戻したのだろう。

一九八〇年、共立女子大学の神山恵三教授（生気象学）が『植物の不思議な力＝フィトンチッド』（レニングラード大学ボリス・ペトロビッチ・トーキン教授との共著、講談社ブルーバックス）という本で、植物のからだから出す殺菌作用のある成分「フィトンチッド」を紹介した。その二年後、林野庁は、国土緑化推進委員会を母体とする森林浴懇談会を発足させた。当時の秋山智也林野庁長官は、次のように森林浴を提唱している。

「森林は低い温度、芳しい香、緑の色と樹木の姿など、人をひきつける魅力（森林気候支配）があり、また植物から発散する揮発性の植物体により、樹林の空気は清浄だし、いろいろなばい菌を殺す作用で体にもよい（フィトンチッド）。そこで心身ともに森林のなかにひたり、森林施設を利用して（施設計画）、体を動かしたり（森林内歩行）、森で遊びながら子どもも若夫婦もお年寄夫婦もそろって健康づくりを実践し（『三世代健康づくり』『中高年の健康づくり』プログラム）つつ、森林の人間に対する役割を理解し育てよう」（岩崎輝雄『森林浴』合同出版、一九八三）

健康志向の高まりとあいまってこの十年ほど森林浴は一層注目されるようになった。一九九八年当時の林野庁と厚生省は合同で健康保養のための森づくりのモデルとして〝健康保養の森〟構想を発表し、全国三十五カ所の〝やすらぎの森〟を選定した（前掲『香りの百科事典』）。

最近では（社）国土緑化推進機構が二〇〇六年四月から三期にわけて全国で三〇カ所の森林が「心身の改善効果をもたらすことが科学的に証明された森」と認定している（二〇〇八年度から認定業務はNPO森林セラピーソサエティに移管）。

森や林の中に入ると、さわやかで新鮮な香りを感じ、気持ちの良い雰囲気に包まれる。ドイツでは森林療法というのがあって、その環境にひたりながら心身をきたえるということが行われ、効果を上げている、という。樹木から発散される芳香物質が身体に良い

針葉樹の葉から得られた精油成分

◎印＝主成分　○印＝他の葉油の主成分でその葉油の主要10成分に入るもの

成分＼針葉樹	スギ葉油	トドマツ葉油	ヒノキ葉油
α-ピネン	◎	◎	○
カンフェン	○	◎	
サビネン	○		◎
リモネン	◎	○	◎
ボルニルアセテート		◎	○
ターピネ-4-オール	◎		○
ターピニルアセテート			◎

浅越亨，市川陵次「やすらぎのにおい・ウッディノート」『フレグランス・ジャーナル』65号（1984年）より

ことは、古くから知られている。森といっても、そこに生育している樹木の種類によって発散する成分やにおいも違ってくるはずである。私は行ったことはないが、ドイツの黒い森《シュバルツバルト》で見られるものは、主として樅《もみ》、ドイツトウヒ、欧州赤松などの針葉樹である。山形県の、将棋の駒で有名な天童市の近くに、天台宗の立石《りっしゃく》寺《じ》を訪れたことがある。芭蕉の『奥の細道』には、「岩に巌《いはほ》を重《かさね》て山とし、松柏年旧《としふり》、土石老《おい》て苔滑《こけなめらか》に、岩上の院々扉を閉《とぢ》て物の音きこえず。岸をめぐり岩を這《はひ》て仏閣を拝し、佳景寂寞《かけいじやくまく》として心すみ行《ゆく》のみおぼゆ。閑《しづか》さや岩にしみ入蝉《いるせみ》の声」とうたわれている。

苔むした岩々を左右に見ながら、湿っ

た細い参道の土を踏みしめて歩くと、針葉樹の葉が擦れ合って発するすがすがしい香りが、落ち着いた湿った雰囲気の中に感じられた。同じ針葉樹でも種類によって香りが違うのは、精油の分析からも予想されることである。

一九八三年に私は、インドネシアの北スマトラの赤道直下に近い熱帯雨林に行った。香料植物の栽培状況を見た後、メダンという町から西へ約八十キロ、ボホロクという土地のオランウータンの棲む深い森に立ち入った。うっそうたる木々の間から木漏れ日が差すだけで、昼間でも暗かった。スコールの近づく気配があって、湿った空気が広がっていた。そこは、新鮮な青臭さの中に、きのこや湿った落葉樹のにおいが混じった、むっとした雰囲気が支配していた。針葉樹のそれとは異なるものだった。

神山教授によると、森の樹木が発散するテルペン物質は、青い霞《ブルーヘイズ》として間接的に目でみることができる。遠くの山を眺めたとき、山が青みがかって見える。これは空気による光の散乱のほかに、テルペン物質が大気中に漂うとそれらが核となって細かい水滴ができ、太陽光をさらに乱反射させ、青が一層強調されるという。テルペンは、気体だからそれが核になるとは、ちょっとおかしい気もするが、複雑な過程でそうなるのだろうか。テルペンが上昇し、断熱膨脹で温度が下がったとき、凝結核になるのだろう、とする実験もあるという。神山教授は、地球上に発散されるテルペン物質は年間一億八千万トンにも達する、という外国の研究者の数字も紹介している。

神山教授は、さらに、女子学生に頼んで、軽井沢のカラマツ林の中と、それと同じ温度と湿度、照度にした人工気候室の中とで、瞳孔の光反射に差があるかどうかを赤外線テレビカメラを使って実験した。森林の環境の中の方が光刺激後の瞳孔の面積変化が大きく、また、瞳孔が閉じたり開いたりする速度が大きいという結果が出た。これは、森林環境では、中枢活動のレベルが高まっているからだ、と結論している（『森の不思議』岩波書店、一九八三）。中枢活動の差を検証するのは、一筋縄ではいかないにしても、面白い実験だ、と思った。

元農林水産省林業試験場（つくば市）の林産化学部、谷田貝光克博士は、「植物が放出する抗菌性物質の作用は、抗生物質のように強くはなく、穏やかに作用するものが多いが、害菌が繁殖する速度をやわらげるという点では十分な役割を果たしている」と述べている（前掲「フィトンチッドの研究開発の動向」）。

森林浴の効果を科学的に検証し予防医療などに役立てる取組みも進んでいる。この一例として生化学指標を用いて森林浴の効果を実証した森林総合研究所と日本医科大学の実験がある。

森林浴コースとして、我が国の森林浴発祥地である長野県上松町・赤沢自然休養林の森林セラピーロードを選び、被験者は森林環境中に二泊三日滞在し、森林浴前後にヒトNK活性を測定した。NK（ナチュラル・キラー）細胞は免疫機能を担う細胞の一つで、がん細胞の増殖を抑える働きがあるという。数値が高いほどよい。被験者は都内企業等の三十五～五十六歳の男性社員十二名である。

測定結果は以下のとおりである。

①森林浴がヒトNK活性を上昇させた（一日目四三％、二日目五六％）。

②NK活性の上昇において森林浴の持続効果が認められた。

森林浴の一週間後においてもNK活性は四五％高く、さらに一カ月後においても二三％高かった。

一方、一般の旅行（名古屋への観光旅行）ではヒトNK活性の上昇は認められなかったため、森林滞在が免疫機能を高めることが分かった。

森林からのフィトンチッドおよび森林浴によるリラックス効果がこの活性化に寄与したと結論づけている（独立行政法人　森林総合研究所、二〇〇七年三月二十三日「プレスリリース」）。

プレスリリースに被験者のリラックス感の記述がないのは少々物足りないが、生理指標のNK活性を用いた実験でこれだけはっきりした結果を得ているのだから、説得力を持って森林浴にはリラックス効果があるといってよいだろう。

関心はあっても近くで森林浴を楽しめるところがない人もいるだろう。私もそうだ。森まで出かけなくても植物園でそれらしい雰囲気とリラックス感を体感できるところがある。新宿御苑、小石川植物園、京都府立植物園など都会のオアシスとして人気が高いようだ。私は神代植物公園のバラ園から深大寺門に通じる自然林が好きだ。小鳥のさえずりや、梢を渡る風の音、木洩れ日、足の裏に感じる積み重なった落ち葉のやわらかく弾力性のある感触、肌をなでる爽やかな風、そして木々の緑と落ち葉の匂いがとけこんだ森林の香りに、忘れかけていた自然のやすらぎの感覚が蘇ってくる。門を出て少しの所に大きくはないが、林に囲まれた深大寺そばの店がある。木立に囲まれた戸外のテーブルに美味しいそばが運ばれてくると、味覚も加わり五感が勢揃いする。森林浴の雰囲気の中、バラの好きな四、五人で育て方や香りの話をしていると、幸せというのはこのような感覚なのかと思う。

一九八五年の新緑の五月の下旬、東京・日本橋の長谷川香料の研究員が、二日にわたって森の空気を採りに奥多摩の御岳山に出かけた。杉、檜、松、樅などの林でミニポンプを回し、吸着管に空気の成分を濃縮した。それを研究室で分析した。森林浴の科学的根拠を調べたかったのである。予想通り森林から発せられる抗菌性物質のα-ピネンやリモネンが多く、その他ミルセン、サビネン、γ-テルピネン、p-サイメンなどのテルペン物質が見つかった。炭素が十個つながった芳香物質である。同行したパーフューマーがそこで得た森の香りのイメージは、「新鮮で青臭いにおい、苔、きのこ、枯れ草のようなにおい、少し甘いバルサミックなにおい、それに木のにおい」であった。吸着管の分析結果とパーフューマーの得たイメージから、森の中の香りを再現、または発展させると、次のような香りが出来上がる。

①奥多摩の檜の香りと森林の中のフレッシュでグリーンな苔や草木の香りをマッチさせた香り。
②奥多摩の森林に入ったときの、ツタや葉のグリーンな香りを表現したもの。
③奥多摩の森林に入ったときの、地面から蒸発してくる甘く粉っぽい香りをとらえたもの。
④奥多摩の森に漂うテルペンと檜や杉の香りを表現したもの。
⑤最も奥深い森を想像し、幻想的にとらえた森林浴の香り。

長谷川香料がつくったこの五種類を「香料原料として使ってみませんか」と紹介された。そこで私は、自然から学んだこれらの香りのスプレーを試してみた。私が自分で勝手に「森林浴スプレー」と名づけた試作品が、私の研究室に四種類できた。針葉樹系や、少し湿っぽい感じ、青臭い香りなどの試料を、シュッとやって、「新製品にならないか」と心の中でつぶやいた。スプレーの霧の粒が見えるうちは、香料を溶かしているエチルアルコールが、鼻の粘膜を刺激して痛いような感じになるから、私は霧が消えてから目をつぶって、そっとかいだ。深い森の雰囲気が、それとなく漂っていて、気持ちが良かった。

「レバノンの香柏は神の香り」(『旧約聖書』)

「樹木を伝わり落ちる甘露法雨は、煩悩の炎を滅除する」(『観音経』)

とあるように、昔の森林浴は、樹木から発散される芳香物質に薬効を説いていた。

現代の森林療法は、どうだろう。奥多摩の空気には確かに芳香物質が多かった。しかし、同時にベンゼン、ヘキサン、キシレンなどの公害物質が大量に吸着されていたことを書いておかなくてはならないと思う。精度の良い分析技術がありのままに見せてくれた現実の姿に、私たちは唖然としたのだった。

このようなことを『朝日新聞』科学欄の随筆コラムに書いたところ、一人の男性から電話をいただいた。「香りを捕集したのは自動車の通る道からどれくらい離れていたのだろうか。道路から六百～七百メートル以内では排ガスがかなり感じられるので、それ以上離れて捕集した方がいいですよ」ということであった。

以前は、車の排ガスは、いいにおい、などといっていた。何か引きつけられるものがあって、エンジンがかかっている車の後ろで、においをかいだり、車の後を追ったりした子どものころを思い出す。続けているとめまいがして、気分が悪くなったこともあったが、懐かしいにおいである。ところが最近の排ガスは、いいにおいではない。

物が豊かになり、香りの面でも、香水やオーデコロンに限らず、ポプリや様々な室内芳香剤など、身の回りに良い香りがいくらでもある。ポプリとは、部屋で良い香りをさせるために、乾燥したバラなどの花びら、ベルベナの葉、イリス（アイリス）の根、丁子などのスパイスなどをそのままあるいは混合して、かご、袋、瓶、箱などに入れたもので、香料を加えることもあり、色も楽しめる。そんな時代だから、排ガスなど良いにおいと感じるはずがない、と笑われるかもしれない。においの快、不快は、そのにおいが人に与える役割や影響によって左右されるから、大人になった私がいま排気ガス即汚染物質という図式で考えてしまうために、そのにおい自体は昔と変わりはないにもかかわらず、いいにおいとして受け入れられないようになったのではないか、とも考えた。

これらのことも念頭においた上で、改めていまの排ガスをかいでみても、やはり、昔のにおいとは確かに違う。ほのかに甘く、どこか引きつけられるところのある、あの麻酔的なにおいではなくて、やや辛みのある、乾燥した、熱い気体として感じられる。ガス排出の技術の著しい改良によって、ベンゼン、トルエンなどの芳香族化合物の車一台当たりの排出量は、格段に減っているに違いない。それが排ガスのにおいの違いにも表れていると私は思う。増加する自動車からの排出物や、その他の汚染物質の総量が、吸着管の分析値に表れているのだろう。

森林浴に似て、海藻から発散されるフィトンチッドを吸おうという「海気浴」という言葉も出てきた。一九八四年、東北大学の野村正名誉教授を私の研究所に案内したことがあった。海洋生物資源を専門とする教授は、これから海辺の香り、砂浜や磯辺で感じる香りを研究する、という話を私にして下さった。淡々とした語り口の中にも、海洋全般に対する強い情熱が感じられた。海浜の香りという、つかみどころのない漠としたものを追究してみる、それも、学者としてはごく当然のことをするのだという、不安とは無縁な語り口に、驚かされた。難しいテーマにも、特別な気負いもなく挑戦する学者としての姿勢に私は感動した。

それから四年たった一九八八年三月、野村教授の講演があると聞いて、私は東京へ出かけた。

「都会の近くの海岸と、都会から遠い沿岸の砂浜や岩礁地帯との大気中から、それぞれ吸着管で芳香成分を採取し、分析した。地元宮城県で二カ所、それに岩手県大船渡市、釧路市、沖縄県本部町の計五カ所で捕集したところ、テルペンとしてリモネン、αおよびβ-ピネン、フェランドレンが検出された。海岸では、森林中のような単純な成分ではなく、多くの起源を持つ各種成分の中で、炭化水素やアルコールが多く、わずかにテルペンが存在する。海藻由来の有機ブロム化合物は検出されていないし、水産物の臭気成分であるアミン類やジメチルスルフォキサイドなどの含硫化合物も比較的検出されていない。これは、サンプルの採取場所として、磯臭の多い所よりも、快適性のある場所を選んだせいではないかと考えられる。また、テルペンが変性された酸化物としてのオゾナイドやパーオキサイドなども認められていない。これらは、分析中に分解してしまった可能性も考えなくてはいけない。道東と沖縄県を除く本州の三地点では、いずれもクロロフォルムが検出されている。森の中に公害物質が見いだされたのと同様に、大気の汚染の広域化がすすんでいることを物語るものとして注目される」という内容だった。

森や海は本来自らの内に浄化作用を持っている。汚染を抑えれば、森も海もその快適性を保ち続けることができる。人のからだと心の健康に力を貸してくれる。環境破壊や汚染を広げる開発は、避けなくてはならない。

二〇〇五年、北海道の知床は世界遺産となった。知床の自然を守る百平方メートル運動というのがあった。一般からの寄付をもとにして知床の土地を買い、乱開発から豊かな自然を守ろうという、斜里町役場を中心とする一九七八年にはじまった運動だ。わが家でも発足当初にささやかな協力をして会員になった。一九八八年七月、家族旅行で十年目に初めて訪れた知床五湖近くの、深い原生林を見たとき、会員になっておいて良かった、と思った。この旅行をきっかけに、終身会員になることにした。ナショナルトラストの運動も数々の問題をかかえ、難しい時代になってきているが、今後の地道な成果が積み重ねられて、森林浴が広がることを、私は期待している。

第五章　香りを創造する

香りの設計

マリリン・モンローがかつて来日した折、夜寝るとき彼女は、「シャネル五番」を着てベッドに入るといった、と報じられた。官能的で魅力ある世紀の女優とこの話が結びついて、この香水は、とりわけ有名になった。香水を「つける」という動詞は、英語で「wear」で、ネグリジェなどを「着る」という表現と同じである。「シャネル五番」しか着ない彼女の寝姿を想像する人まで現れて、にぎやかな話題となった。この話の真偽について、いまでも、私はこう思うなどの議論が出ているそうだ。さすが大女優というべきか、世は太平というべきか、おかしくも結構なお話である。

「シャネル五番」や「ソワール・ド・パリ」など多数の香水を生んだ、一八八二年モスクワ生まれのフランス人エルネスト・ボーは、創作のインスピレーションと名前の由来を一九四六年二月、講演で次のように語った。香水の創作のエピソードが残っているのは珍しく、私は、フランス語の講演記録から忠実に翻訳してみた。創作当時、彼はロシア革命で地位と財産のすべてを失い、失意の中にあった。

「私が、それをつくったのは、正確には、一九二〇年です。戦争からの帰りのことでした。従軍でヨーロッパ北部に私は行っていました。北極圏の彼方には、真夜中の太陽が輝き、湖や大きな河がとても新鮮な香りを漂わせていました。私はその香りを心にとどめておいて、苦心の末に香水に再現したのです」

若くて旅行好きだったメンデルスゾーンが、彼の旅の印象を交響曲『イタリア』や『スコットランド』に作曲したことはよく知られている。瀬戸内海の春のイメージを宮城道雄が箏曲『春の海』としてつくり上げたことも有名である。これらと似たことが、香水の創作にもあったのである。

新しくデビューさせる香水にどんな名前をつけるかは、その香水の成功にもかかわる。ボーが、生涯独身だったココ・シャネル嬢と交わした話も残っている。

「その名前のつけ方ですが、オートクチュールをやっていたシャネル嬢は、自分の服飾店のために、いくつかの香水を依頼してきました。私は彼女に一から五番と、二十から二十四番の二つの創作シリーズを見せに行きました。彼女は、五の番号を持っている香水を選びました。それにどのような名前をつけたらよいか、とたずねたところ、シャネル嬢は答えました。『私は、今年の五番目の月の五番目の日に、私のドレスの発表会をすることにしています。……それでは、その香水の名前に、それが持っている番号をつけましょう。その五という数字は、この香水に幸運をもたらすでしょう』

この香水は、シャネル嬢の予言を裏切らなかった。シャネル嬢は高級服飾店《オートクチュール》シャネルの創始者。豪華でしかも着やすい衣装を発表して、シャネル調の基礎をつくった、パリのモードの女王だった。

現代の香水づくりは、「シャネル五番」がつくられたときのような、個人の偶然の着想とかインスピレーションによっているのではない。近年、成功した香水は、発売時に一千万ドルを超すような宣伝、広告費を投下する例が多い。逆にいえば、それほどの費用をかけなければ、新しい香水は成功させられない。現在の香水の設計は、香水の基本的なコンセプトを最初につくり、それから、物としての瓶とパッケージ、名前、当然ながら最も重要な香りのほかに、その流通ルート、価格、宣伝、広告などのマーケティングの方法と費用などを総合的に検討することが必要である。

香水にも流行がある。服飾や流行色、ヘアースタイルなどと同様に、その折々の社会風潮や経済情勢を反映している。だから、香水のマーケッターは、特に女性の考え方、生活様式に影響するような統計、流行、社会の出来事に注意を払っている。例えば、一九七〇年代前半は第一次石油ショックがあり、大気や水の汚染の進行に対して自然回帰の運動が高まった。また、キャリア・ウーマンが台頭し、女性の権利の拡大が叫ばれ、既存の社会のあり方を問い直す動きが随所に現れた。自然回帰を求める風潮の高まりを受けて、草木や原野や林のイメージと結びつく、グリーン・ノートを特徴とする香りが出現した。

アメリカでのその典型的な製品が「アリアージュ（エスティ・ローダー社）」であった。この名前は、葉っぱを意味するフォリアージュからきている。また、グリーン・ノートとフルーティ・ノートの効いた目立ちやすい香りの「チャーリー（レブロン社）」という香水も現れた。この香水は、ウーマン・リブを旗印に一世を風靡した。

パリでも、既成のオートクチュールが伝統的にセーヌ右岸に店を構えているのに対抗して、イヴ・サンローランは、やはりグリーン・ノートの効いた「リブ・ゴーシュ（セーヌ左岸）」という香水を発売した。一九三六年生まれのこのサンローランの創始者は、モードの大衆化に挑戦し、最も現代的で、しかも成功している。

一九八〇年代に入って、女性の権利が一応の認識を得られるようになった社会が拡大するにつれ、女性が肩ひじを張って社会と向き合うという流れも微妙に変わってきた。このような時代には、女性はより女性らしく、上品に振る舞った方が自然で、しかも得である、という認識も改めて生まれてきた。これを受けて、香水も繊細でノスタルジックな女らしい香りが、次々に現れ、その傾向は現在も続いている。

少し前、アメリカでヒットした香水に、対照的な二つがあった。

一つは、「ビューティフル（エスティ・ローダー社）」という名前で、美しい六月の花嫁《ジューン・ブライド》の、初々しい無垢な純真さをコンセプトにしたものである。それは、白い花の花束の香りに、高級感のあるイメージをもつイリスとムスクが効いている。その名にふさわしい美しい香りである。ピンクのパッケージもコンセプトに合っている。

もう一つは、「オブセッション（カルバン・クライン社）」といい、日本語でいえば「妄想」という意味の名がついている香水である。このように名づけた心はこうだ。アメリカの婦人の心の中には、同時に二人の男性に抱かれてみたいという、ひそかな願い（妄想）があるというのだ。これには、アメリカの女性差別に過敏なフェミニストたちも異議をはさんではいない。女性が性的な虐待を受けているのではなくて、女性自身が喜ぶようなものであれば、それはそれで良いのだ、という。この香水の広告の表現は、沈んだ青地の中に女一人と男二人の絡み合いがうかがえる、きわどいものである。香りは、濃艶なオリエンタル・ノートにセクシーさが強調されている。この香りをかぐと、その中に何か得体の知れぬものがうごめいているような気配を感じる。

引き続き男性用の「妄想」が発売になったのは、予定されたコンセプトの延長であろう。女性だけ妄想にいざなうのは不公平だろうし、物議をかもしかねないから、これはこれで、まあ良かったのかもしれない。

このように、セックスを前面にアピールするコンセプトや香りが大きく広がるかにみえた。

ところが、現代のペストといわれるエイズのショックが、香水にも大きな影響を与えてしまった。大胆なセックスを売り物にした退廃的なジャンルの香水を新しく計画しようとする動きは影をひそめ、それに代わってロマンチックで、ノスタルジックなやさしい女性をテーマにとりあげるものが増えつつある。花の香りを中心にまとめてあるものが多い。それと同時にクラッシックといわれる名品の勢いが盛り返したり、リバイバルとして再度デビューするものが出てきたりしている。一九八八年に発売になった「エターニティ（カルバン・クライン社）」は、「夫婦の永遠の愛」をコンセプトにした、ローズとバイオレットにソフトな木の香りを感じさせる、いかにもやさしい、女らしい香りである。あの「オブセッション」を成功させた同じメーカーの、あまりにも素早い転身の鮮やかさには驚きいった。

　私が担当した香りの設計目標は、古き良き時代の女性が持つ、女っぽく、優雅で、成熟したイメージ、白いうなじからほのかに女っぽさがにおうような、上品で艶っぽさに満ちた香りであり、訴求する女性像は、「洗練されたロマンチックな人」であった。何とも欲張りな目標だが、一体こんな香りが本当にあるのだろうか。

　まず、具体的な女性像があった方がやりやすい。私は、和服姿の女性の中から、女優の佐久間良子さんを選ぶ。本人を直接いつも見ているというわけにはいかないので、額に入れた写真で済ますことにする。

　香りは、やや紫のイメージを持つシプレータイプとし、花はジャスミン、ローズ、ライラック、リリー、スイセンの花束を中心とする。「シプレー」とは、一九一七年フランスのコティという会社が発売した有名な香水の名前で、以後このタイプのものを一般的にいう場合の呼び方になった。オークモス、ベルガモット、オレンジ、ジャスミン、ローズ、ムスク、ウッディー・ノートなどの香料の組み合わせによってできる香調のことである。

　東洋的な木の香りや、セクシーさを醸し出すアンバー（マッコウクジラから取る龍涎《りゅうぜん》香《こう》）やムスクを配し、それにスパイスのアクセントを添える。試作品は、専門家の評価を経た後、一般消費者のテストにかける。直接かいだとき、肌につけて五分後、三十分後、二時間後の好みを聞く。香りの強さかげんを聞く。それから、洗練されたロマンチックなイメージに出来上がっているかどうかのイメージテストをする。

このテストで使われる言葉は、これまでの基礎的な調査によって、どんなものを使ったら良いかが分かっている。香水では例えばこんな風に言葉をグループ分けしている。

◎ロマンチック、女らしい、上品な、優雅な
これらのグループの反対のイメージは
☆青臭い、男っぽい

◎大人っぽい、深みのある、落ち着いた、古風な
これらのグループの反対のイメージは
☆さわやかな、さっぱりした、ういういしい、新しさのある

◎くどい、濃艶な、品のない
これらのグループの反対のイメージは

☆好き

◎高級な

これらのグループの反対のイメージは

☆安っぽい

これらの表現用語は、多くの語彙の中から、因子分析法などの統計的手法によって、類似性を検討し、整理したものである。

さらに私たちは、香りの好みとこれらの言葉との関係についても研究を進め、一九八五年六月の香粧品科学会で発表した。二十の香りのイメージの特徴のうち、「さわやか」、「やわらかい」、「ロマンチック」、「ういういしい」、「さっぱり」は、年齢を問わず好まれる特徴である。一方、「男っぽい」、「粉っぽい」、「濃艶な」、「くどい」は、年齢を問わず嫌われる特徴であった。

私が設計を担当した「プレサージュ」という名前の香水のイメージテストの結果は、当初の目標をほぼ満たすものであった。優雅で華やいだ、高級な雰囲気を持っていて、女性的で甘くロマンチックなイメージの中にも、大人っぽい上品なセクシーさを持った

好まれる特徴と嫌われる特徴の一覧表

香りのイメージ特徴／年代	さわやか	やわらかい	ロマンチック	ういういしい	さっぱり	新しさのある	上品な	優雅な	女らしい	落ち着いた	高級な	甘い	青くさい	古風な	深みのある	大人っぽい	男っぽい	粉っぽい	濃艶	くどい
全　体	◎	◎	◎	◎	◎	○	○	○	○	―	―	―	―	×	×	×	×	✗	✗	✗
18〜19歳	◎	◎	◎	◎	◎	◎	―	―	―	○	×	×	×	✗	✗	✗	×	✗	✗	✗
20〜24歳	◎	◎	◎	◎	◎	◎	○	×	―	―	×	×	―	✗	✗	✗	✗	×	✗	✗
25〜29歳	◎	◎	◎	◎	◎	―	◎	◎	○	○	―	✗	○	✗	―	―	×	✗	✗	✗
30〜34歳	◎	◎	◎	○	○	―	◎	◎	◎	○	◎	◎	―	―	✗	✗	×	✗	✗	✗

◎：好まれるイメージ特徴　　✗：やや嫌われる特徴
○：やや好まれる特徴　　×：嫌われるイメージ特徴
―：好まれも嫌われもしない特徴

香り。嗜好性の評点も高かった。

作品の最終的な仕上げを終わって、瓶やテスト用におい紙の後片づけをしていたときに、お茶を片づけに来た女性が、問わず語りに、私にこういった。

「この部屋に、いままで、和服を着た、品の良い、きれいな女の人がいたような感じがするのですけど。どなたかいらしたんですか」

部屋には、においをかいでいたときの香りが、ほのかに残っていた。その女性は、私の設計内容を知っていたわけでもなかった。「和服を着た」の一言は、私にとって、書類で届いたテスト結果よりずっとうれしいものであった。

その女性が去り、改めて目を閉じてか

いでみた。品の良いセクシーさに心惑わされるものがあった。その香りを構成する化学成分は知り尽くしているのに、化学用語では語れないこのような感情がどこから来るのか。香料とは、不思議なものである。

イッセイミヤケの香水

パリで三宅氏の香水の最初の企画打ち合わせに同席したことがある。三宅氏と当時の三宅デザイン事務所、資生堂から商品開発のメンバー、研究所から二人が集まった。香水の開発には最初にコンセプトがあり、それに基づいて名前、香り、ボトル、パッケージ、販売戦略のすべてが決まっていく。

三宅氏の提案を楽しみにしていた雰囲気は、会議が始まると驚きととまどいの入り交じったものに変わっていった。三宅氏から出たのは『Water and Air』『Transparent』『Pure』『Clean』、それに『Contemporary』という言葉だった。日本語に短く訳すとニュアンスの違いが出るのであえて英語のままにした。Contemporary だけは少し付け加えると、芸術に関して用いる場合は『現代の』とか『この時代の』と解釈してよいのだろう。このような香りはこれまでになかったし、つかみ所がない。かなり難しいなというのが私の最初の印象だった。この会議はそれほど長い時間ではなかったように思う。

調香は私ではなくヨーロッパの香料会社の担当に決まっていた。調香のすすみ具合がかなり難航している様子が時々伝わってきた。香水の開発では名の知れたフランス人女性のプロジェクトリーダーが三宅氏とパーフューマーとの間の調整の難しさに困り果て、涙を見せたほどだったという。

一九九二年この香水の発売の日、パリにいた私は一番大きい発売カウンターのあるヨーロッパ最大級のデパート、ギャラリー・ラファイエットにいってみた。PRの規模や華やかさでもイッセイミヤケの香水一色という感じだった。そして、売り上げはというと、一週間のこれまでの記録を破ったというから驚くではないか。香水ではとりわけ競争の激烈なフランスのパリでの実績である。

ところで最初のコンセプトが実現されているかの話に戻りたい。トップ・ノートにメロン、オゾン、海辺の香りにレモンとオレンジの花の香りが加わって『Water and Air』『Transparent』『Pure』『Clean』のイメージをよく表している。その後にローズ、スズラン、ライラック、カーネーション、ジャスミンの軽くさわやかで女性的な香調が調和よく続く。さらにベース・ノートをすっきりしたセダーの木の香りとソフトなムスクが支えている。この香りの中には自然環境を大切にするという将来に対する訴求を発信しているのが嗅ぎ取れるし、それが『Contemporary』を表しているのだと私は解釈した。

デザインについて一言触れると、ひと雫の水滴が飾られたシンプルでピュアなボトルは研ぎ澄まされた知性を感じさせる。

この香水は、世界的に有名な香料会社のシムライズ社が出版している香水の系統図の説明ではトレンドセッター（流行を創り出した新しい香り）と高く評価されている。

改めて香りを手の甲につけてみると、成功香水を生んだ第一歩のコンセプトイメージがよみがえってくる。

フレグランスと脇役

富裕階級が占有していたフレグランスは、いま庶民のものになった。

フレグランスとは、香水、化粧品、せっけん、シャンプー、リンスなどの製品に使われる香りのことである。香水の中のフレグランスが「独創性」、「複雑さ」や「華麗さ」を問われるのに対して、化粧品などそのほかのものに加えるフレグランスは、「心地よさ」を狙っている。

十九世紀末から発達した有機化学が、フレグランスの〝民主化〟の根源だった。ノーベル化学賞を受けた業績から合成香料が次々と生まれた。ジャスモン酸メチルはジャスミンの重要な香気成分で、類似の化学構造を持つジヒドロジャスモン酸メチルは、次章の「特異的嗅覚脱失」のところでも後述するように、優れた香気と安価さで各種商品の香りのレベルを格段に上げた。ダマスコン類は、ローズ香料の中の重要成分である。サンダルウッド類では、白檀の中の主要成分のサンタロール類似の香気を持つものが多数開発された。また、ムスク様の香気をもつ合成香料が発明されたことも、革命的な意義があった。これらの合成香料の進歩は、近年特に目覚ましい。天然香料の中の微量成分をお手本に、香りの化学設計が進んだ。自然は偉大な教師だった。

食品中に入れるフレーバーは、味と香りの両方に効いてくるものだから、あくまでも自然の本物にそっくりでなければ意味がない。しかし、フレグランスは、自然を超えた、変化に富む多彩な香りを安価につくり出した。

私がいま、天然香料だけで香りの創造をするならどうなるだろうか。なるほど高級感と豊潤さは出るだろう。だが、香調には新しさが欠け、単純にならざるをえないだろう。そうして出来たせっけんは、香り立ちが重く、日がたつと香りが変わってしまうだろう。そんなものでも極めて高くつき、一個千円は下るまい。自然に返れの声がいくら大きくなっても、香りの民主化を支えうるほど、地球はもはや香りの天然資源を持っていない。

十九世紀末から二十世紀初めのものと思われる香料処方と、現在の最新の香料処方とを処方表で比べてみよう。いくつものことが分かる。

次ページの**処方1**は、「フランジパンニ」という名前の古い香水である。この名前は、十六世紀にヨーロッパで手袋製造用の皮革に染み込ませた香水の名前が、そのまま十九世紀まで残っていたものである。十九世紀末に処方されたから当然ながら、天然香料が多用されている。合成香料の種類は、ごく限られていて、そのころに開発された合成香料クマリンやバニリンである。香りは、高級感と酷《こく》があるものの、単純である。値段は非常に高価であった。当時は合成香料も高かったから、現在の価格計算と当時とを比べればけた違いであったと推定される。庶民が使うには高すぎるものであった。

処方2は、現在一般に「ホワイト・フローラル」といわれているものの一例で、白い花のイメージである。天然香料の量の割合は少ない。天然香料の香りを人工的に再現した香料を中心に置いている。このほかに、天然香料の成分の研究と合成化学の進歩によって生み出された合成香料が、その種類も量も多いのが目立つ。この処方は、白い花の花束の香りを中心にして、女らしくノスタルジックで品が良く、洗練された香りで、一九七九年ころから世界中でもてはやされている香りのタイプである。多彩な香料が織りなす壮大なシンフォニーである。その価格は適当であり、だれもが買える範囲にある。

良い香りではなくても、脇役として重要な働きをするものもある。

私の研究室を訪れる見学者は、ある種の香料のにおいをかいで、けげんな顔をする人

処方 1　Frangipanni

* Rose S.		200
** Rose otto		40
** Orange blossom		150
** Neroli oil		70
** Cassie		200
** Geranium oil, French		80
** Bergamot oil		60
** Musk extract, 3 per cent		50
** Civet extract, 3 per cent		50
** Sandal wood oil		10
Coumarin		60
Vanillin		30
		1000

処方 2　White Floral

* Rose S.		40
β-Phenyl ethyl alcohol		50
Damascenone	10%	5
Eugenol		25
γ-Methyl ionone		20
Aldehyde C-11 undecylenic	10%	10
* Jasmin S.		60
** Jasmin absolute		20
Methyl dihydro jasmonate		65
α-Hexyl cinnamic aldehyde		100
iso Amyl salicylate		15
* Magnolia S.		100
** Ylang ylang oil		15
** Neroli bigarade	10%	10
Linalool		15
* Muguet S.		35
Cyclamen aldehyde		5
Lyral		25
Lilial		15
* Tuberose S.		15
Styrallyl acetate		5
** Bergamot oil		5
Linalyl acetate		5
** Violet leaf absolute	10%	5
** Galbanum oil	10%	20
* Hyacinth S.		25
Triplal	10%	5
cis-3-Hexenyl salicylate		50
Aldehyde C-14 peach	10%	10
** Civet absolute	10%	5
Cyclopentadecanolide		65
Galaxolide 50		20
Musk ketone		15
Ambroxane	5 %	5
** Benzoin resinoid Siam		5
Acetyl cedrene		40
** Vetiver oil		20
iso E super		10
** Sandal wood oil Mysore		5
Sandalore		5
* Oakmoss S.		5
** Oakmoss absolute		20
** Olibanum absolute		5
		1000

＊＊印：天然香料　　＊印：再現天然香料　　無印は合成香料

も多い。こんな嫌なにおいから香水ができるのか、というわけだ。

薄めていくと、においが変わる香料もある。窒素を含む化合物のインドールの白色結晶は、糞のにおいがして、手に付けたりすると、いつまでも消えなくて困る。これを、エタノールで〇・〇一パーセントに薄めると、甘い白い花のイメージに変身する。ジャスミンの中には、三～四パーセントもそれが含まれ、華やかさと広がりを強める。

炭素数八つの脂肪族アルデヒドは、刺すように鋭く、いいにおいとはいえないが、それがレモンやオレンジの新鮮さをひきたてる効果は驚くほどである。私が香りの仕事を始めて間もなく、頭皮のふけのにおいそっくりで顔をそむけたコスタス（キク科）の根から採る香料は、フランス風の香水には欠かせないと聞かされて、当惑したものだ。

香水からよからぬものを連想されても困るから、これ以上の紹介はやめよう。「主役をひきたてるのは、優れた脇役」というのは、演劇や映画の世界に限らないのである。創造性、芸術性、科学性をそなえ、かつ、長い時間と試行錯誤の結果、新しい香水は生まれる。

肌の役割

都市は、それぞれにおいを伴った独特の雰囲気を持っている。人々が発する香水の香りも、その一つである。一九八六年秋に広島で開かれた「香料、テルペンおよび精油化学に関する討論会」で、当時日本化学会副会長だった京都大学工学部の米沢貞次郎名誉教授（分子工学）は、来賓として祝辞の中でこのように述べられた。

「私がパリに留学中、オペラ座ですれ違う女性の、通り過ぎた後に漂う香りは、いつまでも忘れない思い出です。パリの空気は香水の香りに合っているのではないか」。教授は、香りとは直接には関係のない科学者だったが、そんな人にも強烈な印象を与えたほど、パリという街は、香りを見事に身につけた都市である。

香りには流行がある。外国のある地域で流行している香水、売れている香水の名前を知るのには、いくつかの方法がある。香水の専門誌に目を通すと、ひと通りのことは分かる。香料会社の営業担当の人や、パーフューマーの話を聞くともっとよく分かる。しかし、人によって意見が少しずつ違う。その土地に行って直接、街の香りで知ることが一番良いことはもちろんである。

私と一緒にしばらく香水を開発したことがあるフランス駐在の富岡順三さんから、一九八五年にクリスマスカードをもらった。「パリは、『ポアゾン』の香りで満ちています」とあった。少しおおげさな表現かな、と私は思った。

「ポアゾン（クリスチャン・ディオール社）」とは、当時新しく売り出された香水で、フランス語の「毒」という意味である。思い切った名前をつけるものだ。しみとおるようなフローラル（花の香りを主体にする香水）で、ブドウと蜜《ハニー》の特徴を持つ。二カ月後に私はパリに行く機会があった。富岡さんのクリスマスカードはおおげさではなく、ポアゾンの香りを私は実感した。冬の空気は冷たく、香りの広がりをみるには気温が低すぎると思ったが、地下鉄も、オートクチュールの店も、アンティークの店も、街の通りさえも、このエキセントリックな名前を持つ香水のにおいでいっぱいだった。パリジェンヌたちの、新しい香水をすぐに試してみようとするその好奇心の強さや心意気には、感嘆してしまった。

フランス的なものが最も良いとされてきた香水の世界の歴史を背景に、フランス女性は、長い間新しい香りに誇りを持ってきた。また、新しい香りに積極的な態度をいつも持っているに違いない。一九八八年十月、二年八カ月ぶりに、急な用事でパリを訪れた。パリの香りは前回とは変わっていた。ポアゾンは時たましか感じられなくなっていた。女性たちはみんなが同じ香りというのではなく、自分の香りを持つことに誇りを持って、自分の個性を生かした好きな香りをまとっていた。ホワイト・フローラルにフルーティのアクセントのあるもの、シプレーにスパイスの効いたものなど様々であった。パリジエンヌが流行に敏感である半面、それにいたずらに流されることなく香りに対するしっかりした姿勢を持っていることを再認識した。では、ニューヨークの香りはどうだろう。

ニューヨークは現在、パリと並ぶ世界の香水の中心地である。一九六八年に、香水の世界に初めてアメリカ人のノーマン・ノレルが登場し、利益の大きい香水の市場を、フランスとともに分け合うようになった。ノレルはアメリカ服飾界の正統派で、プロモーションの扱い方に優れ、仕立てが入念であることが特徴である。それまではフランスの香水が支配的であったところへ、アメリカ独自の香水が現れた。従来とは非常に違った、新しい特徴は、「ライフスタイル」アプローチの提唱だった。一つの香りにとらわれることなく、女性の生活の様々な場面やムードのライフスタイルに合う香水を、自分で選んで買い、それをTPOに従って、「香水という名の衣装」として使い分けるようになった。二十年前では考えもしなかったことだが、ドラッグストアでも香水がたやすく買えるようになった。これは香りの民主化であり、香りは生活になくてはならないものになった。アメリカの香りは、フランスのものに比べて持続性と広がりの点で、パンチの強いものが多い。この特徴は次第にフランスの香水にも大きな影響を与えてきている。

ニューヨークでは、香水の香りを調べる格好な場所を見つけた。それは美術館である。私は、絵画や彫刻を見るのが好きで、訪れた先々でできるだけ美術館に行く。土、日曜日でも、メトロポリタン美術館は、そう混雑していない。入り口はさすがに人が多いものの、数多くの展示室に分かれていくと、ほどほどの人数に散らばる。絵をゆっくり眺めながら、私は、行き交う女性に注意する。ほかの場所でそんなことをすると怪しまれてしまうが、ここでは女性の後を追ってもとがめられることはない。通りすがりに女性が残していく香りが、私の目当てである。この残り香のことを「シアージュ（sillage)」という。船が水面に残して進む、あの白い航跡を意味するフランス語である。ここではほとんどの女性が香りをつけている。そこが日本と違うところなのだ。

一九八六年のニューヨークでは、ホワイト・フローラル（白い花の花束の香り）、オリエンタル・フルーティ（オリエンタル調に果物の香りがミックスされているもの）が主だった香調で、それが流行の香水だった。オリエンタル調の香りは、甘く濃厚でセクシーで日本人には似合う人が少ないが、ニューヨークでは乾いた空気の中で、白い肌によくマッチするのは何ともうらやましい。

いま肌につけている香水がどんなものなのか、それをいい当てるのは、香り判定のプロである私たちパーフューマーにとっても、必ずしもたやすい仕事ではない。瓶の中の香水なら判定は楽であろうが、肌につけると様子が違ってくるからである。

八六年初め、私は資生堂の代表的な香水「禅」の香りを、欧米の香りの流れに合うように改良するため、ニューヨークで同一の香水を女性六人に付けて、彼女たちの香りがどう違うかをテストした。まず女性に付ける前に、専門家が使う細長い濾紙に付けてかいでみた。ジャスミン、スズラン、クチナシなどの花の香りのほか、ヒヤシンスのグリーンと果物の香りが調和していた。ファッション関係者の美人たちの腕をお借りして、私は彼女たちの腕の内側に香水を付け、三十分待った。結構なお仕事ですな、と男性諸君から冷やかしの一つも出そうな実験に見えても、判定するほうは真剣である。ステファニー嬢はグリーン・ノートが弱く、果物の香りを強く感じた。ウォーターズ嬢は花の香りの中に粉っぽいセクシーさが強まっていた。モラン夫人はグリーンがしっかり残っていて、アンバーのニュアンスが……と、それぞれ違っていた。体臭の影響だけではなさそうだ。

香水の何千もの有香物質は、それぞれ発香団という、香りの元になる化学物質の集団に分類できる。その集団の中で、同じような作用、ここではそのにおいを特徴づける分子構造を官能基といい、アルコール、アルデヒド、エステル、ケトンなどがそれに当たる。それらが多様に混ぜ合わさって香水になっている。一方、人間の肌は、個人によって水分の量、皮脂の内容や量、肌に含まれる遊離アミノ酸の成分と量などが異なっている。香水と肌の相互作用の結果、同じ香水をつけても、香水の成分の揮発速度が人それぞれに異なった影響を受け、香り立ちが違ってくるのである。

香り立ちの違いのひとつに、香りを肌につけてからどれだけ長持ちするかの違いもある。研究室で、ローズウォーターの香り立ちを肌で調べたことがある。十八歳の女性から五十歳代半ばの男性まで十二人の手の甲にローズウォーターをつけ、それを試してみた結果、若い人ほど香りの消えるのが速く、最も若い人では十五分前後で消えた。大体年齢順になり、一時間半経てもまだ香りが残っていたのは、定年間近の人だった。私はといえば、一時間ほどで、あまり喜べた数字ではなかった。肌の衰えの程度や新陳代謝と関係があるのだろう。

あるクラブに行ったとき、私はこんな体験をした。私の隣に座った女性は、華やかで豊かな広がりのあるセクシーな香りだった。やがて別の女性が座ったとき、こんどは粗い感じの粉っぽい香りに変わった。それぞれに「あなたの香水は素晴らしい」といいながら、香水の名前を確かめたら、どちらも同じ「シャネル五番」だった。そういえば、後から来た「女性」は、女性にしては声が太すぎたようだった。

香りは、女性の数だけある。これは、香水メーカーの都合のよい言い分ではない。

第六章　嗅覚の不思議

嗅覚の性質

1　鋭敏さ

私たちの研究所が東京の赤羽にあったころ、香料の研究室は四階にあった。ある春の日、私はコーヒーを煎る香りを感じた。近くではコーヒーをいれている様子もなかったし、また、インスタントコーヒーの香りとも違っていた。

しばらくして、当時の課長と一緒に、あふれるようなその香りが、香料の研究室に入ってきた。においの発生源はフルフリル・メルカプタンの小さな瓶だった。栓をきちんと閉めているにもかかわらず、そのにおいは部屋の隅々まで満ちていた。私が先刻感じたコーヒーを煎るにおいは、香料会社の人が研究所の横の道を通ったときに、携えていた瓶から発散したフルフリル・メルカプタンが、開いていた四階の窓から入り込んだのだった。

ヒトの嗅覚は退化して、鈍感になっていると思う人がいるかもしれないが、そうではない。ヒトは視覚に頼り過ぎるため嗅覚の使い方をおろそかにしていて、その能力を十分に引き出していないのである。

ヒトの行動科学と生理学的な知見によると、ヒトの嗅細胞は、外から鼻に入ってくるにおいの分子数が、八つあれば興奮し始め、四十分子あればにおいとして意識に上るほど敏感である（ロバート・バートン『ニオイの世界』紀伊國屋書店、一九七八）。ヒトがイヌのように四つんばいで動くなら、いかに多くの情報が嗅覚で得られることかは、想像以上のものがある。ヒトは直立歩行によって手を使えるようになったし、また、目の高さから見回すことでより広く情報を得ることができるようになった。しかし、その代償として、上半身を腰で支えることによる腰痛と、他の動物より重い脳による鼻中隔彎《わん》曲に悩まなければならないことになった。

パーフューマーの私が、四つんばいで動くことを想像してみよう。地面や道はなんと多くの情報に満ちていることか。春、つつましくうつむいて咲くニオイスミレの花の芳香にわれを忘れるであろう。庭に自生した花茎の短い日本春蘭《しゅんらん》は、通称「じじばば」

といい、あまり良い香りではないが、その香りを調べるのに腰を痛くすることもない。だが、あまり愉快でない情報もある。たばこの吸い殻とそこに付いている口紅のにおい、吐き出されたチューインガムのメーカー、ゴミ収集車の通った時刻まで、私はいやでも知るであろう。日本の市街はまだしも、パリやアムステルダムの通りではイヌの排泄物が多いことに閉口するだろう。

私よりはるかに嗅覚が良いイヌなら、先程通ったほかのイヌの糞から、その犬が何を食べたか、栄養状態は、健康状態は、などを知るだろう。電柱の陰では、さっきのイヌは雄か雌か、雌なら幼獣か受胎可能か、発情しているのか妊娠しているのか、雄なら強い成犬か弱い幼犬か、なども分かるだろう。

嗅覚の感度がどんなに鋭敏であっても、におい物質の濃度が低くなると、においは感じなくなる。その境界の濃度が、閾値《いきち》である。スカトールは、糞臭、口臭、野菜くずのようないやなにおいのする物質であり、その閾値は、空気一リットル中に十億分の四ミリグラムである。野球場の東京ドームの体積は百二十四万立方メートルだから、あの広い空間に〇・五ミリグラムのスカトールがあれば、観衆はにおいを感じるわけである。数ミリグラムのスカトールがあれば、東京ドームを悪臭で満たすことができる。

ついでながら、閾値の考え方は、味覚にもあって、苦味の代表の塩酸キニーネの閾値は、スカトールの二万倍の濃度がないと感じられない。嗅覚は気体中の濃度、味覚は液体中の濃度だから、数字を比較することはあまり意味はないのかもしれないが、嗅覚の方が、微量な含有比率で感じる。私は人類が知っている最も苦い物質デナトニウム・ベンゾエートに出くわしたことがある。嗅覚でいえば、スカトールに匹敵する物質だろう。これは、税額の低い、化粧品用や工業用エチルアルコールが、税額の高い飲料用エチルアルコールに転用されるのを防ぐために混ぜる苦味物質である。細かい粉末状結晶を微量天秤で測っていると、おかしなことが起こった。この物質はにおいはまったくしないのに、私の口の中が、たまらなく苦くなってきたのだ。

できるだけ風のないところで、飛び散らないようにプラスチックのカバーをかけた天秤を使っていても、苦くなった。ごく微量だが、空気に乗って、その粉末が私の口の中に入ってきたのだ。空気に味がつくとは、驚いたものだ。口をしっかり結んでいても、鼻の方からのどを経て、舌に届くらしい。これは、私だけではなく、そのとき天秤でそれを測っただれもが経験した。エチルアルコール二百リットルにこのデナトニウム・ベンゾエートの一〇パーセント溶液をわずか二十ミリリットル加える処方が、この飲めないアルコールと法的にも認められる変性アルコールである。この量は、なめただけでも苦すぎると感じるのに十分な量である。

話を嗅覚に戻すと、天然香料のにおいの強さを考える場合、構成成分のそれぞれの閾値が重要な役割を果たすことになる。ブルガリア・ローズ香料は、量的には、九五パーセント以上の成分がすでに分離同定されている。含有量の多い成分の香りを分析値の比率で混ぜ合わせればローズの香りになるかというと、そうではない。強いにおいの成分であれば、含有量が少なくても香気全体に及ぼす寄与は大きいし、反対に弱いにおいなら含有量は多くても寄与は小さい。ある成分の重要度は、その成分の含有量と閾値との比で定義される香気値で表すことができる。

ローズ香料の場合、五種類の強いにおいの微量成分が構成している量の割合は全体のわずか一・二パーセントに過ぎないが、全体の八四パーセントの量を占める成分の約半分もの強さの香気を持っている。中でもβ-イオノンは、含有量が〇・〇三パーセントに過ぎないが、閾値は〇・〇〇七ppbと極めて低い（においが強い）ため、この物質が香気全体に占める強さの割合は、二八パーセントにも達するのである。この数値は、一九七七年京都で開かれた国際精油会議で、スイスの香料会社フィルメニッヒ社（ジュネーブ）の研究所長で、精油研究の神様といわれたG・オーロッフ博士が発表したものである。

香気値の考え方は以前からもあったが、なかなか研究の実用に使えるところまでは至っていない。それは、①天然香料中に含まれるすべての成分を定性、定量することが難しいので、個々の成分の濃度をつかんで、全体のパーセンテージを一〇〇に近づけることができない、②全体のにおいの強さに与える個々のにおい成分の強さは、比例直線関係にはなく、におい成分相互の相乗作用がある、などの理由で、単純に計算できないからである。そこで、人間の心を計算に入れた心理学測定や熟練パーフューマーの鼻が頼りになる、というわけだ。しかし、香気値の概念によって、天然香料の研究では、相当に重要な情報が得られるのである。

イヌの嗅覚の能力は、ヒトより百万倍から一千万倍もあるという。イヌの嗅細胞数は約二億個あって、ヒトの二十倍である。嗅覚の鋭敏さは、単に細胞数に比例するのではなくて、細胞同士のつながり方、細胞網の組み合わせの複雑さにも関係するのだろう。訓練されたイヌは、麻薬、爆薬からシロアリの巣や鉄鉱石までかぎ分けることができるし、凍土の地下深く埋められたパイプラインからの天然ガスの漏れを見つけることもできる。コカインやヘロインを化粧品やコショウ、ニンニクのにおいで隠蔽しようと思っても、見つけてしまう。だが、麻薬探知犬には、どんなイヌでもなれるわけではなく、適性のありそうなイヌはわずかだ。過保護に育てられたイヌはだめ、健康で、好奇心や独占欲が強く、においを探る集中力があり、野性的で個性的なことが必要という。

私は麻薬のにおいを一度はかいでみたい、とかねがね思っていた。ものがものだけに、いずれ大学の薬学部か警視庁の研究所ででも、と考えていたが、ある時、思いがけずある薬用植物栽培試験場で、アヘン樹脂をかがせてもらうことができた。その樹脂は、マッチ箱を大きくしたようなケースに入れられて、乾燥しきっていないものだった。乾燥がもっとすすんだものは、黒に近く、モルヒネが一五〜二〇パーセント含まれている、という。初めてかいだそのにおいは、甘さの中にかぎなれない、重い青臭さを感じた。それに干し草のような香りが混じっていた。思ったほど強さと特徴のあるものではなかった。厳重に隠されていてもイヌがかぎ出すからにはかなりの特徴と強さがあるに違いない、と思い込んでいたので、意外であった。麻薬探知犬は、厳しい長時間の訓練が必要であるといわれるが、自分でかいでみて初めて、そのことがうなずけた。

イヌを使って料理の材料を見つけることもある。高級フランス料理に使われるものにトリュフ（西洋松露）がある。きのこの一種である。フォアグラのパテの中央に小さな四角い黒の小片が埋まっている。これが、フォアグラ・トリュフで、前菜の中でも最高のメニューである。スープの中に黒の細片となって現れることもある。欧米では、ブラック・ダイヤモンドとも呼ばれる。

このきのこは地下に生えているが、それを見つけるには三つの方法がある。まず、豚に見つけさせる。雌豚は生まれながらにしてこれを見つけることができる。トリュフに対して特別敏感に惹きつけられるのである。第二に、イヌを訓練してこれを探させる。豚の場合と違い、訓練したイヌでないとこれはできない。第三に、トリュフが生えている地上近くには、小さなハエが輪をえがいて飛んでいるから、それを目印にして、人がその下を掘って見つける。

興味あることに、R.Claus らはトリュフにアンドロステノールを見いだしている。アンドロステノールは豚の体臭成分に含まれていて、フェロモン効果をもっている。この物質を含むため豚が地中のトリュフを発見するのだと述べている。

また、この物質は人の体臭にも含まれていて、ヒトのフェロモンに最も近いものといわれる。男性が下心を抱いて女性を誘うときレストランで高価なトリュフ料理を注文する、というもっともらしい話をフランスで聞いたことがある。思いを遂げるには多少の投資も必要だろうが、効果のほどはどうなのだろうか。経験者がいたらそっと教えてほしいものだ。

私は最近まで、この地下に生えるきのこを人が見つけることはできないもの、と思い込んでいた。しかし、条件がよければ、慣れた人はしっかり熟したトリュフなら見つけることができるのだ。『ナショナル・ジオグラフィック』誌の一九八六年九月号は、ア

トリュフ

メリカのオレゴン州で人が地下の白いトリュフを掘り出したところの写真を掲載している。人の嗅覚が鋭いことの証拠でもある。

一九八七年の二月の初旬、仕事中に自宅から電話がかかってきた。フランスから速達便が届いたのだという。銀紙にくるまれた丸いものが入っているが、中身の見当がつかない。もし香料だとしたら開かない方が良いだろうし、それにしても瓶などの容器でもなさそうだし、何だか変な荷物なのだ、という。荷物に添えられた名刺のフランス人の名前を聞いて、私はそれがトリュフだと直感した。独特の良い香りがすると聞いているので、いつも料理に出てきたときには注意深く味わうのだが、私にはどうしてもその香りがつかめなかった。知り合いのフランス人にそのことを話したところ、新しいものが手に入ったら送ろうということだったのだ。そういえば、宛名紙のメモに「fresh "Truffe"」と達者な横文字も読めるとのことだった。英語とフランス語が交じったメモだった。私は、すぐにそのまま冷蔵庫に入れて置くようにいって、電話を切った。

どうすれば香りをしっかりと味わえるか。さっそく銀座・資生堂パーラーのフランス料理店「ロオジエ」やフランス料理に詳しい人に問い合わせたところ、四つの料理法を勧められた。①刻んでオムレツに入れる、②コンソメスープに刻んで入れる、③スライスしてバターでいためて、フォアグラの上に載せて食べる、④スライスしてグリーンサラダに入れる。

家に帰り、さっそく冷蔵庫から取り出して開けてみた。送り主からのメモが出てきた。「新鮮な状態で着くと良いのですが……。着き次第冷蔵庫に入れて下さい」とあった。その心遣いがとてもうれしかった。二月四日の南仏の香料の産地グラースの消印が付いていて、日本に届いたのが二月八日の午前なので、時差を考えても三日半で着いたことになる。冬の寒い季節のことだしこれなら十分新鮮だろうと、私はこの貴重品を手にして、まずなめるように眺め回した。

長円体の黒っぽい塊で、表面は、ひき割りにした粗い黒コショウを固めたような感じで、表面をうめたイボには多角性の特徴があった。大きさは長径四センチ、短径三・五センチ、鼻を近づけると、奈良漬のアルコールが混じったツンとする感じと、濃くなったしょうゆの香気が混じっていた。強くかぎ込むと、奥の方にゆで卵の黄身のにおいに似た、ほこっとした香りがあった。鼻から遠ざけてかぐと、ボラの卵のくんせいのからすみのような香りも感じられた。全体に弱い煙臭さもあった。

さて、いよいよ味わい方だが、香りがストレートに分かるように、無難なオムレツにすることにした。トリュフを半分に切った。外皮は硬く、包丁の刃先にざらざらした抵抗感があった。切り口は、見た目には焼き豚をやや黒くした感じで、刻むとべっとりとした粘稠《ねんちゅう》さがあった。皮の内側は、栗の渋皮を黒くしたようだった。

卵二個にトリュフ半分を刻んだものを混ぜてかきまわした。待てよ、すぐにフライパンへ持っていっては、香りがよく出ないかもしれない。私は、はやる心を抑えて、トリュフ入りの溶き卵を一晩冷蔵庫でねかせ、トリュフの香りを卵によく移すことにした。

翌朝焼き上げたオムレツは、黄色の地に黒の細片が点々と散った見慣れないものとなった。一口含むと、調和の良い、しっとりとした香気が口いっぱいに広がった。前夜の生のときや料理中に感じたきつい調子はなく、広がりのある芳醇さに変わっていた。私は、朝からボルドーのやや辛口の白ワインを持ち出し、じっくりと楽しんだ。ワインとよく合う味だった。フランス料理の最高級の香りとして評価の高いトリュフの風味を正確につかみたい、とかねて思っていた私は、このようなぜいたくな形で満喫でき、大いに勉強になった。生の原料からお皿の上までのすべての過程の香りを自分で吟味できたことは、素晴らしかった。しかし、この一度だけでトリュフの香味を理解したつもりはない。それは、僭越というものであろう。

2　感度を変えるもの

病気（体調）――ちょっとした体調の変動も嗅覚を狂わす。病気になると、概して鈍感になる。当たり前の話だが、風邪をひくと、鈍る。私の場合、一時的にせよ、においが分からなくなってしまうというようなことは、めったにない。数年に一度あるかないかだ。花粉症に悩まされて、においがかぎにくいということもない。会社のパーフューマーは引退した人を含めて十名余、どういうわけか花粉症にかかる人はいない。花粉を私の職場だけ排除しているわけでもないし、いてもよさそうな人数なのだが、これはいつも芳香をかいでいる御利益なのだ、とみんなで軽口をたたいたものだ。

私たちプロとしては、今日は香りが分かりにくいから仕事ができない、というわけにはいかない。風邪をひいたときは、感度の問題というよりむしろ、においの好き嫌いや良しあしの判断が変わってしまうのが問題である。ふだんは、好きなにおい、良いにおいと思っているものでも、風邪のときには、頭痛を強めるような不快でいやなにおいに変わってしまうことがあるのだ。こんなときには、良い香りの創造はできないものである。そのときのいやで不快な記憶は尾を引いて、しばらく続く。これがくせ者なのである。風邪が治ってからも、風邪のときにかいだにおいの不快な記憶が戻ってきて、本当は不快ではない香りまで、そう感じてしまうのである。

私は、風邪をひいたとき、かえっていつもより嗅覚が敏感になることがある。異常な機能亢進ともいうべきものなのだろう。感度が異常に高くなるというのは、研究者としての私には興味がある出来事だが、個人の体験としてはあまり愉快なことではない。非常に疲れる感じがするのである。こんなことは、だれにでも起こる一般的なことなのかどうかよく分からないが、風邪をひくと身の回りのにおいが、いつもよりずっと気になる人もきっといるはずだ。

からだが疲れてもにおいはよく分からなくなる。急ぎの仕事で夜遅くまで働いたとき、私は正確ににおいを判定していなかった感じを持つ。というのは、翌朝同じサンプルをかいでみると、こんなに分かりやすいにおいの違いが、昨夜はなぜ分からなかったのか、と思うことがあるからだ。

女性は妊娠したら、においに敏感になるといわれてきたが、最近の『ナショナル・ジオグラフィック』誌（一九八七年四月号）が行ったアメリカを中心にした広範囲な調査によると、妊娠中には、嗅覚の感度はむしろ減退することが判明した。

私はたばこを吸わないので経験からは自覚できないのだが、熱せられた煙がのどや嗅粘膜に達するのだから良いはずはない、というのが常識的な見方である。同誌の調査によると、喫煙者の四人に一人しか自分は鼻が良いと思っていない。不快なにおいをそれほど不快に感じないし、逆に、快い香りをそれほど快いとは感じていない、という結果が出ている。パーフューマーでもたばこを吸う人はいくらでもいるし、その人たちが香りの創造力に劣っているようにも見えない。たばこの香り（タバコ・ノート）は、調香のテーマや特徴としては欠かせない重要なものであり、たばこのみのパーフューマーの方が、においの経験がより豊かであるという点でも有利かもしれない。しかし、海外でパーフューマーの仕事ぶりを見ていると、仕事中にはさすがに吸わないようである。

園芸用の殺虫剤や病気を防ぐ薬剤も、一時的な嗅覚脱失を起こす。私はわが家の小さい庭に香りの高いハーブや良い香りのする花を一株ずつでも集めて、育てるようにしている。外来の植物は、日本の風土に合わないものもあり、温室を使わないで育てようと思うと制約が大きいので、それほどの種類にはならない。強いものを選んで植えるのだが、それでも病気や虫がつく。

南側の日当たりと乾燥が気に入ったのか大きく育ったラベンダーには、花を咲かせようとする六月中旬から下旬にかけて、伸びた花茎の半ばを表皮一枚ほどを残して食いちぎってしまう虫が現れる。花茎の先が折れたようにぶら下がって、花の五分の一ほどが犠牲になる。大きな株の中にぶら下がった花茎は見苦しい。この南仏生まれの香りの強い茎を食いちぎる虫が、日本にもいるのだ。殺虫剤をかけてやれば、まだ姿を見たこともないその虫を駆除できるはずだ。

以前、私は、春から秋にかけて数回薬をまいていた。あるとき、散布後に、会社から自宅に持ち帰っていた調香の仕事をしようとしたとき、においがよく分からなくなっているのに気づき、その原因がさきほどまいた薬のせいだと気づいて、びっくりしてしまった。その後、マスクを一層厚くして風上に立ち、薬液を吸わないように注意してまいてみたが、結果はやはり同じだった。マスクをかいくぐって薬が鼻孔に侵入したのだろう。それ以来、薬はやめた。いまではできるだけ病気や虫に弱い草木は減らすようにしている。何しろ鼻が商売道具なのだから、効果の高い防御マスクには、お金を惜しまないつもりである。

湿度と温度――私の研究室には、欧米から多くのパーフューマーが来訪する。フランスからが最も多く、次いでスイス、オランダ、アメリカ、イギリスといった順番だろうか。時期は、春の桜のころと、さわやかで空気の澄んだ秋の紅葉のころに集中しやすい。真夏の暑さや高い湿度のころと、彼らの母国ほど厳しくはないにしても冬の寒さのころは、敬遠されることが多い。どうせ行くなら良い時期に、という人情は変わらないものなのだろう。

研究室に来たパーフューマーは、それぞれ自国の研究室で調香した香りを、その創作の意図とかタイプを説明しながら見せてくれる。私たちにサンプルを手渡す前に、まず自分でかいでみるのが普通である。そのとき、パーフューマーの手がふと止まり、しばらく動かなくなることがある。けげんそうな様子がその表情に見える。自分がパリでつくってそこでかいだにおいと、いま異国の日本でかいだにおいとが違う。一つのサンプルだけでなく、他のサンプルでも違うのだという。一体どうしたことか。首をかしげてしばし絶句してしまうのは、初めて日本に来たパーフューマーに多い。五回も六回も十回も来ているような人は、その体験から自分なりにその理由を探っているから、あわてないのだが。

私にも似たような経験がある。初めて外国に出かけて研修を受け、ニューヨークとジュネーブとで調香したサンプルを日本に持ち帰ったときに、それは起こった。どうしてもにおいが違う。においの質が違うし、特に調和がずれる感じになる。調香した香料の混合物や、それをエチルアルコールに溶かしたものは、時間がたつと、甘さや酷《こく》が増し調和が良くなる現象（熟成）がある。だから、前につくったサンプルの調和が時間とともに逆にずれてくるのは、パーフューマーにとって大事件なのだった。

土地が変わると同じサンプルでもにおいが変わる、という理由の詳細はまだ分からないが、いくつかの要因が考えられている。

第一には、湿度である。冬、雨が少なく、空気も土も木々の表面も乾燥しているとき、周囲のにおいは弱い。道を歩いていても、あたりから発散するにおいをあまり感じない。ところが、みぞれでも降ると、一変する。いろいろなものに潜んでいたにおいが、一斉に現れてくる。みぞれの降るような低い温度のときでも、息苦しいほどのにおいに包まれることがある。土や枯れ草や落ち葉や道路などから、もやもやとにおいが立ちのぼってくるのには、驚かされる。

源氏物語の中で紫式部は豊かな語彙を用いて香りやにおいを表現している。名詞、形容詞、と多様であるが、「うち匂ふ」「薫り合ふ」など、動詞の多いのに特徴がある。湿度の高い時は、色々な匂いが強くたつことを「うちしめりたる」という表現も使って指摘している。私たちも実感することである（尾崎左永子『源氏の薫り』求龍堂、一九八六）。

この現象を身近で体験できるものに、髪の毛がある。髪の毛は、においをたやすく吸着する性質を持っている。夕立で不意に濡れたときに、髪の毛が強くにおうのを経験することがある。私の研究室では、ストランドと呼ばれる実験用の髪の毛を使っている。香料が入っていないシャンプーで繰り返しそれをよく洗った後、乾燥させておくと、ほとんどにおわない。しかし、これをいったん濡らすと、独特な濡れた髪の毛のにおいが飛び出してくる。水分がにおいを追い出すことが分かる。濡らした毛と濡らさない毛から発するにおいを、それぞれ別の吸着管にとらえて、ガスクロマトグラフィーで分析すると、濡らした毛からは多くのにおい成分が発散していることが、はっきりととらえられる。

私は、冬、湿度が低いとにおいがかぎにくいと感じる。鼻の奥が乾いてしまうような気がする。イヌの鼻先はいつも濡れていて、乾いているのは具合がわるいのだと聞かされたことを思い出す。

気温も、低いほどににおいが分かりにくい。気温だけでなく、かごうとする試料の温度が低いと、表面から揮発するにおい成分も蒸気圧が低く、嗅粘膜に到達する分子の数が少なくなるため、においは弱く感じられる。だから、複数の試作品の香りを比較するときには、全部を同じ温度にすることが条件である。

このような要因を考えれば、パリやニューヨークから東京へ持って来た香水の試作品が、ニュアンスを変えて感じられるのも不思議ではない、といえるだろう。海外旅行で求める香水が日本ではどうなるかまで分かるには、相当なセンスと体験が必要なのである。

香水のメッカといわれてきた南仏のグラース周辺で、調香の仕事をしたいと思うパーフューマーは多い。ここは、香りをつくるのに無上の土地との評価が高い。香りの長い歴史に恵まれている上、春夏秋冬でそれぞれ、気温と湿度の組み合わせが適当であることや、澄んだ空気、地中海のコートダジュールの眺望、近くのカンヌやニースの華やかな雰囲気が、すべてよく調和していることによるのだろう。

バックグラウンド＝休日に調香の仕事をわが家に持ち帰ることがある。会社で時間外に頑張るより、意外に能率が上がる。会社で仕事を続けていると、終業後空調が切れたとき困ったことが起こる。調香室は六畳ほどの個室だが、そこに香りがこもってしまうからだ。いまかいでいる香りだけでなく、調香室の中に置いてある試作品や、香料の瓶――どれもしっかりふたがしてあるのだが――の取り扱いの最中にかすかについた香りも、本数が多いからまとまった強さの香りに達してしまうのだ。空調は建物全体でやっているから、私たちの部屋だけなんとかしてほしいともいえない。香りは、裏返せば空気が相手の商売なのだと、このときほど実感させられるときはない。

それに、廊下など人の行き来があるところで、万が一、香料をこぼしたり小さな瓶でも割ったりすると、えらい騒ぎになる。洗剤でていねいに洗った後、溶媒でふいたりするのだが、本来は香りを付けるために、つまり、香りが簡単には落ちないように用いられるものだから、始末が悪い。誤ってこぼされたからといって、その役目をなかなか諦めてはくれない。香りの反乱なのである。よく洗ったつもりでも、廊下の床に香りは根強く残っていて、そこを通る人の足跡に乗って研究室のあちこちに広がってしまう。空調の効いている間は気がつきにくい、床から立ち上がるにおいも、換気が止まると、一斉に鼻の邪魔をし始めてデリケートな判定を妨げる。面倒なことこの上ない。

こんなわけで、私たちは、残業は苦手だ。家でやる分には、場所さえ選べば、においのバックグラウンドを極めて低く抑えることができ、的確に判定できることが多い。研究室で香りをかいでいるときに、建物の修理などに出くわすこともある。電動ノコの騒音は、相当なものだ。大きな騒音が周りにあるときは、においをかぐのがほとんど不可能になる。声高な話し声、モーターの振動なども妨げとなる。聴覚への強い刺激は、別の感覚器官である嗅覚の感度をもひどく落としてしまう。良い香りをつくるには、雑音のバックグラウンドも下げることが望ましい。何事にも公害はいけないのである。

3　順応

においには、順応とか疲労といわれる現象がある。同一種類のにおいをかぎ続けていると、そのにおいを感じなくなる現象である。類似のにおいでもこのような現象は起きる。例えば、アミルアセテートとブチルアセテート、α-イオノンとβ-イオノンというように、似たにおいの物質のときに起こるこの現象を交差順応（cross adaptation）があるという。ローズのにおいをかぎ続けていると、ローズのにおいに麻痺して感じなくなる。しかし、ジャスミンのにおいは、はっきりと感じる。同じローズでも特に濃度が弱くなっていくものを順番にかぐと、疲労現象は強く現れる。

これは純然たる生理現象だから、専門家には起こりにくくて普通の人には起こりやすい、ということにはならない。だから私たちも特に注意しなくてはいけない。例えば、私がガス漏れに気づかなくて中毒になったり、爆発を起こしてしまったら、香りの専門家としてもひどく不名誉なことである。私は、日常生活でも研究に際しても、いつもとは違うにおいに気がついたら、その原因をすぐに突き止めることにしている。少しでも焦げ臭かったり、ガス臭かったり、あるいはかぎなれないにおいがしたりするときには、すぐに見回る。

香りの専門家と普通の人との大きな違いの一つは、順応という現象をよく心得ていて、それがもたらす誤りを避けたり、良い方向に利用したり出来ることだ。鼻に自信がある人でも、訓練をしていない人には似たようなにおいの試料を何十もかぎ分けることはできない。

この現象は、ひどく強い刺激によって嗅覚に対する「いじめ」が起こっても、やがてその環境に順応して、格別の支障がなく動物が生活していけるように、生理的に備わった特性なのだ。順応は、なにも嗅覚に限ったことではなく、ほかの感覚器官、ひいては人間の精神活動一般でも、いえることだろう。慣れると感じなくなる。からだがそれを要求している。そうなることを知っていてこそ人間の知恵、というわけだ。

嗅覚の順応現象をうまく使って、調香に応用している。いま、成分不明の或る香水をそっくり模写しようとするとき、その対象試料の香水に含まれている天然香料や合成香料の種類と含有量の見当をつける。見当をつけた香料を使って自分の処方を組んでみる。自分の処方と対象試料との両方を並べたところで、まず自分の処方の香りをよくかいで、そのすぐ後でもとの試料の香りをかぐ。すると、両方に共通の香り成分は順応して消えてしまい、自分の処方には入れなかった香り成分が浮き上がってくる。その浮き上がってきた香料の部分をよくかぎ分け、何であるかを突き止めたら、それを自分の処方に新しく加えていく。この操作を繰り返して、もとの試料に含まれていた複雑なベールをはいでいくことが出来る。もとの試料には入っていないものを自分の処方に加えている恐れがあったときには、香りをかぐ順序を逆にすると、誤りを見つけることができる。

いま述べた話を短期の順応とすれば、長期の順応といえるものもある。自宅の玄関を開けたときには格別のにおいは感じないが、よその家を訪問すると、必ず或る雰囲気を伴った独特のにおいを感じる。職場にしてもそうだ。私の研究室を訪れる外部の人は、エレベーターのドアが開くと、いいにおいがしますね、さすが香料の研究をしているところですね、などという。しかし、毎日そこに通う私たちにとっては、格別の感覚は引き起こさない。下水道の工事をする人たちは、その仕事に慣れてくると、あのよどんだ腐敗臭を感じなくなるという。

4　年齢

老人病院で、感覚器官の衰えの問題でやっかいなのが嗅覚である。聴覚や視覚の衰えは本人も自覚できるし、周りの人も気づきやすい。ところが、嗅覚の減退は、本人も周りも知らないうちにすすんでいく。これは刺激の減少につながり、さらに老化を早めてしまうのだ。

食べ物や飲み物は、味覚だけでなく、嗅覚がそれに劣らず大切である。ワインの品質は、半分以上香りによって支配される。フランス料理の店で食事をするとき、選んだワインをホストが味見する。少量注がれたワインのグラスをゆるやかに回しながら、ワインの表面から立ちのぼってくる香りを調べる。その後で口に含んで味をみる。香りを調べるところで品質が分かる、という。

鼻が悪くなって、においが分からなくなったことを嗅覚脱失という。病気、交通事故、老齢化などによるものである。後で述べる「特異的嗅覚脱失」とは異なるものだが、嗅覚脱失の人は、牛肉も羊の肉も鹿の肉もただの肉の塊であって、空腹を満たすだけにすぎない。また、ひどい場合には、リンゴとジャガイモの区別もつかないことがある、という。いかに食事が味気ないものになってしまうかが分かる。

嗅覚がどの程度鋭敏であるか、正常値に比べてどの程度減退しているかを調べることが出来る医療用検査セットがある。視力検査や聴力検査については、早くから検査方法が統一されているが、嗅覚検査については、その必要性が認識されたのは最近のことである。これは嗅覚生理の世界的な研究者の高木貞敬群馬大学名誉教授をリーダーとする日本の研究者たちが開発した。一九七一年から研究を始め、文部省科学研究費や厚生省医療研究助成補助金を受けて七七年に完成した。医薬品検査材料となっているT&Tオルファクトメーター（嗅覚測定用基準臭）を使った検査法である。

　このセットには、五種類の基準臭がある。①ローズのような香気があるβ-フェニルエチルアルコール、②香ばしいカルメラのような香気があるメチルシクロペンテノロン、③ぬいだ靴下のような不快なにおいがするイソ吉草酸、④桃の実のような香気があるγ-ウンデカラクトン、⑤糞のような不快臭があるスカトールである。においは「0」を正常嗅覚者の閾値として十倍単位に八段階の濃度を設定している。それを5、4、3、2、1、0、マイナス1、マイナス2で示す。これらのサンプルをにおい紙の一端につけて、いま述べた順番に一番低い濃度のものから順次かがせていく。そしてどんな感じのにおいかを判定できるまで濃度を上げていく。

　どこで初めてにおいを感じるかを検査を受ける人にいわせ、それを検知閾値とする。次に一段ずつ強くしていき、何のにおいか、またどんな感じのにおいかを、においの表現法の正しい答えが出るまでいわせ、それを認知閾値とする。五種類のにおいの認知閾値の平均値を出して、その人の嗅覚度とする。これで嗅覚障害の程度や治療効果を測定できる。また、年をとるに従ってどの程度嗅覚の感度が低下するかを、年を追って調べることもできる。この基準臭は、医療関係者にもあまり知られていないが、優れた医薬品検査材料である、と私は思っている。

有吉佐和子の小説『恍惚の人』で知られるアルツハイマー病の人は、嗅覚脱失でもあるというが、鼻にある嗅覚受容器の機能低下ではなくて、脳細胞の変質によると考えるべきなのであろう。私の素人考えだが、適当なにおい刺激を繰り返し与えることによって、老化防止に何らかの効果を与えられないものかと思う。これまでは、自分の忙しい人生と生活に追われていた人が、ある程度の年齢になったら、良い香りやにおいによる潤いに目覚めて、わが鼻に思いを致すことがあれば、より豊かな人生になるだろう。

前にふれた『ナショナル・ジオグラフィック』誌の調査では、嗅覚の能力は男女ともに二十歳で最高に達し、それ以降は下がる。この下降傾向は言語の学習能力と極めて似ている。女性は八十歳くらいで下降傾向が弱まるが、男性は八十歳を過ぎると急速に下降する。この老齢期の男女差がなぜおこるのか、よく分からない。都市ガスなどに警告臭として着香するメルカプタンは、若い人ほど不快と感じるが、驚くべきことに八十歳の人では、わずか四分の一しか不快とは感じない。これでは、独り暮らしの老人や高齢者所帯の家では、警告臭として適切かどうか議論になるだろう。

あるにおいをかぐと、それが好きとか嫌いとかという反応が出る。せっけんなら、そのにおいはやや好きとか、かなり嫌いとか、個人の好みをメーカーは探ろうとする。好みの調査では、好き、嫌いの他に、どちらでもないという項目があるのが普通だ。どちらでもないを選ぶ人が確かにいるが、通常は好き、嫌いのどちらかに反応を示す。

好き嫌いは、そのにおいをどれだけ長い時間かがされているか（暴露時間）によっても違ってくる。コーヒー店の前を通りかかったときの、いかにも香ばしい香り、うなぎ屋の換気扇から吹き出される食欲をそそるにおい、焼きたてのパンの心地よい甘い香りも、通りすがりのほんの一時のものなら好ましくも感じられる。だが、二時間も半日もそのにおいにさらされていたのでは、その人にとっては「悪臭」とか「変なにおい」に変わってしまうことがある。それでも不快感が高じないように、前述の順応現象が人間にはあるのだが、それも限度というものもあり、悪臭公害になる。

以前、京成電鉄・曳舟駅に隣接してせっけん工場があった。数駅先の会社に通勤していた私の父は、電車で曳舟駅を通ると、清潔なせっけんらしい香りがして気持ちがいいと話してくれた。何年かたって、公害問題が取り上げられるようになったころ、そのせっけん工場から研究所の私のところに、工場の周辺でせっけんのにおいがするというので調べてほしい、という依頼があった。

工場の香料の担当者と私は、周辺をまわってみた。商店街に面した南西の角の塀は、工場とはいくらも離れていなかった。そこで私は、なじみのある、さわやかな、せっけんの弱い香りを感じた。天候や風向き、工場の稼働状況によって、人々の感じ方はおそらく様々に変化するのだろう。風呂上がりを連想させる清潔なイメージの香りも、長時間かがされる立場になると、そうもいってはいられないこともあるのか、と感じた。

好き嫌いといっても、人が発するにおいとなると、本能的というか精神的というか、そのようなものの影響が強くなってくる。好意を抱いている人のにおいは快い。あまり意識してはいなくても、好感を持てない人のにおいは不快に感じる。ドイツには「私は、彼のにおいに耐えられない」といういい方がある。それを英語に直すと「私は、彼の顔を見るのもいやだ」となるという。人は無意識のうちにも他人のにおいに反応していることが分かる。

詩人の荒川洋治さんは、自分の体験から、人のにおいと相性について神髄をついたエッセーを書いている。

「好きな人は、におわない。ひとまずぼくはそう見ている。それはその人が化粧をしているか、いないかにかかわらない。人にはその人のにおいというものがある、といわれている。においは個性といってもよい。……しかし関《かか》わりがふかまってくると、ハナがなれてくるのだろうか。少しずつその人に対して、においを感じなくなる。……でも、どんなにしょっちゅう会っていても、においがのこってしまうという人がいる。もちろん相手も、こちらに対して同じことであるかもしれない。……いつまでたってもにおいを感じてしまうという人は、けっきょく、ちょっと乱暴ないい方になるが、そりが合わない人だと判断することになるのだ。……においのない人、見えない人こそ、自分にもっとも近い人なのではないか」（「愛を語ろう、においは消えた」『高砂香料時報』九三号、一九八七）

目とか言葉とかではつかめないものを、つかみ出せるのが鼻である。においはいい意味で現実的で、他人と自分との本当のかかわりを指し示すという力を持っている。

香りの好き嫌いについて、女子高校生が面白いことをいっていた。「わたしには、好きなタクティクスと嫌いなタクティクスがある」というのだ。「タクティクス」は、資生堂の男性用コロンの名前で、グリーン・ノートを主体にフローラル（花の香り）とウッディー・ノート（木の香り）を効かせた香りをもち、香りの先端層に愛用者が多いコロンである。そのにおいをもともと好きだし、女の子の自分も時々つけてみるのだという。感じがいいなあと思っている男の子がつけていると、その香りはとても好きだと思う。けれども、まったく同じ香りなのに、いやな奴がつけていると、嫌いなタクティクスになるのだという。

週刊誌の人生相談などで、「彼をとても好きなのだが、体臭が気になって仕方がない」というものがあると聞く。識者がどう答えたのか知らないが、私はその愛や結婚は危険で破綻に至るものではないか、という気がする。体臭は、潜在意識下で両性の相性を教えてくれるのではないか、と思っている。第七章の「臭紋」のところで述べるが、体臭と免疫を司るのが同じ遺伝子であることからしても、そんな気がしてならない。

記憶と香り

鮭が稚魚として川に放流され、海を回遊して三、四年の後、成長して川を遡ってくるのは、稚魚のとき母川の水のにおいを覚える「刷り込み」による。人間の脳に刷り込まれた香りも、文学ではしばしば、決定的な役割を演ずる。

横光利一の『旅愁』では、主人公の矢代と千鶴子が、パリのブローニュの森の土の香りをかぎ、突然祖国を思い出して、「粛然とした気持ちが暫く二人を捕へて放さなかった」とある。

二十世紀フランスを代表する作家プルーストの『失われた時を求めて』の話者「私」の回想。ある日、偶然、お茶にひたしたプチット・マドレーヌ（バター・ケーキ）の香りと味が、昔、田舎町コンブレーで感じたと同じ感覚をよびおこし、それにつづいて、過去全体を浮かび上がらせる。香りは、精神状態を突然変えることを、文学者たちはよく知っていた。

においは、過去にそれをかいだときの状況や雰囲気を、長い歳月を超えて、あたかもその場に自分が立っているかのように、ありありと私たちに想いださせてくれる。

私にも似た体験がある。その香りに出合うと、どんなときであれ、フランスのプロバンス地方のイメージが鮮やかによみがえってくるのだ。

――香料のメッカ、南仏のグラースを訪れたとき、一日、ラベンダーの栽培地へ出かけた。カンヌから西へ進み、ツーロンの北を抜け、マルセイユの北東をめざす。山間《やまあい》の道をいくつか抜けると、風はすでにラベンダーの香りを含んでいた。視界が開ける。広大なラベンダーの畑は、山の中腹から下って、丘を越え起伏の豊かなうねりを見せていた。それは、紫の毛氈《もうせん》を敷き詰めたようで、滑らかなベルベットの手触りを思わせるものだった。紫に霞む空気はかぐわしい香りに満ちていて、ドライブに疲れた気持ちを和らげてくれた。花茎にあつまる米粒ほどの鮮やかな紫色の小さな花には、さわやかで軽いエステル様の香りと、甘いかすかな粉っぽさが感じられた。

この香りには中枢神経の鎮静作用があり、イギリスでは古くから婦人の気つけ薬として用いられてきたといわれる。横浜の自宅に植えたラベンダーは、夏の半ばに花をつける。その香りをかぐと、長い歳月を超えて、初めて訪れたあこがれの地プロバンスの紫の香りに包まれて立ち尽くした、あの日のことが、ありありと思い出されるのである。

東京慈恵会医科大学の高橋良名誉教授によると、「鼻は哺乳動物でもっとも進化しているので、哺乳動物は、〝鼻の動物〟とか〝嗅覚動物〟ともいわれる。しかし、こうした哺乳類でも霊長類になると、鼻の機能は下がり気味となり、霊長類の頂上にいるヒトになると、さらに低下する」（『日本人の鼻』講談社、一九八〇）という。しかし嗅覚は進化の過程で取り残された感覚だといわれ、本能と直接結びついている。においの記憶は、人間にとってどのような意味合いを持っているのだろうか。

人が最初に接するにおいは母親の乳のにおいであり、肌のにおいである。これは、みどり児にとって、この上なく安心で豊かなもので、安全の象徴のにおいであったに違いない。私は子どものころ、青い梅の実は食べてはいけないと繰り返し母から注意された。たわわに実るまろやかで誘惑的な晩春の梅をかんだときに広がる青臭さ、すっぱい香りは、危険の記憶なのだ。

また、出迎えもなく、一人で降り立った初の外国の地サンフランシスコ空港の、葉巻と香水と動物的体臭の混じったにおいは、見知らぬ土地と人に対する不安と期待を前にした緊張感の記憶となっている。

人は、これまでに経験したことがないにおいには強い印象を受け、本能的にそのときの場面と一緒に記憶し蓄積するのだろう。知らないにおいに出合うとき、そのものが何ものであるか、自分に害を及ぼそうとするものかどうかを、かぎ分けようとする。その同じにおいに再び遭遇したとき、においに伴って現れる出来事が、楽しいものか、ごく日常的で安心なものか、危険をもたらすものかを、一瞬のうちに過去の記憶に照らし合わせて知ろうとする。

においは、人が意識している以上に深く、我々の生活にかかわっている。

特異的嗅覚脱失

子どものときからいままでに、私は何回か色覚の検査を受けた。普通の社会生活ではあまり見かけないような、一見不規則にぎっしり詰め込まれた、赤や黄や青の小さな点の奇妙な組み合わせの中に、「2」とか「6」とかの数字が読み取れる。最後に見せられるのは、答えようがない図柄で、いつも不安がよぎったが、すぐに「結構、次の人」といわれほっとしたものだった。

フランスの華麗なつづれ織で有名なゴブラン織の織工は、六百種の色を識別するという。染色のような特別の職業に就く人なら別だが、普通は、少しぐらい色の判別に他の人と違うところがあっても、社会生活には何ら困らない。不当な差別につながらないように注意すべきだろう。味覚や嗅覚にも同じようなことがいえる。

味にも味覚障害がある。フェニルチオウレアという化学物質は、多くの人には苦味を感じさせるが、感じない人もいる。この物質は、味覚に関する遺伝学の研究で使われていて、ほかに特に用途はないが、研究では便利なものだという。感じない人の比率は白人で三〇パーセント、黄色人種で一五パーセントといわれる。そんなにもいるのだから、味覚障害だといちいち問題にされていてはたまらない。逆に苦味に対して極めて敏感な人もいる。資生堂研究所の石川誠一元所長がそうだった。

チューインガムや練り歯磨きに使って清涼感を出す植物ペパーミントには、多少の差はあれ、メントフランという苦味物質が含まれている。ペパーミントに花が咲くようになると、葉の中にメントフランの含有量が増えてきて、苦味が増してくる。だから、ペパーミントの葉の収穫の時期をいつにするかの判断は重要である。

歯磨きの新製品の試作品を所長に使ってもらった。新製品の香料の決裁は、所長を通じ本社で行われるので、あらかじめそのサンプルを実際に使ってもらうのである。数日後に意見が私たちのところにくる。所長の意見ともなればかなり強制力がある。「苦味が強い。もう少し減らすように修正できないか。これでは消費者に対する嗜好も悪いだろう」と所長はいった。

私たち専門家が集まって検討しても、それほどには苦味は感じられない。一般の人を対象にした嗜好テストの結果にも、そのようなデータは表れていない。メントフランをこれ以上減らすと、全体の香味にも良くない影響が出そうだ。私たちが認識できない〝欠点〟なので、改良しようにもどうしようもない。そこで、所長のところに再度確かめに行って、いろいろ話していると、所長は「私はかねてから、他社の歯磨きも苦いと思っていた。わが社の製品もそれに劣らず苦い。歯磨き製造工場の責任者だったころも、現場の人と苦味については判断が違うことがあった。どうも私は、人一倍苦味に敏感なのかもしれない」といった。歯磨きはそれ以上直されずに製品化された。

先日、その所長のお孫さんにあたる女性に会ったのでこの話をしたところ、実は自分も苦味には敏感で、いくつかの食品で苦味を強く感じるのです、ということだった。良薬は口に苦しということわざもあるが、有毒物は概して苦味を持ったものが多い。動物は、口に入れたときに、不快で吐き出したくなることで、有害物質を飲み込むことを防いでいる。強力な発癌性物質の、肉類や魚類を強熱したときにできる物質Ｔｒｐ－ｐ－１や２－アミノ－３メチル－αカルボリンなどの物質は、苦くてまずいものである。苦味に敏感な人は、サバイバルの高い能力を持っているのだろう。

嗅覚は、化学物質による刺激を受容する感覚という意味で、味覚とともに化学感覚(chemical senses)と総称されている。嗅覚も個人差が大きく、鋭敏な人とそうでない人とがいる。嗅覚には、ある特定のにおいを感じないとか、その感度が著しく鈍いという現象がある。それを特異的嗅覚脱失と呼んでいる。

人の腋の下のにおいの重要成分であるアンドロステノンは、人相互のコミュニケーションに関与するフェロモンのような物質である。その純品を手に入れたので私は一パーセントに薄めてかいでみた。文献には、尿のようなにおいと書かれている。腋臭中の含有量は男性の方が女性よりはるかに多いことが報告されている(J・N・ラボース他「腋の下のにおいの認識」、アメリカ『化粧品技術者会誌』三四巻、一九八二年七月)。尿のにおいは確かにしたが、もともとこの物質は男性ホルモンのテストステロンの誘導体なので、女性の腋の下のにおいには微量なのかもしれない。それに、妙に動物的で重い鋭さのあるにおいである。私はそれまでに出合ったこともなかった。香料のブレンドでは、とてもつくり出せない種類のにおいだった。微量を少し離れたところにおいても鼻孔にやたらと侵入してくる。そばには置いておきたくない、不快なにおいだ。

珍しい香料や新発売の香水が手に入ると、周りの人にかいでもらうことにしている。

若い人たちの教育にもなるし、意見や感想を聞いたり反応を見るのも楽しみである。幅七ミリ、長さ十三センチの吸取紙のようなにおい紙の先端にアンドロステノンの一パーセント溶液を浸して、順番にかいでもらった。何人かの後、一人の女性に回ったところ、まったくにおいがしないと不満げにいった。私にはあれほど強く感じたものなのに、どうしたことなのだろう。初めは信じられなかったが、アンドロステノンが特異的嗅覚脱失を起こす物質であることを知って、納得がいった。実に数十パーセントの人がこれを感じない、とアメリカの農務省西部研究所のジョン・E・アムーア博士は報告している。多くの人が知覚できないものがコミュニケーション物質だというのはおかしくはないか、という意見もある。確かにそうだ。しかし、嗅覚が男女のコミュニケーションに果たす役割を考えると、この女性が当時は未婚であったことと、アンドロステノンを感じ取れなかったこととの関係をふと考えてみたりした。

アメリカのペンシルベニア大学のモネル化学感覚研究所のゲリー・ビーチャム博士の実験によると、アンドロステノンを感じない人にそれを繰り返しかがせると、だんだん知覚できるようになる、という。これは、嗅覚脱失が、結婚などの人生体験によって解消されるということをも示しているのだろうか。それとも、体験や訓練を受けたからといって、どうなるものでもない先天的な体質なのだろうか。嗅覚脱失を起こすほかの物質には、アンドロステノンのような、一見学習効果があるような現象は確認されていないという。嗅覚に学習効果があるのかないのか、同博士にも、どう解釈したらいいのかいまは分からないとのことである。この女性は、その後結婚して子どももでき、幸せな家庭生活を送っている。いまは、体臭成分アンドロステノンを感じるようになっているかもしれない。

アムーア博士は、はいた後の靴下に含まれる不快臭であるイソ吉草酸、精液中にあって特有のにおいを放つピロリン、経血中にあって魚臭を放つトリメチルアミンなどに対しても特異的に感じない人を見いだしている。このような特異的嗅覚脱失については、『化学総説 No.14、味とにおいの化学』(学会出版センター、一九七六)に解説されている。

最近聞いた話は、大変ショッキングなものだった。私が一九六九年にニューヨークで調香の研修を受けたときの先生が、実は、ある種の合成ムスク、ベンゾピラン系の合成ムスクのにおいを特異的に感じなかった、というのだ。ムスクといえば、香料の専門家にとっては欠かせないにおいである。その先生は、故人になられてかなりの時間がたっている。もう時効にしてもいいだろうと、以前その先生が属していた会社の副社長が私に打ち明けてくれた話である。

この合成ムスクは、強いムスクの特徴を持っていて、華やかで甘い花の香り、新鮮でさっぱりした柑橘の香り、男性用の木や皮革の香りによく調和する。他の合成ムスクと併用したときの効果も素晴らしく、主として若い層に人気の高かったムスクオイルの主要成分として用いられてきた。この香料なくしては、ムスクオイルの香料はつくれない。しかも、価格も安いので、現在世界中で最も大量に使われている合成ムスクである。私は改めて、当時勉強した香料処方を調べてみた。その合成ムスクの名前は見当たらなかった。やはり当時は、先生もそれを使っていなかった、と推定された。

高名なパーフューマーであったその先生の作品は、常に、高級ラインの売り上げの上位にランクされていた。現在もそれは続いている。だが、不思議なことに、先生の作品のシプレータイプでレザー・ノート（皮革の香り）とアニマル・ノート（動物の香り）が混ざった男性用のコロンの香料の中には、その合成ムスクがかなり含まれているのである。自分では感じないはずの香料を、その後、どのようにして調和よく、適量を配合することができたのだろう。私にはいまだにその謎が解けない。嗅覚だけにとどまらない、何か特別の知覚の才能があったのだろうか。それとも人間には、自分の肉体的欠陥を自覚した上で、その欠陥に注意しつつ創造活動に励めば、欠陥がない人以上にその欠陥を克服できるという素晴らしい能力があるということだろうか。色、味、においに対して多少の欠陥があっても、くよくよする必要はない、とこの文章の初めにも書いた通りなのである。

フローラル・ノート（花の香り）に革命的な変化をもたらしたものに、ジャスミン系の優れた合成香料ジヒドロジャスモン酸メチルがある。かつては高価であったこの香料は、需要の増大と合成技術の進歩により、以前の価格の二十分の一で供給されるようになった。その結果、ほとんどすべてのフローラル系の香り——これはすべての女性用の香水と言い換えることができる——に用いられている。また、ごく普通のせっけんやシャンプーにもどんどん使われるようになってきた。ある外資系の香料会社の営業マンはそのにおいを感じない、と自分でいっていた。自分が販売を担当する香料中の重要成分の香りが分からなくても、販売には支障がないらしい。

考えてみると、このジヒドロジャスモン酸メチルと、前述のベンゾピラン系の合成ムスクとは、香りがまったく異なるにしても、或る共通点があった。それは、両方とも自然界には存在しない化合物である、ということである。もしかしたら、そのにおいを感じない人たちは、祖先をいくら溯っても、決してかいだことがなかったにおいなのだろう。そんなにおいをいまさら感知する必要がない、知覚する必要がないように、その人たちは効率よく進化してきたのかもしれない。

ただ困るのは、青酸ガスのにおいを感じない人がいることだ。青酸カリに酸を反応させて発生するこの致死性の高いガスは、重要な合成反応にとっても必要である。少し甘いにおいは、初めてかいだときは、決していやな印象ではない。それが猛毒であると知ると、にわかにいやな生臭いにおいに感じられてくる。一度かぐと、記憶にしみついてしまうにおいだ。このにおいが漂ってくると、窓を開け放して逃げなくてはならない。

アムーア博士らによると、青酸のにおいを感じない人は約七パーセントで、男女差は特にないという。日常生活では嗅覚脱失を特に気にする必要がないといっても、命にかかわることだから、このような人は、化学系の生産現場には配属されないようにするべきであろう。

これらの物質は、人の発する体臭成分とか、自然には存在しない、あるいは存在しにくい物質が目立つ。そのあたりに何か理由がありそうである。色覚が普通とは違う人の研究が、三原色の研究に大きな役割を果たしたことを考えると、においにもいくつかの「原臭」が見いだされるかもしれない。原臭の研究で知られるアムーア博士は、六十種を超える特異的嗅覚脱失の物質を見いだしている。かつて私が、カリフォルニアのアメリカ農務省西部研究所を訪問したとき、コンピューターで有香物質の分子の形を熱心にシミュレートしていた博士の姿が印象的だった。

嗅覚研究で初のノーベル賞

二〇〇四年十月、ノーベル賞委員会はR・アクセル博士と、L・バック博士の二人に嗅覚の遺伝子解析の業績に対しノーベル医学・生理学賞が贈られると発表した。

世間では良くも悪くも嗅覚は「残された未知の感覚」といわれていた。嗅覚を使って香りの研究をする私たちにとって嗅覚の研究分野でノーベル賞がないというのは残念でもあるし、また少し肩身の狭い想いもしていたのでこの知らせは嬉しく、誇らしくも感じた。

同月六日のAP通信によると受賞の業績と理由は概略次のようなことが報じられていた。

両博士は一九九一年、鼻のなかにあるさまざまなにおいを感じるたんぱく質――「受容体（レセプター）」と呼ばれる――をつくる数多くの遺伝子を発見し、鼻のなかにあるにおいを識別するたんぱく質の実態を明らかにし、これらのたんぱく質がにおいの情報をどのように脳に送るかを追跡した。

両博士の受賞理由を、二人の研究がもたらした実益ではなく、「最も謎に包まれた人間の感覚」の理解を高めた点にあると説明している。「二十一世紀に入ったこの段階で、人間の五感の一つを説明する発見に対して賞を与えることができるというのは、実に驚くべきことだ」と選考委員会の議長、G・ハンソン博士は述べた。当のバック博士は、選考対象になっていたことさえ知らなかったと語る。

受賞対象になった論文は、九一年、権威あるアメリカの生物学学術専門誌『Cell』に掲載された。翌年の九二年、資生堂創業百二十周年を記念したお茶の水の日仏会館でのサテライトシンポジウムにバック博士も招かれていた。私は『Cell』の文献は読んでいたが、その日の嗅覚の遺伝子群の講演はなかなか難しかった。

博士は懇親会の席ではウイスキーの水割りを飲みながらたばこを吸うばかりで、テーブルのものを私が勧めてもつまむ様子はなかった。ふくよかななかなか綺麗な人だった印象がある。彼女が将来ノーベル賞を受けるとは思いもよらなかった。

鼻のなかにはメガネの鼻当ての下にある一円アルミ硬貨ほどの大きさのところに数千万個のにおいを感じる嗅細胞が下向きに並んでいる。ワサビのきいた鮨を食べるとツーンとくるところだ。その細胞の先端の絨毛《じゅうもう》にある受容体が「においセンサー」の役目を果たす。この遺伝子を見つけたのがノーベル賞を受賞した業績だ。

両博士が分子生物学的手法を使って遺伝子を初めて見つけ、その後この研究結果を基に、嗅覚の研究者たちによる多くの優れた研究が一気に進んだことが、二人の受賞の理由につながったのだろう。これらの研究からにおいの識別などの興味ある結果が次々に分かってきた。

ノーベル賞の内容を理解してわかりやすく人に伝えるのはなかなか難しい。受賞発表に先立つ二〇〇三年三月の『朝日新聞』夕刊にバック博士らの受賞対象になった論文も含めて「におい認識の仕組み　三四七のセンサーで四〇万種に対応」の見出しで書かれた解説記事と東原和成東京大学准教授の報文をお借りすることにする。

人は三百四十七種類の嗅覚センサーを持っている。一個の嗅細胞にはその内の一種類の遺伝子しか現れない。三百四十七種のセンサーの組みあわせで花や料理やからだのにおいなどの成分の分子四十万種類をかぎ分けている。……一種類の細胞はにおい分子の構造に従って複数種の分子を認識する。……におい分子とセンサーとの「組みあわせ説」だ。実はにおいセンサーはそれぞれの種類ごとに、複数種のにおい分子と結合できる構造になっている。例えば分子Aはaとbとcのセンサーが、分子Bはbとdとfが結びつく。これならセンサーの種類がにおい分子の千分の一しかなくても四十万種類のすべてのにおい識別ができる。「ちょうどバーコードのようなものです」と東原さんは話す。

もう一つ重要なことはにおいの濃度を薄めていくとセンサーが認識するにおい分子の種類が減ってくることである。ある特定の分子を認識する細胞はそれぞれ特有の閾値（においを薄めていくと感じなくなる濃度）があるので、高濃度と低濃度の時では認識するセンサーの組みあわせが変わってくる。例えば高濃度の時には九種類のセンサーが反応するが、低濃度になるとその内五種類が反応しなくなり、四種類のセンサーしか反応しないようになる。こうして香りのパターンが変わってしまう。

これまで質問を受けて私が答えられなかった、悪臭のインドールの濃度を下げていくと快い甘い花の香りににおいの質が変わるという現象は、これでうまく説明できるようになった。一方、インドールとは反対に濃度によって質を変えない香料（実際に存在している）のにおい分子には一種類のセンサー（嗅細胞）しか反応しないのだろうかなどとふと考えたりする。こんなことを考えるのも「実益ではなく、『最も謎に包まれた人間の感覚』の理解を高めた点」という受賞理由のノーベル賞のおかげだろう。

第七章　からだのにおい

体　臭

1　変わる体臭

庭のサンショウの葉につくアゲハチョウの幼虫は、ジャンボ機の機首に似た頭をなぜると、オレンジ色の肉角を二本伸ばす。そこから少し甘いエステルのような鋭いにおいを発して私を脅す。

人間の私が逆ににおいで虫を脅かしたことがある。長女が田舎で生まれて間もないころ、その寝顔を見に行って、私は仰天した。小さな布団の周りを二十センチもあるムカデが走り回っているではないか。その瞬間、私の体臭が強まった。けもの臭いにおいは、ふだんのものとは違っていた。ムカデはすぐ逃げた。逃げたのが私の体臭のためかどうかを、ムカデに聞く余裕はなかったのだが。私の鼻は訓練によって普通の人の百倍くらいはかぎ分けられる。体臭の変化も私にははっきりと分かった。

イヌ嫌いの人は、イヌが近づくと緊張する。そのときに自分のからだからにおいを発散するのだが、本人は気づかない。イヌは人間の百万倍から一千万倍もかぎ分ける。人間が恐れたり、不安になっているとき、足の裏や手のひら、腋の下などにたくさんの汗をかく。この恐怖の汗には、動物ならすぐに識別できる特別なにおいがあって、イヌを攻撃的にしたり、馬を驚かしたりすることが、フランスのポアチエ大学薬理学部のPh・ナレ博士ほかによって報告されている（「人間の行動におけるにおいの役割と重要性」、フランス『化粧品香料、化粧品、食品香料』六五号、一九八五）。

2 体臭の要素

体臭といわれるものを精密に調べてみると、実に様々な要因が絡み合っている。その要因を巧みにまとめた研究があるので紹介しよう。ドイツの香料会社ドラゴコ社のレポート（W・S・ブラッド「ヒューマン・オーダー」一九七七年一号）である。**図**にみられるように、身の回りに発散しているにおいは、身体から発するものと人為的につけたものの、多くの成分の複雑な混合物である。これら個々の要因からくるにおいの総合から生

体臭の要素　W.S.ブラッド「ヒューマン・オーダー」『ドラゴコレポート』1977年１号より

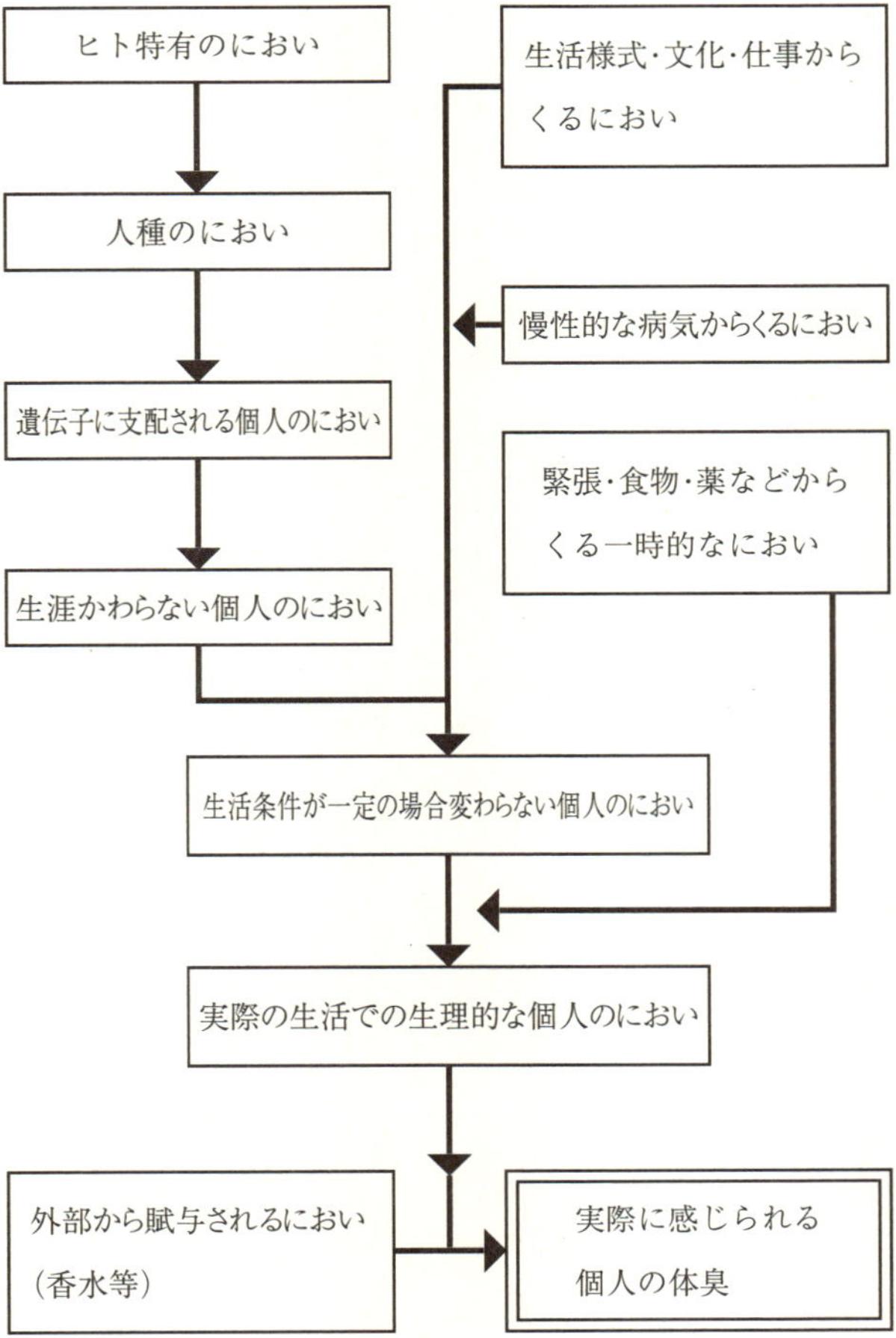

じる、そのときのにおいというものは、人間の感情や生活条件ばかりではなく、簡単にはコントロールできないような諸々の要素にもとづいて、刻々と変わる。人種ばかりでなく、季節や天候条件、文化や職業的な条件もそれぞれにおいに特徴を与える。前に述べたように、ほとんどにおいのしない、きれいな髪の毛を湿らせると、隠れていたにおいが出現する。人間本来の体臭は、皮膚や毛や身体のくぼみから発するにおい成分をすべて加えたものによって決まる。そのにおいの強さや質は、様々な外的、内的要因によっている。

ヒトのにおい――ヒトが他の動物と識別される特徴的なにおいは、ホモサピエンス特有の代謝によってつくられる脂肪酸やたんぱく質やステロイドなどの分解物のにおいである。これがヒト臭いにおいだ。人間同士には、親しみのある、ほのかな温かさを感じるような懐かしいにおいである。イヌやその他の動物や、昔話に出てくる人を食う「山姥《やまうば》」は、ヒトのにおいがそれと分かるのだ。

例えば、体臭物質アンドロステノールは、白檀《びやくだん》とムスクを混ぜたような、ソフトな快い香りであり、ヒト固有のものである。ただし、豚はこの成分を体臭の中に持っている。電車で隣の席に座る見知らぬ人にも、懐かしいようなぬくもりのある体臭を感じる。イヌや猫に近づいたときには、決して感じないにおいだ。熊が出没する土地では、襲われないためのいくつかの注意事項がある。その中の重要なものの一つは、身体を常に清潔にして、体臭を弱くしておくことだ。縄張り《テリトリー》を守ろうとしたり、獲物を探している攻撃的な動物から人間が身をまもるには、ヒトとしての体臭のレベルを下げておかなければならない。ヒトの体臭は、弱い動物にとっては、恐ろしい人間が近づいたことをいちはやく知る信号でもあるのだ。

私は猫が好きだし、扱いにも慣れているので、たいていの猫は手なずけることができる。だが、隣家の猫だけはなかなか難しく、てこずってきた。何回も手なずけようと繰り返すうちに、ある日その猫も私に親しみを見せるように近づいてきた。右手でのどや耳の後ろをなでてやると、気持ちよさそうにおとなしくしていた。ところが、私が左手でのどをなでようとした瞬間、鋭い爪の一撃を加えて逃げ去った。私はあぜんとなった。左手の甲に血がにじんだ。どうしたのだろうかと考えてみると、その直前までゴルフのクラブの素振りをするため、左手だけに手袋をしていたのだった。手袋は繰り返したっぷりと汗を吸った、汗臭いものだった。

サルはヒトとは一部共通の体臭成分を持つらしい。女性の集まりのときに私は、サルのいる山に皆さんのような淑女が入るときは、雄ザルに襲われるといけないから注意して下さい、と話す。みんな大笑いになる。私は半ば本気でそういっているのだが、悪い冗談に聞こえるらしい。雌ザルから、雄の性行動を刺激する性誘引物質が発見されたことから、ヒトでも有効な類似物質が見いだされるのではないか、と期待されはじめている。

イギリスのケント州にあるベツレヘム・ロイヤル病院の精神医学研究所で、霊長類の行動学を研究しているR・P・マイケル博士らは、雌ザルの性誘引物質は、膣分泌物の中に含まれる五種類の揮発性酸の酢酸、プロピオン酸、イソ吉草酸、イソカプロン酸などであり、これらのにおいを雄ザルがかぐと刺激される、と報告している（『サイエンス』一七二巻、一九七一年五月二十八日）。これらの酸を膣分泌物の分析結果と同じ割合で人工的に混ぜた性フェロモンを雄にかがせると、程度はやや弱くなったものの、同じような効果があった、という（『ネイチャー』二三二巻、同八月六日）。

卵巣を摘出したサルにヒトの女性ホルモンのエストロゲンを与えると、膣分泌物中の酸の濃度が増すという結果も得られた。まさかヒトではこのような実験はできないだろう、と私は思っていたが、そこはマイケル博士、考えたものだ。五十人の健康な若い女性を対象にタンポンを使ってもらい、六百八十二個のタンポンを集め、膣分泌物を分析した結果、経口避妊薬を用いていないグループには、高い濃度の酢酸、プロピオン酸が見いだされた。これらの濃度は性周期のリズムと一致しており、周期のミッドサイクルで高い濃度を示した、つまり、受胎可能な排卵の時期に高い濃度だった。うまく出来ているのである。ヒトの膣分泌物は、種族をこえて、雄ザルに対して性誘引効果があることも確かめられている（『サイエンス』一八六巻、一九七四年八月二十八日）。進化論のチャールズ・ダーウィンは、性周期の中期の女性がいると、雄ザルが興奮することを観察している（D・M・ストダルト『哺乳類のにおいと生活』朝倉書店、一九八〇）。

NHKのFM放送「日曜喫茶室」に、私はフランス文学者の朝吹登水子さんとご一緒して、一九八五年二月三日に出演したことがある。その放送の打ち合わせで私の研究所にきたNHKの若い女性ディレクターに、この話などいろいろして、また、パーフューマーは大変鼻が利く職業である、と話した。そのあと、研究室を案内するときに、私と彼女がたまたま二人きりでエレベーターに乗ることになった。そのとき、彼女は私が立った側とは反対の側にへばりつくように離れて、少しでも遠ざかろうとしていた。私の話はやはり少し刺激が強すぎたのだろうか。私は心外だったが、パーフューマーは仕事を離れたときは、鼻の感度を落とす方法も身につけているのだということを、一言付け加えておけば良かったかな、と思ったものだ。

動物は自分の縄張り《テリトリー》に分泌腺のにおい物質や尿でにおいをつけ、他の動物が自分の生活圏に入ることを防ぐ。これが破られると、激しい闘争が起こる。では、ヒトの場合、においづけということは起こらないのだろうか。大阪大学工学部建築工学科の楢崎正也名誉教授らは、次のような興味深い研究結果を得ている。

それによると、空気中の炭酸ガス濃度が高くなるほど、ヒトは体臭を発散する。人で混雑している場所に入ると、人いきれと体臭でムッとなる。室内の容量が三十立方メートルの小部屋に、二十歳から三十歳代の男女計六人が入ったとき、炭酸ガス濃度と臭気との関係をみると、濃度が高いほど臭気が強くなることが分かった（『朝日新聞』一九八四年一月二十八日「くらしの科学」）。

これについての私の解釈はこうだ。

炭酸ガスの濃度が高いということは、ある空間にいる人の密度が大きいことである。人は、炭酸ガスによって人数の多寡をからだで検知し、多い場合には、無意識のうちに体臭を強めて、他の人を遠ざけたり、排除したりしようとする。人も動物のうちだから、これは縄張《テリトリー》りを守る行動のひとつであろう。

人種のにおい＝数年前、国技館にフランス人のパーフューマーと一緒に相撲を見に行った。フランス人も私も初めてだった。焼き鳥や弁当、酒などを手にいっぱい持って、ます席に案内された。靴を脱いで日本式に座るのは、一行四人の大人にとってはいかにも狭い。

土俵の上の取組は、テレビで見るのとはやや違った印象で、思ったより淡々と勝ち負けが進んでいく。フランス人に印象を聞いてみた。スモウレスラーはからだが大きいとか、日本の伝統競技は大変面白いとか、ます席での習慣が興味深い、などの答えを私はまず予想していた。「スモウレスラー」という英語をフランス人に期待したのは、最近は、相手と場所次第で誇り高きフランス人も英語を使うようになったからだ。八十年代までは、フランス人のパーフューマーは、英語を使うことはあまりなかった。英語が分からないか、または分かっても分からないふりをしていたからだ。しかし、現在では、これではビジネスが進まない。下手は下手なりに、彼らも一生懸命に英語を話す。ところが意外な答えが返ってきた。彼のいうのは、こうだった。

「ここでは人の体臭をほとんど感じないのです。これだけの大勢の人が集まっていて、しかも靴を脱いで座っているのに、どうしたことだろう。これがフランスだったら、体臭が強くてどうしようもないのに」

さすが香りの専門家、そんな観察に私は意表をつかれた思いだった。改めて周りのにおいに注意してみると、焼き鳥と酒のにおいは感じる。しかし、勝負のたびごとに汗を流す関取と、格闘技を見て興奮するこれだけ多くの人々の中で、ことさらには体臭らしきものは感じなかった。日本人の私が日本的なにおいを特に感じなくても、これは長期の嗅覚順応の結果だから当たり前なのだが、外国人のフランス人パーフューマーも感じなかったというのは、大変興味深いことであった。

においを出すアポクリン腺の分布が異なるために、東洋人、黒人、白人では体臭が異なる。人体の各部には、それらの腺が特定人種にはあって、他の人種にはないといった部位がある。Ph・ナレ博士らによると、白人と黒人は、腋の下、生殖器、肛門の周辺、胸のうえならびに乳頭の周りにアポクリン分泌腺が多い。また、腺の数は白人より黒人の方が多い。一方、東洋人は数が少ない。日本人は、中国人と比べると腺の数は多いが、黒人や白人と比べると極めて少ない。朝鮮人はほとんど腺がなく、体臭は極めて薄い。体臭の強さは、黒人、白人、日本人、中国人、朝鮮人という順になりそうだ。

からだのにおいで有名な中国の三美女というと、春秋時代の越の美女で呉の王夫差に献じられた西施《せいし》、唐時代の楊貴妃、清朝の香妃《こうひ》である。この三人はいずれも挙体芳香といって、全身からえもいわれぬ芳香を発していた。西施は春秋時代の紀元前四〇〇年代に呉越の戦いに巻き込まれて死んだ悲劇の美女であり、そのからだからは蘭麝《らんじゃ》の香りが立ちのぼっていたとされるが、古い時代の話なので記録が少なく、香りについてはよく分からない。

私の先輩、粟野文治郎さんが資生堂の社内誌に書いた「香妃考」によると、「代々の中国の王朝は、周辺の蛮族の侵略に苦労し、これと戦い、逆に打って出て領土を広げてきた。特に西域方面で活発であり、戦いには必ず略奪が伴い、多くの美女を獲得した。その結果、後宮の中には、異民族出身、特に胡の国、つまり西域出身の女性が増え、蒙古人による中国征服王朝の元朝の終わりころには、後宮の半分を占めるようになった。

西域には、いろいろな民族がいたが、その多くがヨーロッパ系の民族であり、後宮には、腋の下のにおいの強い胡妃を大勢抱える結果となった。楊貴妃や香妃の体臭は、胡の国の女の体臭に起因することがうかがえる。腋の下のにおいは芳香ではなく、むしろ悪臭だが、その薄まったにおいは性感情を高める場合がある。一般に中国人は体臭が弱く腋の下のにおいを嫌うが、楊貴妃を溺愛した唐の玄宗皇帝は胡人の血が混じっていた可能性は高く、腋の下のにおいを必ずしも悪いにおいとはしなかったのではないか」とのことである。

楊貴妃は多汗症で赤い汗をかき、そのにおいは強く、麝香《じゃこう》の香りがした、とされている。彼女は現代医学でいうアポクリン腺色汗症であったのだろう。

ニューヨークにある世界最大の香料会社ＩＦＦの研究所が、人工の体臭を持っているというので、それを分けてもらえないかと交渉してきたが、企業機密ということで、どうしても入手できなかった。それを使って体臭をマスキングする研究をしているのだ。人工の体臭のにおいはどんなものですか、と同社の日本出張所に聞いてみると、「日本人の体臭とは違いますねえ。それにとても強いにおいです」という返事だった。においの質を聞いてみると、イソ吉草酸やカプリン酸などの低級脂肪酸とアンドロステノン類が、においの主成分になっているらしい。

ニューヨークの小さなレストランで、黒人のそばで私が食事したときの、強い体臭の印象がいまでも残っている。その人が本来強い体臭を持っているからか、あるいはしばしらくシャワーを浴びていないせいかは、はっきりしなかった。

個人固有のにおい――これは、遺伝子が支配する体臭の部分であって、人が一生持ち続ける、個別の、変わらないにおいである。イヌはこれを容易に識別できる。警察庁科学警察研究所の丹羽口徹吉さんは、「人の体臭から得られたガスクロマトグラムのパターンは、日によって異なるが、六〇パーセントから七〇パーセントは、同じ形を保っている。個人の識別はある程度は可能であろう」と述べている（「犯罪とにおい」『高砂香料時報』五三号、一九七三)。これはだいぶ前の話なので、現在なら体臭の捕集ができれば、もう少し精密な分析ができるはずである。

人の先天的体臭とは何だろうか。皮膚から発するにおいは主として、皮膚表面の汗腺や皮脂腺からの分泌物に基づいている。最も強い体臭を発するのは、腋の下と陰部とその周辺である。そこに分布しているアポクリン腺の分泌物であるたんぱく質、糖、脂質、コレステロールなどが、バクテリアによって分解、酸化されて特有のにおいを発するのである。その主なものは、カプロン酸、カプリル酸、イソ吉草酸、アンドロステノン、アンドロステノールで、いずれも強いにおいを持つ。毛は、体臭の発散に都合がよいように、表面積を広くする働きをしている。頭髪と腋の下の毛および恥毛を比べてみると、腋の下の毛と恥毛とは、縮れていて断面がより扁平であって、単位長さ当たりの表面積が頭髪に比べて大きく、においの発散を一層容易にしている。

体表に広く分布している汗腺(エクリン腺)は、体温や水分を調節する。分泌物の成分は、塩分や尿素、乳酸などであるが、体臭と関係ある物質としては、アンモニアと低級脂肪酸とがある。

社会的なにおい――「海外に行くと、食べ物が変わるせいで、十日から二週間で自分の体臭が変わるのが分かる」と私が『朝日新聞』のコラムに書いたところ、京都の川勝安希子さんという女性から、自分も欧米に行ったときに確かに同じ経験をした、というお便りをいただいた。普通は、そんなことまでは気がつかないものなのだが、敏感な人もいる。注意しているとそれに気づく。

その人が生活している文化とか、生活様式とか、仕事から生ずるにおいがある。人が日常的に大量に摂取する食物に含まれているにおいの成分は、汗や息の中に現れてくる。日本人は世界的にも魚を多食する民族であり、日本人は魚臭いといわれる所以である。インド人は香辛料のにおいがするし、中央ヨーロッパの人々は彼らがいつも食べているキャベツ、砂糖大根、赤カブのにおいがする。イヌイットは、鯨の脂肪のにおいがするという。

香料の仕事の打ち合わせの後、夜九時すぎに、フランス人夫妻と私は地下鉄に乗った。普通は車だが、そのとき初めて地下鉄を利用した。よい機会だったので、私は、パリのメトロのように流行の香水の香りがしますか、と尋ねた。ややあって、てんぷらのにおいがします、という答えが返ってきた。これも日本の食文化にもとづく体臭といえるのだろうか。外国からの旅行者が韓国のホテルに入ると、独特のキムチのにおいがするという。部屋の中に漂っているというより、廊下や部屋の壁にしみついている独特の香りである。アメリカに赴任する会社の駐在員からも似たような話を聞いた。赴任後、借家を探すのだが、ニューヨークで仕事をする場合は、周辺環境からしてニュージャージー州で探すことが多い。何軒も見て歩くと、中にはドアを開けた途端に、非常に強いキムチの香りが、家の中から吹き出してくるような家にぶつかった、という。それまでそこに住んでいた韓国人の生活様式に基づくにおいだった。韓国人にとっては、懐かしいにおいなのだろう。

三十年ほど前、韓国土産のキムチをすすめられて、口にしてみた。そのとき人に会う約束があったので少しためらったが、初めての賞味という誘惑に負けて、ためしてみた。野菜の漬物と香辛料の香りと辛みの中に、果物の王様といわれるドリアンを思わせる独特の硫黄化合物のにおいがしたのには、驚かされた。米のご飯にもよく合う。大変食欲をそそられるにおいだった。それぞれの地方で、また、家庭ごとに味やつくり方が違うという。発酵食品のキムチは、ヨーロッパにおけるチーズのように、ニンニクのにおいなどある共通点のもとに、それぞれの特徴を持っているのだろう。

一九八三年の国際精油会議の際に、私が香料植物の栽培状況と天然香料の製造工程を見学しにスマトラ島などインドネシアを旅行したとき、他国では感じないにおいがあった。空港でも、飛行機の中でも、レストランでも感じるものだった。スパイスの丁子《ちょうじ》を入れたインドネシアのたばこの香りである。吸うとパチパチ音がするたばこを吸った指で紙幣を数える。だから、インドネシアの紙幣には、みんなそのにおいがしみこんでいる。同じような話が日本にもある。東京の銀行の築地支店の人から、お札のにおいをなんとか隠せないか、と相談を受けたことがある。紙幣のにおいといえば、何となく豊かな気分になるあの印刷インクのにおいかと思ったら、そうではなく、魚のにおいだという。ここでは、銀行員がお札を教えるときに、生臭い魚のにおいをつよく感じる。

職業のにおいは、パン焼き職人の香ばしいにおい、医師や看護師のフェノールのような消毒のイメージなどがよく気がつくものである。研究所の動物の飼育を担当している人たちは、動物の微生物汚染に非常に注意しているせいか消毒薬のにおいが強い。後ろを通っただけですぐ分かる。

私にも、香料研究者、特に香水や化粧品のにおいがあるらしい。研究室で私のからだや衣服にしみつくらしい。ほかの研究室の人たちに、良い香りがしますね、といわれることがある。電車に乗っていると、男のくせに女の香りがする、と変な目で見られているのかもしれない。

慢性的な病気のにおい――糖尿病やある種の胃腸病では、「魚臭い」とか「アンモニアのような」と表現される口臭が伴う。呼気中にジメチルアミンやトリメチルアミンが関与していることが分かっている。黄熱病は肉の、ペストはリンゴのようなにおいをそれぞれ持っているという。また、ジフテリアや壊血病、いまは絶滅されたという天然痘などの患者もそれぞれ特有の体臭を持っていたという。

モネル化学感覚研究所のJ・N・ラボース博士は、アメリカの専門誌『パーフューマー・アンド・フレーバリスト』（四巻、八、九月号、一九七九）で、病気の診断で体臭が最もめやすになるのは、アミノ酸代謝に関する幼児の病気だろう、と解説している。これらの幼児の汗や尿は強い、異常なにおいを放つ。放置すれば脳障害を引き起こす病気で、この病気の発見の歴史では、しばしば母親の注意深い育児の中でにおいの異常を発見してきた。甘いにおいの尿になるメープルシロップ尿症では、からだの中に、必須アミノ酸のロイシン、バリン、イソロイシンを代謝する酵素がないために、それらの2-ハイドロオキシ酸類、2-ケト酸類が血液の中に蓄積する。この患者のにおいは、蓄積された酸がさらに変化して生成したメチルエチルテトロン酸にもとづくものらしい。この物質は、食品分野では、メープル（かえで）やセロリの香りを人工的につくるのに用いられている。病気の診断に嗅覚の鋭敏なパーフューマーが協力できることがあるかもしれない。

一時的に変化する体臭——疲れた人や病みあがりの人、熱のある人と話すと、いつもとは違う口臭を感じることがある。唾液の中のにおい成分には、スカトールやインドール、サルファイドなど少量で強いにおいを放つ物質や、長鎖のアルコール類などが含まれていて、体調の変化によってその質や量が変わることが知られている。

緊張や興奮、恐れや不安で一時的に発するにおいがある。中東のアラブの国には他人の恐怖をかぎだすことができるという人々がいて、ある種の祈禱師は、この能力によって犯人を見つけ出すといわれている。罪を犯したと疑われている人々が並べられ、祈禱師が犯人をいい当てるかもしれないという妖術にかけられる。犯人がその効果を信じていれば、祈禱師のたわいもない言葉にギョッとして、外見上は平静を装っていても、その恐れのにおいで正体を見破られるという。この話は、一見奇異だが、科学的な捜査がなかった時代にはありえた話だと思っている。

私には、いくつかの経験がある。自分自身でも、また他の人にも、体臭の変化を感じたことがある。ムカデに興奮した私の体臭の変化もそうだ。私は非常に緊張したときに、体臭の変化が起こる。テレビの生番組とか、大勢の人を前にしての講演のときなどの緊張では起こらないが、仕事の上で非常にえらい人と一対一で話す際に、起こるようだ。

研究室に大変気の張る用件で来た若い女性の隣に私が座ったところ、強い緊張からくる彼女の特異なにおいを感じた。また、突然夫を亡くした女性が、葬儀の前に人と対応している際に、似たにおいを感じた。私が嗅いだことのある体臭成分の中では3-メチル・ヘキセン酸のにおいに一番似ている。アドレナリンを腋下に注射すると腋下からすぐに分泌される物質で、鼻をつくような鋭い強いにおいがする。

皮膚からのにおいは、前にも述べたように、分泌物がバクテリアによって分解されてできたものによるが、恐れや緊張から発するにおいは、突然発生するもので、バクテリアが働く時間的余裕のあるものではなく、においの発生機序は異なるものに違いない。私はムカデの件のとき、あまりにも突然の体臭の変化に、もしかしたらあのとき私の嗅覚の方が異常に亢進し、ふだんでは感じないほどのにおいをかぎ取ったのではなかったのか、と後で考えたほどだった。

ソウルオリンピックのとき、韓国の柔道選手と対戦した日本の女子選手の話をきいたことがある。戦っている間に相手の体臭がどんどん強まってきて、勝負に勝つというよりこの刺激的で不快なにおいから一刻も早く逃れたいと思った、という。究極の格闘技で体臭の変化と高まりが起こるのは当然かもしれない。人間もまた動物であり自分の体臭によって、テリトリーを守ろうとしたり、特別な攻撃的な体臭で相手を驚かせたり、威嚇したり、追い払ったりしようとするのだろう。

飲み物や食べ物によっても一時的に体臭が変わる。二日酔の人は、呼気中にアセトアルデヒドやアセトンを感じる。ニンニクを食べた人は体臭のほかに、呼気の中にも感じる。

性感情の高まりに伴って現れるにおいもある。ある高名な皮膚科の教授とにおいについていろいろ話をしていたとき、たまたまこの話になった。その大変真面目そうな教授は、「アメリカで経験したことがあるのですが、確かにそのとき女性の体臭が変わりますよ。家内には内緒ですがね」と少しはにかみながら教えてくれた。どういう風に変わるのか私はぜひ知りたかったが、詳しく尋ねるのは遠慮した。

このことで、私は最近、良い本を見つけた。吉行淳之介の小説、『不意の出来事』の中で、それが巧みに表現されていたのだ。

「裸になったばかりの雪子の軀は、無臭である。しかし、私の軀に密着している雪子の軀ぜんたいが僅かに湿りを帯びてくると、その匂いが漂いはじめる。平素はにおいの無い軀が、興奮し汗ばむと、かすかににおいを放ちはじめるのだ、と私は考えていた。……その甘酸っぱいにおいには、奇妙な粉っぽさが混っている。……冷静なときならば、悪臭にちかくおもえるものに違いないが、その臭いは私の官能を歪んだ形で引搔くようにそそり立てる。結局、私はそのにおいに奇妙な魅力を覚えるのだが、しかし、人間の軀から立上ってくるにおいとは異質なものが、感じられる。

その匂いを、私は体臭と化粧品との混り合ったものと考えていた。しかし、雪子の腕からも二つの乳房の間の窪みからも脇腹からもまったく同じ匂いを嗅ぎ取った私は、雪子に訊ねてみた。『からだ中に、オーデコロンを塗りつけている、なんてことがあるかね』『まさか、映画に出てくるお金持の娘じゃあるまいし』」

さすが、作家の表現力は確かである。

外部から付与されるにおい――香水やオーデコロンのにおいも、人がつけたときには広い意味で体臭の一部になる。適切に選ばれた香りは、その人の魅力を一層引き立てる。また、人に好まれる良い香りをつけているという意識は、その人に自信を持たせ、気持ちを高揚させる。頭髪製品の残り香、香りの良さをうたったボディー製品やデオドラント製品の香りなどもそうだ。入浴回数が少なかった以前ならいざ知らず、いまは香りを楽しむためにも体臭を減らして、香りの商品を使うのが基本的な用法だ。それにしても一般の人にとって、本来の体臭と香料で修飾された体臭とを厳密に区別するのは難しい。

3 体臭の役割

動物が生殖行為のため、異性をにおいで引きつけることはよく知られている。例えば、「ヒツジの雌は十六日から十八日の周期で発情し、その時だけ雄を受け入れるというが、大きい群の中では発情している雌は僅か数%にすぎないから、雄ヒツジにとってはそのような雌ヒツジを探し当てることは嗅覚以外の感覚では困難である」と、群馬大学の高木貞敬名誉教授の『嗅覚の話』(岩波新書、一九七四)にある。体臭とそれを感じる嗅覚には、妊娠を調節したり、同種の中の強い者の子孫を残すように生理機能を調節したりする働きが観察されている。その例としては、次のようなものがある。

① 嗅覚を介して作用するフェロモンは、ホルモンからの影響を受けて、繁殖の調節をしていることが、ラットで認められている。

ヒトの場合、男性の体臭は、女性より強いのが普通である。男性ホルモンの活動の盛んな青年期の男性は、ヒト本来の強い体臭を放つ。腋の下のにおいの成分アンドロステノンやアンドロステノールは、男性ホルモンのテストステロンの誘導体である。つまり、男性は、一番生殖活動が活発な時期に、女性を引きつける体臭になる。これが、自然の調節であろう。この場合、腋の下のにおい成分アンドロステノンやアンドロステノールは、広い意味ではフェロモンと考えても、さほどおかしい話ではない。ヒトの場合、昆虫や他の動物のように、逆らいがたい力で働くものというわけにはいかないから、フェロモンというのはいい過ぎで、「フェロモンのような」というべきかもしれない。

テストステロンは、スポーツで問題となるドーピングの禁止薬物で、筋肉増強剤でもある。一九八八年のカルガリー冬季五輪で、ポーランドのアイスホッケーのチームが勝ち星を剥奪されたのも、テストステロンの使用によるものだった。また、八八年のソウル五輪では、男子百メートルのベン・ジョンソン選手が金メダルを剥奪されてあまりにも有名になってしまった。この場合は正確にはテストステロンではなく、アナボリックステロイドという化合物を使ったが、似たようなものである。テストステロンは無臭だが、それが少し化学構造を変えたアンドロステノンは、体臭成分になる。構造の少しの違いが、その物質のにおいの有無や質を支配していることも分かる。

アンドロステノールには、女性を誘引する作用があるという実験結果を根拠にして、女性を引きつける香り、と銘打ったコロンも発売されている。このコロンを肌の上にのせてみると、普通のコロンとは違った、何かもやもやしたうごめきのようなものを感じる。女性だったら、もっと違った感覚を起こさせるのかもしれない。

ヒトの場合は、他の動物と違って、交尾期のようなものは特にはない。むしろ、いつも発情期というべきで、いってみれば、これに関しては、生物学的なけじめがないというべきだろう。イギリスの南極調査に参加し、『南極の動物』、『動物の感覚学』、『鯨の生活と死』などの著書があるロバート・バートン博士は、その著『ニオイの世界』（前掲）に、次のように興味深い意見を述べている。

「哺乳動物のオスの交尾能力には周期性があるが、男性の場合には性力にそのような周期性はない。……月経周期に関係なく、交わるという人間の習性は、その結果として一年のどんな時期にも子どもができるということになるが、このことは動物界では例外である。食物が豊富な時期に子どもが生まれるような決まった交尾期があるのは、原始人にとっては都合がよかったかもしれない。しかしわれわれの祖先が食物を貯えることや、小屋を建てることを学んだあとでは交尾期に周期のあることはあまり重要ではなくなってしまったのであろう。他方では進化の過程から見ると人間には重要な前進があった。それは他の霊長類の基本的な家族単位である母子家族に『オス』を新たに加えたことであった。成長の遅い子どもを育てるにあたり、父親の協力を必要とする人間の場合には、性生活がたえずつづいていることは両親の結束を維持するのに役立ったであろうし、現に役立っている」

ヒトにとって体臭は、それに影響されることはあっても、逆らい難い力で働くフェロモンのような作用をもつものではない、というのが最近の通説である。

「ヒトのフェロモンは重要ではないかもしれないが、だからといってそれらを棄て去ることは非常に残念である。味をつけていないあっさりとした食物は食べることはできるが、ソースをかければもっと美味しく食べられるようになる。そしてこれと同じようなことがヒトの他の基本的な行動にもあてはまる」（同）ともいっている。

②　いったん交尾しても、交尾した雄とは別の雄と同居させると、後の雄のにおいによって、前の雄による妊娠が不成立になることがマウスで認められる（ブルース効果）。この不成立は、交尾後四日以内に交尾の相手ではない雄に引き合わされたときに最も効果的に起こる。胚が子宮壁に着床するのを、後からきた雄によって妨害されるのである。だが、その前に着床までいっていれば、妊娠は継続する。ヒトでもこのようなことが起こるのであろうか。

③　一度交尾を経験したラットの雄は、交尾の相手となった雌よりも、新たな別の雌のにおいにより強く誘引されることが認められる。できるだけ多くの雌に自分の子孫をつくらせようとする摂理からだろう。神様もよくお考えになったものだ。ヒトの行動は複雑なので、男性の浮気を正当化できるラットの雄のような行動は、社会規範によってブレーキをかけられているのかもしれない。

④　四匹以上の雌の群れでは、雄がいないと性周期が同調して長くなったり、発情が

止まったりすることがマウスで認められる（リー・ブート効果）。雌から分泌されるフェロモンによって、生殖腺を刺激するホルモンが分泌されにくくなるため、とされる。女学校の寮や修道院で、同じ部屋に暮らしている女性の月経周期が同じになってくる。その原因は、腋の下の汗のにおいらしいことは、M・J・ラッセル博士らの研究で分かった。この現象はモネル化学感覚研究所のG・プレッティ博士も同じように科学的に証明している。一九八一年一月二十四日の『朝日新聞』の「くらしの科学」欄でも『ニューサイエンティスト』誌の論文として、このことをかなり詳しく報じている。この現象を最初に報告したのは、ラッセル博士らの論文「ヒトの月経周期への嗅覚的影響」（イギリス『薬理学、生化学、行動学』一三号、一九八〇）だった。

嗅覚研究で知られる群馬大学名誉教授高木貞敬博士にお話をうかがった折、この科学的事実が外国の研究者によって発見されたことを大変悔しがっておられた。それは、同じような現象がありながら、日本では女性の間だけで話されていて、男性の耳には決して達しなかったからだとのことであった。欧米でも日本でも、月経は不浄のものとして社会の表面にはでにくい事柄だったが、女性の生理を科学的にとらえる姿勢では、欧米に先んじられたのであろう。

⑤ リー・ブート効果の雌群に雄を入れると、性周期が正常化し再開されることが認

められる（ウィッテン効果）。動物と同じではないが、ヒトでも似たような研究結果が一九八五年の第三回高砂シンポジウムで報告されている。このシンポジウムは、高砂香料工業が「においの人間に対する影響」という一貫したテーマで、嗅覚に関する内外の第一線科学者を招いて開いているもので、最先端の研究が紹介される。プレッティ博士らの研究では、男性の腋の下の汗を女性にかがせた場合、月経周期に変化が生じることが分かった。まったく性交渉をもたず、月経周期が異常に短かったり、長かったりする十二人にかがせた結果、十三週間後には周期の平均二十八日、ばらつきは一・五日と正常化した。男性の身近な存在が更年期障害の軽減にも効果のあることが分かってきた。

知り合いの医師から「ある航空会社のカウンターに女性ばかり二十人を配置したらトラブルや喧嘩が絶えないのです。そこで男性の職員も配置したのです。すると、やがて争いは起こらなくなりました」という話を聞いたことがある。心理的な影響があることはだれでも考えることであるが、私は男性のにおいによる生理効果が案外見落とされているような気がする。また、一九八六年六月二十一日『朝日新聞』のコラム「何より健康」で、日本航空の健康管理室のスタッフでもある東京慈恵会医科大学精神神経科の佐々木三男助教授（当時）が、国際線の貨物便のパイロットは、旅客便に比べて疲労が大きい、と語っていることが紹介されている。貨物便には、客室乗務員が乗っていないことによるらしい。男女が逆の場合でも、似たような効果があるのだろうか。普通では分かりにくいことだが、航空会社では安全管理、人事管理に関する調査、研究がより詳しく行われているために分かったことなのであろう。

ロンドン大学のユニバーシティ・カレッジ動物学科のA・コンフォート博士は、イギリスの少女の月経開始の年齢の早期化について、注目される報告をしている。禁欲的な社会規範が強かったビクトリア時代には、若い男女はめったに付き合うこともなく、遊ぶときでさえ付き添いがあった。そのころは月経の始まりは遅かった。二十世紀になって、このような社会的な障害が徐々に除かれ、それと軌を一にして月経開始が早まっていった。栄養状態の変化ももちろん関係あろうが、それが主たる要素だったとは考えにくい。男女共学と放課後の一緒の活動が若い男女のにおいの絆を確立する場を提供し、それによって成熟が早まったという可能性の方が大きいだろう。

ロンドン大学のキングズ・カレッジ動物学科のD・M・ストダルト博士は、人間を被膜のように包んでいる体臭は、「われわれの好みとは関係なく、われわれの社会的・心理的生活に重要な働きをしていることは明らかである」、例えば「父親の体臭は子どもの性別認知の確立にとって重要であるとも考えられる。このことから、離婚の増加に伴う片親の家族の増加は、子どもの嗅覚環境の不完全さを通して将来の世代の性心理的発達にある種の影響を与えるのではないかという推測も可能である」と述べている（『哺乳類のにおいと生活』朝倉書店、一九八〇）。極めて興味深く、かつ深刻な推測だ、と私は思う。

人の体臭とその役割については、興味の尽きない研究分野である。研究手段の難しさを乗り越えて、研究が進むことを期待したい。

臭紋

欧米に行くと、肉やチーズを食べる機会が多くなる。肉料理には、コショウやナツメグなどのスパイス、香り高いタイムやマジョラムなどの香草も欠かせない。ワインもつきものだ。これも仕事のうち、と注意していると、十日から二週間で、私の体臭が変わっていくのが分かる。少し動物的で、空港で出会った白人の体臭に似てくる。私が別の人間になるような、不安な気分になる。日本に帰国すると、五、六日で元の私の体臭に戻る。戻る方が早い。

体臭は、よく気をつけていると、一日の中でも変化がある。私の場合、午前中の半ばくらいまでは、ソフトでまろやかなムスク様の香りに、白檀様の香りが混じっている。

これは、高級感のあるアニマル・ノートであり、専門的に見てもこの時間の私の体臭は悪くはない。ところが、昼近くから様子が変わってきて、脂臭さが汗臭さを背景に現れてくる。変わる時間は、そのときの気温や湿度、私の精神的な緊張の程度によって異なる。若いころはもっと体臭が強かったし、自分の部屋にそれが染みついていた記憶がある。

女性の体臭の研究からは、興味ある事実が見つかってきている。モネル化学感覚研究所のG・プレッティ博士らによると、排卵期には膣臭と口腔臭が変わる。膣の分泌物の、炭素数二から五の脂肪酸の産生と排卵期とは相関が認められた。口臭中の硫化水素、メチルメルカプタンなどの揮発性含硫化合物、その他の揮発性物質のドデカノール、インドールなどが、月経周期によって変化し、排卵期に濃度が増加する。特に唾液中のドデカノールの濃度ピークは、排卵期を示すよい指標になることから、受胎調節への応用にも期待が寄せられている。

嗅覚が鋭敏なイヌは、犯人の衣服やハンカチをかがせると、その足跡をたどって行ける。足の汗が靴の底を通し地面に印した体臭の極微量でも、イヌは感じ取ることができる。においを国内の現場に残した犯人が、外国に逃亡して体臭を変えて帰国したら、警察犬は、それもかぎ分けることができるだろうか。

モネル化学感覚研究所は、嗅覚と味覚の科学では、世界で唯一の総合研究所である。私の友人の弟で、そこで研究中の山崎邦郎博士らによると、個体を特徴づけているにおいは、食物や健康状態、体調で変わる部分の他にその個体特有の部分がある。マウスは、特定の遺伝子によって支配されるにおいによって、個体を識別している。ここまでつきとめられれば、そのにおいは、「臭紋《しゅうもん》」というべきだろう。

においの生体に及ぼす影響について、毎年内外の研究者を招いて行われている前述の高砂シンポジウムへ参加したモネル化学感覚研究所のG・ビーチャム博士と話す機会があった。「臭紋」の話を私が持ち出したところ、博士も「ヒトには指紋と同じように臭紋が存在すると思う」との意見だった。

山崎博士はさらに免疫反応と体臭はともに主要組織複合体遺伝子群（MHCの遺伝子群）と呼ばれる同じ遺伝子群に支配されるとし、「各人が特有の指紋を有するように、各々の人が特有の体臭（体の匂い）を有すること、そしてこの体臭は特別な遺伝子群によってコントロールされていることを筆者らの研究が明らかにした」と述べている（渋谷達明・市川真澄編『匂いと香りの科学』、朝倉書店、二〇〇七）。

一緒に生活する一卵性双生児を、においで識別することは、イヌでも難しいだろう。しかし、イヌに犯人の「臭紋」を覚えさせれば、たとえ犯人が外国に逃げ込んでも、かぎ分けられるだろう。私のこの仮説をいつか警察が証明してくれないだろうか。

三十年ほど前のことになるが、警視庁科学捜査研究所の教官の訪問を受けたことがあった。犯罪現場には必ず、髪の毛や体毛が遺留されている。毛というものは、においを吸着しやすい性質を持っている。このことは、たばこを吸っている人と同じ部屋にいるだけで、吸わない人の髪の毛がたばこ臭くなってしまうことからも明らかである。一本の毛についているにおいの成分を何とか分析できないものだろうか、と相談に来たのだった。

「臭紋」の話を一九八六年に『朝日新聞』のコラムに書いて約二カ月後、UPI共同電は、イギリスの科学誌『ニューサイエンティスト』で、イギリスリーズ大学の「臭紋」に関する研究を報じていた。同大学の研究グループは、各人各様といわれる体臭は指紋と同じように犯罪捜査に役立つはずであり、体臭を正確に分析、記録する「臭紋検出装置」を開発中であるという。このアイデアの当面の最大の敵は、香りの強い化粧品で、犯罪者は香水やオーデコロンをふりかけて、捜査陣の「鼻を明かす」だろう、というのが研究グループの悩みだとのことだった。

加齢臭

体臭は加齢と共に変化し、中年を過ぎた人には青臭さとわずかに焦げ臭い甘さを帯びた、古くなったポマード様の脂臭く拡散性の強い独特のにおいがある。男女いずれにも感じられる。これは後から知ったことだが分析的には四十歳頃からそろそろ発生することが分かった。このことからも、当初老人臭と呼ぶには語弊があると考え、加齢臭と名付けたのは正解だと思っている。

加齢臭の原因物質の探索、発生メカニズム、加齢臭の発生を防ぐ方法、マスキングに有効な香料開発が全体の研究像であるが、ここでは主に加齢臭原因物質の発見の端緒についで述べることにする。

この体臭は電車の中、街で人とすれ違った時、本屋で本を見ている時、駅で切符売場の列に並んでいる時に感じる。その時、必ず周辺に高齢の人を見かける。白髪の人によく観察されるという情報もあり、注意していると確かに多い。また、高齢者の多い集まりに出席すると加齢臭の雰囲気に包まれることがある。

電車で通勤する二十代女性を対象としたグループインタビューで日常的に気になる体臭を聞くと父親、職場の上司などに中高年共通のにおい（オジサンのにおい）があるという。

電車の中やオジサンたちが退出した後の会議室である。どういう訳か母親のにおいは出てこない。日常の清潔習慣が男女で違うからなのだろうか。

私たち資生堂の研究者と高砂香料とで共同研究を行うことになった。

まず、高齢者の体臭成分を捕集しなくてはならない。六十五歳の男性と七十七歳の女性に着てもらった肌着の溶剤抽出物のにおいを調べ同時に分析を行った。二人の抽出物には加齢臭と思われるにおいは感じられなかった。男性からのものは腋臭様で、女性からのものには格別のにおいは感じられなかった。男性の抽出物の分析結果に注目した。文献では皮脂成分としてスクワレン、コレステロールとそのエステル、脂肪酸、ワックスエステル、トリグリセライド類が載っているが、あがってきた分析結果は大部分が高級脂肪酸であった。

高級脂肪酸の内訳はミリスチン酸、ペンタデカン酸、パルミチン酸、パルミトオレイン酸、オレイン酸、ステアリン酸などであった。体臭成分はなかった。コメントとして「これらの高級脂肪酸にはにおいのある成分はなかった」と添えられていた。「においのある成分はなかった」という意味は香料研究者としてのにおいの強さの意味だろう。確かに文献にはにおいがないことになっている。

私は八種類の試薬グレードの脂肪酸を改めて注意深くかいでみた。するとパルミトオレイン酸に私の記憶に留めておいた加齢臭がかすかに感じられるではないか。もしかするとパルミトオレイン酸そのもののにおいでなく、不純物あるいは分解物ではないかという考えが頭をよぎった。そこで二十五ミリリットルのスクリュー管に上部空間量が多くなるようにパルミトオレイン酸を少量入れ三七度に放置した。そして数日おきに恒温槽から取り出して瓶口からにおいを調べた。加齢臭はかぐたびに強くなっていった。他者の情報にとらわれず、自分で追試することの大切さを痛感した。

パルミトオレイン酸を三七度で二週間自動酸化させたものから多種類の不飽和アルデヒド、飽和アルデヒドと飽和脂肪酸などが検出された。同定された九種類の生成物について試薬グレードの試料をかいでみた。その中でt-2-ノネナールが油っぽく、グリーン・アルデヒディックでかすかにキュウリ様の青臭さを伴っていて加齢臭に最も近かった。面白いことにニンジンを茹でているとその加熱香気中にt-2-ノネナールがかなりはっきり感じられる。ニンジンを嫌いな子どもが多いのはそのせいかと思ったりもする。ついでt-2-オクテナールが加齢臭の甘さに寄与しているような山羊のような、ヘリオトロピン様のニュアンスを持っていた。両物質とも羊毛やカシミヤの衣服に強く吸着される様である。

このテストを追試しようと思い、同じ実験を行ったところ今度は加齢臭も発生しなければ、t-2-ノネナールも検出されない。一体何が起こったのだろうか。研究の助手にたずねると前の実験で使ったパルミトオレイン酸は使い切ってしまい同じ薬品会社の試薬を注文したが、入手できないので別の会社のものを使ったと言う。調べてみると最初の試薬には入っていなかったのに、今回の試薬には酸化防止剤のBHTが添加されていた。パルミトオレイン酸が不安定なことを知っていて試薬に安定剤を加えていたのだ。初めの実験にBHT入りのパルミトオレイン酸を用いていたら、かなり研究が遅れたかもしれない。試薬の精製は実験の「基本のき」であるのを改めて実感した。

皮膚上のノネナールの生成メカニズムは共同研究者の優秀な二人の生化学者たちが詳細に解明して報告しているのでここでは述べないが、四十歳以上の被験者では年齢と共にパルミトオレイン酸とノネナールが増加する傾向が認められた。オクテナールの年齢との関係は明確でなかった。

四十歳を過ぎるとパルミトオレイン酸が分泌されるようになる。また、若い頃は皮脂中にほとんど存在しなかった体のサビともいうべき過酸化脂質のスクワレンハイドロパーオキサイドも増加してくる。この過酸化脂質は皮膚のシワやシミをつくったりする物質でもある。両者をビーカー中で混合するとほとんど瞬間的に加齢臭に特徴的なノネナールのにおいが発生した。

パルミトオレイン酸は時間をかけて自動酸化させれば加齢臭を発生することは先に述べたが、皮膚上で共存するスクワレンハイドロパーオキサイドの寄与は大きい。また、寄与は小さかったが皮膚ブドウ球菌によるパルミトオレイン酸分解の経路も確認された。

これらの実験に際し、最初にパルミトオレイン酸の分解生成物のノネナールが加齢臭のキイ成分の可能性が高いことを鼻で発見できたことが、次の段階の皮脂中に含まれる極微量のノネナールの定量分析を可能にしたと思う。ノネナールは嗅覚閾値〇・〇八ppbという強いにおいであり、わずかでも体臭に感じるが、少量しか採取できない皮脂中から未知の成分として同定するのは困難だったろう。


加齢臭に敏感な社内の協力者にノネナールの稀釈液サンプルのにおいをかいでもらった。その一人からの反響は次のようなものであり、ノネナールが加齢臭のキイ成分であると確信を深めた。「先日お送り頂きましたにおいの見本ですが、私が以前お伝えしたにおいは、まさにこれです。もう一人そのことに関心ある者がおり、その人にも確認しましたが彼女もそう申しておりました。これが消せるものであればサクセスフルエイジングにとって大いに役立ちます」

さらに、モデル加齢臭を用いた一般パネルのグループインタビューで加齢臭をはっきり認識している人にも確認が得られた。この中には、子どもの頃のお祖父さんとお祖母さんを思い出す懐かしいにおいと反応する人がいた。その際、共同研究者で高齢の両親と一緒に生活しているパーフューマーと私が別々につくった二人のモデル加齢臭処方がかなり類似していたのは面白かった。

この後、発生メカニズムの詳細、加齢臭の発生を防ぐ方法、マスキングに有効な香料開発も進み、実使用の効果テストも良い結果で終えることができ、加齢臭を抑える商品「Care Garden」として発売された。また、この研究論文は第十一回（二〇〇一年）日本化粧品技術者会誌優秀論文賞に選ばれた。

なお、加齢臭の強さは生理的に個人差がある上、入浴、衣服の洗濯など清潔習慣によって違いがあることは付け加えておきたい。

この研究成果は加齢と共に自分の体臭が変わり、周囲の人がそれを不快に感じているのでは、という不安を解消し、人との付き合いがスムースにできるようにすることが、大きなメリットと考えられた。また、家庭や施設の介護現場でこのにおいに悩まされている人ににおいを軽減する方策として歓迎された。さらに、このにおいは「オジサンのにおい」として特に若い女性やマスコミに注目された。

祖父母と一緒に家庭生活を経験したことのない若い人は加齢臭を「かぎ慣れない不快なにおい」と感じ、一方祖父母と生活を共にしたことのある人は中高年層ばかりでなく若い女性も「ぬくもりのある懐かしいにおいで不快ではない」と反応した。この違いは、近年の核家族化による家族構造の変化と、若年層を中心にした清潔志向の高まりによるものと考えられる。

研究は所期の目的を達成し、高齢化社会に役立つものを社会に送り出すことができた。この過程においてこれまで誰も知らなかった加齢臭のキイ成分を発見できたことに心のときめきを感じた。

加齢臭が見つかり、マスコミで大いに話題になった後もそのにおいをずっと観察してきて、気づいたことが三つある。

一つめ、最近加齢臭を感じさせる年配の人が減ってきた。

加齢臭が認知されてから周りの人を意識して、このにおいを減らそうとからだを清潔にしたり衣服をまめに洗濯したりクリーニングにだしたりしているのだろうか。

二つめ、強いストレスが加齢臭を発生させる。

四十歳前でも、普段は感じさせないのに突然「加齢臭」が強く感じられ驚くことがある。二十代後半の女性、三十代後半の男性など、共通点は彼らが職場での対人関係と仕事のあまりの忙しさの両方に悩み、退職まで考えていたときのことである。一人は実際に転職した。強いストレスを受けている状況にあるのは明らかである。強いストレスによって皮膚の過酸化脂質が増加し、加齢臭を発生しやすくしていることは十分に考えられる。こうなると加齢臭の定義を変える必要があるかもしれない。

三つめ、コエンザイムQ10が加齢臭の発生を防ぐのではないか。

私は健康維持のためと考えサプリメントのコエンザイムQ10を用いているが、服用しはじめてから注意深く観察していて、自分に加齢臭を感じないように思う。自分自身の慣れとか加齢に伴う嗅覚の衰えの影響については十二分に注意しているつもりだ。コエンザイムQ10が活性酸素の働きを抑え過酸化脂質の生成を抑制するため、加齢臭の発生を防いでいる可能性が高いと、素人なりに考えている。なお、コエンザイムQ10の体内における生成能力は年齢とともに衰えていくことが知られている。

誰かこの仮説を実証してはくれないだろうか。

第八章　香りの文化と歴史

ステータス

街を歩いていても、劇場でも、高級な香水の香りがすると、私は思わずあたりを見回してしまう。洗練されたファッション感覚の、美しい女性がいるのではないか、と期待する。香りはいつの時代でも、ステータス・シンボルの一つであった。

古代ローマのギリシャ人哲学者で著述家のプルタルコスは、エジプトのプトレマイオス王朝最後の女王クレオパトラについて、次のように述べている。

「彼女の会話はきわめて快いものであったので、その魅惑から逃れることは不可能であった。そして、彼女が打ち解けた様子の時に見せる優美さと、またその言うことなすことすべてに光彩を添える生まれながらの優しさと愛らしさとは、槍のように鋭く人々に訴えた。その上さらに、彼女の声と物の言い方とには、大きな魅力があった」（高階秀爾『歴史のなかの女たち』文藝春秋、一九七八）

「かの女の美しさ、それ自体は決して何びととくらべがたいとか、あるいは何びともその美しさにうたれずにかの女を見ることができないというほどに、いちじるしいものではなかった。しかしかの女との交際は、何びともさからいがたい魅力を持ち、談笑のさいに説得力を持った容姿とともに、周囲の者をかの女の香気でつつむ態度は、なにか強い刺激をもたらした」（薬師三郎「おしゃれ文化史①　クレオパトラ」）

クレオパトラは香り使いの名人であった。ローマのアントニウスをもてなすとき、室内すべてを美しくかぐわしいバラの花で飾った。

シェークスピアはクレオパトラを次のように描いている。

彼女が乗った船は、艶《つや》出しした玉座のように
水の上に燃え立っていた。船尾の楼甲板は延《の》べ金《がね》で、
帆は紫、風さえも恋にわずらうほどに
香が焚きこめてあった……
船からは

妖しい、目に見えぬかおりが、
近くの波止場の者たちの鼻をうつ。
（C・J・S・トンプソン『香料博物誌』東京書房社、一九七三）

自分の船の帆には、丁子《ちょうじ》の香りをつけていた。モルッカ諸島に産するスパイスの丁子は、大変高価であった。船影がまだ港からは見えないうちに、風に運ばれて来る高貴な香りによって、帰港の間もないことが知られたという。

フランス十七世紀の画家クロード・ロランは『クレオパトラの上陸』（ルーブル美術館蔵）を描いている。これはカエサル（シーザー）に代わってローマの権力者になったアントニウスを相手役とする短い時期のクレオパトラを描き出している。「丁子の香りで装ったクレオパトラの帆船」のイメージは強烈で、美しい帆船の姿とともに私の心に残っている。

話はそれるが、一九八六年七月四日、アメリカ合衆国の二百十回目の独立記念日に、私は急の用事でたまたまニューヨークにいた。ちょうど、自由の女神の百周年に当たっていて、各種の盛大な催しがあった。その中でもとりわけアメリカ国民を熱狂させたのは、世界各国からお祝いのため集まった名だたる帆船のパレードであった。私も丸一日船上から帆走を眺めることになった。午前八時から午後四時まで昼食つきで二百五十ドル。マンハッタンのハドソン川に面した埠頭から、五百トン級のキャロルジーン二世号に乗り込んだ。ハドソン川はレーガン大統領の乗った戦艦「アイオア」から一人乗りのカヤックまで、様々な船であふれかえっていた。戦艦がいくらゆっくり航行しても、カヤックが転覆せんばかりに揺れるのは避けられない。ハドソン川をゆっくり下る。川岸の観覧席には、こぼれんばかりに人が集まっていて、この帆走の人気はたいしたものだった。自由の女神を右に見て、ハドソン川をさらに下る。この間も、船また船の流れは尽きない。上空では、海軍のブルーエンジェルスの編隊が色文字を描きながらパレードしている。大西洋の出口に近いベラザノローズ橋の少し上流で錨を投げる。空母「ジョン・F・ケネディ」も巨大な姿を見せていた。

そのうちに歓声が上がったと思うと帆走が始まった。大西洋から橋をくぐって次々と帆船が上ってきた。私は、急に船に乗ったので、事前の用意もなく、次々に勇姿を現す船の名前も分からなかった。ほかの人々は手に手に船の名前を書いたリストを持っていて、いま来た船はこれこれだ、などといって喜んでいる。中には、横に張った帆げたの上に制服の船員たちが並んで、栄誉礼の体勢をとっているものもある。

そのうちに、世界で最も美しいといわれるチリのエスメラルダ号がやって来た。リストのない私にも、人々のどよめきでそれと分かった。四本マストのひときわ大きい帆船の姿は、いかにも優雅である。それからも帆走は次から次へと続いた。参加した帆船は七十隻に達したそうである。翌日の『ニューヨークポスト』紙によると、このパレードに参加するためや見るために加わったアマチュアの小型ヨットやボートは二万隻にも達し、船の衝突が百件以上あったというから、いかに水上が混雑していたかが分かる。

これだけたくさんの船がいるからには、クレオパトラという名前の船もきっといるはずだ、と私は確信に近いものを感じていた。パレードも終わり船が元の埠頭に帰り始めたころ、私の船は左舷に見える灰色の船体のフリゲート艦をゆっくりと追い越した。船上には水兵たちが見えた。その船体の上の方には、はっきりと「CLEOPATRA」の文字があった。船尾には三色旗がはためいていた。軍艦にクレオパトラの名をつけるのは、いかにもフランスらしく、おかしくもあるし、うらやましいような気持ちもした。それは帆船でもないし、丁子の香りがするのは無理にしても、フランスのオーデコロンの香りでも漂ってきてほしいものだ、と私は鼻を膨らませたが、クレオパトラ号のエンジンの猛烈な排ガスのにおいだけであった。クレオパトラの時代はあまりにも遠かったようである。

ローマ帝国第五代皇帝ネロ（三七～六八）が、ローマのマラティネの丘の上に建つ黄金の宮殿で行った宴会では、皇帝が合図すると天井が開いてバラの花が落下し、銀のパイプから香りをつけた水がテーブルにふりかかった。一夜の宴に、今日のお金にして十万ドルのバラを使ったという。ネロはエジプトでバラを栽培させていた。歴史家タキトゥスの『年代記』に「正しい心だけを除いて彼女はすべてを持っていた」と記された、美しいその妃ポッパエアは、バラの香りをつけたロバの乳の風呂を浴びたことが伝えられている。ポッパエアの葬儀のときに、ネロが使った芳香樹脂や香料は、当時ローマへの供給国だったアラビアの年産量を超え、香りは四キロ四方を満たしたという。

フランスの国王ルイ十四世（一六三八〜一七一五）は大変な香料好きで、「かつて見た中で最もかぐわしい帝王」とされている。自ら用いる香料を調合させるため、王は専属の香料師マルティアルをいつも私室に迎え入れていた。

ルイ十五世（一七一〇〜一七七四）の宮廷は香水の宮廷として有名であった。その寵愛をほしいままにしたポンパドール夫人は、文学的教養と芸術的才能に恵まれていて、画家や作曲家と同じように香料師を特別に庇護し、厚くもてなした。ある年の香料の請求額は、五十万リーブルに達した（前掲『香料博物誌』）。リーブルは、旧貨幣単位で、銀一リーブルの重さ（地方によって違うが、三百八十〜五百五十グラム）を基準にしていた。現在のお金でいえば、七十五億円ほどの金額になるだろうか。これらの文化を育てた陰に、庶民から吸収した莫大な富と、いずれは革命につながっていった放漫、浪費財政にも思いを致さずにはいられない。

ルイ十六世（一七五四〜一七九三）の王妃マリー・アントワネットも同様であった。彼女は特に、ローズとバイオレットの香りを愛し、これを自分の香りと決めていた。また、芸術品ともいえる、香水のボトルの工房をサンクロードの地につくった。

香水の歴史をたどっていくと、各時代、各王朝を彩った美女たちがおのずから浮かび上がってくる。個性的で、魅力的な美女たちには、どんな香りが似合うだろうか。香りを愛し育んだ感性豊かな美女たちに思いをはせるのは楽しい。私は絵が好きで、どこに旅行しても休みの日には美術館を巡ってくる。歴史に名を残す女性たちの肖像画を見ることも多く、何枚もの肖像画が残っている女性については、いつの間にかそのイメージが私の身近なところに出来上がっている。

香り使いの名人といわれたクレオパトラは、大英博物館にある彼女のレプリカの写真とエジプト絵画の女性像から、生身のクレオパトラまでを想像するのは難しすぎる。時代が下って、たくさんの肖像画を残し、肌のぬくもりさえ感じられるポンパドール夫人とか、ジョゼフィーヌ皇后あたりに私は一番親しみを感じてしまう。ポンパドール夫人は三千五百二十五冊には、ほとんどすべてに読んだ跡があったといわれる。夫人はフランスの恋愛喜劇作家マリボーや啓蒙思想家モンテスキューと文学を語り、ボルテールと哲学を論じ、歌と踊りと芝居が得意で、クラブサン（ハープシコード）を弾き、絵を描き、版画まで制作した。香りについて、また香水の瓶やそのデザインなどについて夫人と私が語り合えたらどんな会話になるのだろうか、と想像するのも楽しい。世界中からバラを集め、その育種に大いに貢献して「バラの女神」といわれたジョゼフィーヌと世界中のバラについて語り合えたら、どんなに素晴らしいことだろう。

日本でも、香がステータス・シンボルになっていた。『源氏物語』若紫にはこうある。「月もなき頃なれば、遣水《やりみず》に篝火《かがりび》ともし、燈籠《とうろ》なども、まゐりたり。南面、いと清げにしつらひ給へり。そらだきもの、心にくゝ薫りいで、名香の香など、匂ひみちたるに、君の御追風、いと異なれば、うちの人々も、心づかひすべかめり」（『源氏物語 一』日本古典文学大系、岩波書店）

光源氏が素晴らしい薫物《たきもの》を自分の着ている物にたきしめているので、手などを動かすたびに、薫物の良い香りがあたりに奥ゆかしく広がることが読み取れる。

赤穂義士の討ち入りを題材に、その場所と時代を実際の討ち入りとは違う場面に移し変えて演じた浄瑠璃『仮名手本忠臣蔵』の「兜《かぶと》改めの場」は、将軍の弟・足利直義が、討ち死にした敵将の新田義貞の兜を鶴岡八幡宮に奉納するため、義貞の侍女にその兜を選び出させる場面である。侍女は、義貞の出陣の際に後醍醐天皇から賜った蘭奢待《らんじゃたい》（第三章「幽玄な沈香」を参照）の名香を兜にたきこめたことから、討ち死にしたたくさんの人々の兜の中から、義貞のものを選び出す。

この話のついでに、私は、下級の侍が上級の武士しか出席できない宴に、香りの力を借りてもぐりこんだ話を思い出した。身分の低いその侍は、一度でもいいから、華やかでにぎやかなハイソサエティの集まりをのぞいてみたかった。思案したあげく、ととのえられる限りの上等の衣装に、算段した高価な丁子をたきしめ、宴に向かった。門番は、ちょうちんをつけて、一人一人確かめていた。彼は、丁子の香りをたたせるようにして近づいた。門番は何の疑いもなく、高貴な香りの人に道をあけた。出典は忘れてしまったが、香りの威力、それは、上流社会へのパスポートでもあった話として、私の記憶に残っている。

現代でもステータスをコンセプトに香水をつくり上げ、宣伝することがある。世界で最も高価な香水、ジャスミンの花精油をふんだんに使った「ジョイ（ジャン・パトー社、フランス）」は、ひと吹きするだけで、あたりに華やかさが広がる。普通の品物なら、世界で最も高いというキャッチフレーズに誘われて、買い物に走ることはないだろうが、香りの場合には別である。私は世界で最も高価な香水をつけているのだ、という自己顕示と誇りのために、女性はそれを手に入れようとする。

ロサンゼルスの高級住宅街ビバリーヒルズの、ロデオ通りにあるジョルジオの店で生まれた、黄色と白の大胆なストライプで人目を引くデザインの香水「ジョルジオ」は、ハリウッドの人々に愛されたということや、レーガン大統領のナンシー夫人がつけていたということもあって、アメリカで大ヒットとなった。ジョルジオを始めたフレッド・ヘイマン氏は、「ビバリーヒルズの神秘性こそ、ほかのものとは際立った違いを与えてくれたのだ」と『ニューヨークタイムズ』紙に語っていた。

ステータスを訴求する方法は、ぜいたくで豊かな生活のイメージを香水に投影することである。名高いフランス料理店「マキシム」、最高級の時計「カルティエ」、売れっ子の女優「ドヌーブ」(パルファム・スターン社)」の名前とイメージは香水に巧みに用いられている。「憧れの花の都パリ」のイメージは、「ソワール・ド・パリ(ブルジョワ社)」、「パリ(イヴ・サンローラン社)」など十指を超える香水にその名前を与え続けてきた。昔、ステータスのシンボルであった香水が、いまは、ほかのステータス・シンボルを利用して名前をつけられている。

一九八六年五月、私は、東京のホテルオークラで、日英協会主催のチャールズ英皇太子夫妻歓迎パーティーの会場を通りかかった。多彩で華やかな香りが、虹のように流れていた。あのダイアナ妃は、どんな香りを使われたのだろうか。ドレス、帽子、靴などのファッションから晩餐会のメニューまでこまやかに報道されたのだが、香りのことまで記録した新聞がなかったのは、残念であった。

ナルドの香油

『朝日新聞』科学欄の随筆コラムの連載を終わってすぐに、私は一人のご婦人からお便りをいただいた。その要旨はこうだった。

そのご婦人の友人に、私の連載記事のことを話したら、その友人は、「死ぬまでに一度でいいから、『聖書』の中に出てくるナルドの香油の香りをかいでみたい、と常々思っている」といっている。聖書の時代に、罪の女がイエス・キリストのおみ足をその香油でふいた、という香油である。聖書の時代にあったものと同じものが、現在にもあるものなのか、また、ほんの少しでも手に入れることができるものなのか、友人に教えてあげたいのだが、ということだった。

これがきっかけで、私は東京都世田谷区の松本良子さんという方と、数回手紙のやり取りを持つことになった。『聖書』に出てくるいくつかの香りの中にあるナルドの香油の名前は、私も知っていたので、改めてどんな香りのものなのか、大いに興味を引かれた。

ナルドの香油は、『聖書』の中で、どのように扱われているのだろうか。「ヨハネによる福音書」の十二章、「マタイによる福音書」の二十六章、「マルコによる福音書」の十四章、「ルカによる福音書」の七章にそれぞれその記述がある。「ヨハネ伝」と「ルカ伝」では、マグダラのマリアが主の足に香油を注いで、それを髪の毛でぬぐった、となっている。他の二つでは、主の頭に香油を注いだ、とされている。また、「ヨハネ伝」ではこの出来事をマリアの家でのこととしているが、他は癩《らい》病人シモンの家で主が食事の席についていたときの出来事としている。

「マルコ伝」の記述は、次のようになっている。

「さてイエスが、ベタニアで癩病の人シモンの家にいて、食事の席についておられたとき、一人の女が、純粋で非常に高価なナルドの香油の入った石膏の壺を持って来て、それを壊し、香油をイエスの頭に注ぎかけた。そこにいた人の何人かが憤慨して互いに言った。『なぜ、こんなに香油を無駄使いしたのか。この香油は、三百デナリオン以上に売って、貧しい人々に施すことができたのに。』そして彼女を厳しくとがめた」

ここで「彼女」とあるのが、キリストの弟子の聖女マグダラのマリアで、娼婦の生活から罪を悔いて信仰の道に入った、と伝えられている。キリスト教の世界では、文学や美術の題材にしきりに取り上げられて来た、あのマリアである。

「ヨハネ伝」では、注いだ香油の量を一リトラ（三百二十六グラム）といっている。また、一デナリオンはローマ通貨で当時の労働者一日分の賃金に相当した額なので、現代に換算してみると、香油一キログラムでおよそ労働者九百日分の賃金に相当する額になり、非常に高価なものであったことがうかがえる。現在のローズやジャスミン、イリスなどの最高級の天然香料よりも高価である。

『聖書』の中でナルドといっているのは植物の名で、正式にはスパイクナルド（学名 *Nardostachys jatamansi* DC.）といい、甘松香《かんしょうこう》であることが認められている。オミナエシ科に属する多年生草木で、ネパール、ブータンその他のヒマラヤ山系の高い地域が原産である。その根茎から香料が採れる。古代には、インドという非常に遠い所から輸入しなければならなかったので、高価であったことが分かる。最上級のナルドの香油は、雪花石膏《せっか》（アラバスター）製の箱に入れられ、封印して輸入され、その状態のまま保存しておいて、ごく特別の場合以外は封を切らなかった、という。

現代の文献（奥田治『香料化学総覧I』廣川書店、一九六七）によると、スパイクナルドは薫剤、線香の原料として、あるいは芳香性の健胃剤として古くから重用されていた。現在、工業的な採油はされていない、という。これではナルドの精油を手に入れることは不可能かと私は思ったが、それでも八方手を尽くしたところ、あるところにはあるものだ。欧米の天然精油をはじめ東南アジアの香料や生薬、香木などの取り扱いを得意にしている大阪市中央区の山本香料が、ナルドを持っていた。

早速サンプルを取り寄せて、小指の先につけ、手の甲に塗ってみると、意外に滑らかだった。広がる香りは、積み上げた藁《わら》を押し開けたときに感じるやや湿った干し藁の感じの中に、弱い吉草根の香りがあった。吉草根とは、オミナエシ科の多年生の草カノコソウの根で、ヒステリー症、鎮痙剤に用いたものだ。さらに、それは、インドネシアなどで採れるシソ科の香料植物でウッディー・ノート（木の香り）の重要な香料素材であるパッチュリの藁臭さをもっていた。

なじみが薄くあまり良いとは思えないこの香りも、暑さが厳しく乾燥した土地では、きっと貴重な素晴らしい香りと感じられたに違いない。事実、『聖書』の舞台となったのは、聖地パレスチナを含めたレバント（フランス語で「日ののぼる地」の意）と呼ばれる地中海東部の地域である。北は現在のレバノン、シリア、およびイスラエル、ヨルダンからシナイ半島を経て、エジプトの北部まで含まれる。この地域は年間降雨量が少なく、雨期は冬にあり、夏乾燥する地域である。また馬や羊が生活と切り離せないものであった当時の人々は、干し草や麦藁のにおいを身近にかいでいたに違いない。ナルドの香油が高く評価されたのは、人々が慣れ親しんでいたにおいが、洗練された形の香りとして、受け入れられたからではないだろうか。

古代の高級香油の香りは、現在、欧米や日本の香水には使われていない。成分は、セスキテルペンのβ－グルジュネンなどのほか、特有成分としてバレラノンを含んでいる。これらはあまりポピュラーな成分ではない。和漢書には、駆風、利小便、通月経、下毒に効あり、となっている。ナルドの香りは、現代の嗜好とは離れてしまったようである。

私はさっそく、お手紙をくださった松本良子さんに、ナルドの香油をお送りした。間もなく丁重な礼状をいただいた。

「先にお送りいただいた文献をもとに、漢方の店で調べてもらったところ、問屋さんがいうには、入手方法の見当もつかないとのことで、もっと専門の店に聞いてみようと思っていたところ、あの宝物が舞いおりて来ました。友人が親しく指導していただいている神父様も、夢のようだと喜んで下さいました。黙想という祈りの中で、主キリストの御様子をおもいめぐらしながら、こちらのおもいもお話しし、主のお言葉もうかがうのですが、『聖書』のあの有名な場面のマリアの姿は心に浮かんでも、家を満たしたという香りだけは想像ができなかったと言われました。お仲間の神父様方もナルドを御存じの方がいないので、皆様に味わわせておあげになるそうです」

ナルドの香油に関する『聖書』の内容は、宗教画としても絵になる場面ではないか、と私は思った。だが、手元の本をいろいろ調べてみたが、それらしいものは見つからなかった。そこで、武蔵野美術大学学長の水尾比呂志先生にお尋ねの手紙を書いた。一九八七年秋、私は大阪で開かれた第一回花の万博国際シンポジウムで演者を務めたが、そのときに知己を得たのが同席の水尾先生だったことを思い出したので、助けていただくつもりだった。

しばらくして、ごていねいなお返事をいただいた。

マグダラのマリア（12世紀の細密画）

水尾先生はその面では専門外なので、同大学美術史研究室の馬杉宗夫教授に依頼して調べて下さった内容が、同封されていた。「美術上では、記述の一番詳しい『ルカ伝』に従っているものが多いようです。中世時代からの作例を同封しておきます」とあって、九枚もの絵画のコピーが添えられてあった。それらを列記すると次の通りである。

▽ナツィアンツの聖グレゴリウス説教集　細密画（八六七〜八八六ころ）　パリ国立図書館

▽ベルンバルトの記念柱（一〇二二ころ）　ヒルデスハイム大聖堂（ドイツの北部）
▽詩篇　細密画（一二六〇ころ）　ブザンソン（フランスのリヨンの近く）
▽ファルファの聖書本　細密画（十一世紀）　カタルーニャ美術館（スペインのバルセロナ）
▽コデックス・エグベルティ（九八〇ころ）　ライヘナウ派　トリーア
▽ニコラ・フロマン（一四六一）　ウフィッツィ美術館（フィレンツェ）
▽マグダラのマリアの祭壇画　ルーカス・モーゼル（一四三二）　ティーフェンブロンの教会（ドイツのシュバルツバルト近郊）
▽聖マドレーヌ（十三世紀末ころ）　アカデミー・デ・ボザール（フィレンツェ）
▽細密画（一一一〇～一一二〇）　シュトゥットガルト州立図書館 **（前ページの写真）**

その他の関連の文献名とその他の作品としては、次の通りであることを教えていただいた。

▽エル・グレコの作品　シカゴ美術館
▽ルーベンスの作品　エルミタージュ美術館（サンクトペテルブルグ）

突然のお願いにもかかわらず、行き届いたお返事を下さったことに感激し、専門家の造詣の深さに私は感動した。

かつて私はシカゴ美術館を訪れたことがあった。そのとき、エル・グレコの作品を見たのかもしれないが、記憶には残っていなかった。いまそれを大変残念に思っている。今後海外に出かけたときには、これらの作品の一つにでも出合えれば、と願っている。

マドンナリリー

古い絵画に描かれた植物や花を見ることには興味がある。レオナルド・ダ・ビンチの『受胎告知』には多くの植物が描かれているがその中でもひときわ目立つのがマドンナリリーである。聖母マリアに受胎を告げる大天使ガブリエルが左手にもっている。世界でもっとも古くから栽培されていたユリだ。

『受胎告知』の場面は『聖書』に次のように記述されている。

「神から遣わされた天使ガブリエルはマリアのところに来ていった。……『あなたは神から恵みを頂いた。あなたは身ごもって男の子を産むが、その子をイエスと名付けなさい。その子は偉大な人になり、いと高き方の子といわれる。』……マリアは天使にいった。『どうしてそのようなことがあり得ましょうか。わたしは男の人を知りませんのに。』」(「ルカ伝」第一章)

ダ・ビンチの『受胎告知』にはマリアの驚きと困惑の様子がよく表れている。中世末期から初期ルネッサンス期の多くの画家がこの感動的な場面を競うように描いている。処女と純潔を画面に強調しようとこの純白のユリをガブリエルに持たせた。十七世紀初めには教皇は、「無原罪の宿り」処女懐妊をテーマとする絵画には白いユリを描き込むよう布告したほどである。

今でも婚礼の時、白いウエディングドレスを用いるのは、白が純潔を意味するこの歴史と関係があるだろう。

純潔の象徴の花の香りを嗅いでみたい。二〇〇〇年六月下旬に訪れたローマやフィレンツェでは他の白いユリはあるものの、目指すマドンナリリーはどうしても見つからなかった。二〇〇七年夏、香りの良い花の普及に熱心な大田花きの宍戸純さんの誘いもあって札幌の百合が原公園を訪れた。露地ではまだつぼみの状態のものを購入し、管理栽培された温室で咲いているマドンナリリーの話を伺い、家でも昼と夜、さらに翌日の香りも調べた。花は直径十センチ、長さ六センチほどで、花色はやや蠟細工のような透明感のある純白、雄しべは黄金色で美しい。

香りはスズランとヒヤシンスの香りに蜜様の甘さがあり、ヤマユリにある薬臭さが全く感じられなかった。そして夜はヒヤシンス様がどんどん広がってくる。朝、明るくなるとヒヤシンス様の香りは弱まり、蜜様の香りが強まってきた。ユリの仲間のなかでは爽やかで濁りのない綺麗な香りだ。花の姿に似合った香りと言ってよいだろう。

丁子

インドネシアのバリ島で丁子の木を見た時は感激した。丁子というとスパイスの瓶に詰まっていたり、ポプリのオレンジの果実の回りに刺さっていたりする焦げ茶色の釘様のものであった。島の霊峰アグン山の帰り道、幸運にも道路わきでつぼみを付けた木を見つけた。つぼみは浅い緑に先端が淡いピンクで、手にとって顔を近づけると優しい甘い香りに丁子の特徴が感じられた。つぼみが開花する直前のピンク色を帯びはじめた時、がくをつけたまま摘み採り日陰に干して乾燥させると、スパイスの丁子ができる。

丁子、ナツメグ、コショウ、シナモンなどの南アジアのスパイスがどれほど人びとの心をかき立て、大洋に乗り出させ、幾多の困難を乗り越えて東洋の辺境の島へと向かわせたことだろう。

バスコ・ダ・ガマがインド航路に旅立ったポルトガルの船出の地、リスボンのテージョ河畔に記念碑がある。エンリケ航海王子没後五百年の一九六〇年に建てられた巨大な帆船をかたどった発見記念碑である。その白い記念碑の前に立ったとき、ここから船出したいにしえの冒険者達のことを思うと、深い感慨が胸にこみ上げてくるのだった。

丁子〔撮影・中村祥二〕

スパイスは十五世紀のヨーロッパの人びとの食品に香りづけ、味つけを行い、食欲を増進させ、また防腐、防黴効果、駆虫、健胃などの医薬用として、刺激剤、強壮剤として欠かせないものであった。丁子に媚薬効果があることにも気づいた。嗜好品以上の存在で、人びとの生命を維持し健康を増進するための必需品となっていた。

当時、ヨーロッパでは東方の産物、とくに香料に対する需要が高まった。しかしその代価として輸出する商品は金、銀、銅などに限定されており、そのため西ヨーロッパは深刻な経済不況に陥った。一方、中継地のマレー半島のマラッカとイタリアの代表的な東方との貿易都市であったベニスはその交易で莫大な利益を上げていた。ヨーロッパではコショウは同じ重量の銀と等価であったという。

十六世紀のヨーロッパ人の東洋進出の目的は、インド、スマトラ、ジャワのコショウ、スリランカのシナモン、モルッカ諸島とバンダ諸島の丁子、ナツメグを自らの手で獲得することであった。十五世紀からのいわゆる大航海時代には、ヨーロッパ列強の東方進出、植民地争奪戦争などの事件が相次ぎ、世界史を揺り動かす原動力になった。この間、原住民との間にたび重なる闘いを繰り返し、多くの血が流れたことも忘れてはならない。

一四三三年、ポルトガルのエンリケ航海王子は大航海時代の幕を開いた。ポルトガル人のアジア進出の狙いはキリスト教の布教とスパイスの獲得であった。しかし、航路と支配地域が広がるにつれ、キリスト教の布教の熱意は次第に薄れ、目的はスパイスの獲得に絞られるようになっていった。

一四七九年のアルカソバス条約にもとづきポルトガルはアフリカ西海岸を南下し、スペインは大西洋を西進するという将来の方向性が決まった。

コロンブスはスパイスとジパング（日本）の黄金をもとめて大西洋を西に向かい、西インド諸島に到達した。新大陸の発見である。彼はインドの一角に到着したと確信した。この航海に引き続き三回の航海を行ったが香料と黄金を見つけることなく、また太平洋を目にすることなくアジアに到達したと信じたまま他界した。彼は地球の一周の長さを実際より約四分の一ほど小さく見積もって、太平洋の存在を考えていなかったから、スパイス諸島もジパングも発見できなかった。

しかし、コロンブスの航海の成功はポルトガルに大きな衝撃を与えた。ポルトガルではバスコ・ダ・ガマの船隊がインドに派遣された。ガマの船隊は一四九八年にインドのカリカットに到着し、九九年にコショウを積んで帰国した。目的の一つはできる限り早く丁子などの産地であるモルッカ諸島に到達し、スペインに対して優先権を主張することであった。

後れをとっていたスペインは西回りでモルッカ諸島に到達しようと考えた。そして一五一九年に本国を出発したマゼランの船隊は大西洋からホーン岬を回って太平洋に出て、マゼラン自身は途中で殺されたが、船隊は二一年にモルッカ諸島に到着した。香料の専門家に世界地図を見せながらこの島々の場所を指し示すように問うても、大半の人は戸惑ってしまうほど小さな地域である。インドネシア語ではマルク諸島（Maluku）と呼ばれるインドネシア北東部に位置するスラウェシ島（セレベス島）とニューギニア島の間に散在する大小多数の島々である。

さらに未知の太平洋を横断し、二二年初めて世界一周を成しとげたのである。地球が丸いことの発見である。言語に絶する困苦が重なり合った大胆きわまる航海であった。

「地球は丸い」と古代ギリシャ時代から信じられていたことを実際に証明したのがマゼランの船隊であった。

十六世紀ヨーロッパの東方アジアと西方アメリカへの航海は、実に南アジアのスパイスを求めて展開されたのである。南アジアのスパイスが、今日の世界の歴史を形成した一つの主要な契機となり世界的規模の交易が広がり、同時に文明も伝播することになった。

ジョゼフィーヌの館

パリの西郊のマルメゾンにあるジョゼフィーヌの館を、かねてから一度訪れてみたいと思っていた。パリからベルサイユに向かう道筋の右手にあたる所なので、その気になればこれまでにも行けたはずなのに、一九九三年の五月の初め、やっと行くきっかけができた。

マルメゾンに行きたかったのには私なりのわけがあった。一般にはあまり知られていないかもしれないが、バラの愛好家の間ではナポレオンの妃ジョゼフィーヌは〝現代バラ（モダンローズ）の女神〟といわれている。モダンローズというのは私たちが身の回りでみかけるバラで、十九世紀以降に生みだされた園芸品種である。したがって、やはりバラを愛したマリー・アントワネットが手にもつ十八世紀当時のバラはオールド・ローズで今の花とはかなり違った姿をしている。

中央アメリカの西インド諸島の生まれで植物の好きな乳母に育てられたジョゼフィーヌは、ナポレオン皇帝の権力と財力と広い視野の中で、かつてなかった規模で世界中からバラを集め、栽培と人工交雑をおこない新品種のバラを育てた。ジョゼフィーヌの死後もマルメゾンの園芸家たちは各地に散り新しいバラを次々と生みだし、それが現在の変化に富んだ花の形、多彩な色と芳香を楽しませてくれるモダンローズへとつながっているのである。花の女王といわれるバラの香りを長年研究してきた私には、バラの女神に敬意を表する意味も含めてマルメゾンを訪れてみたいという思いはごく自然だった気がする。

地理にくわしいはずのハイヤーの運転手が、二度も道を間違えたので、ここを訪れる人の少ないことが感じとれた。確かに私たち以外には中学生ぐらいの十数人が庭で遊んでいただけだった。そこは門から入り口までの真っ直ぐにのびた花壇に挟まれた道、左右の庭、背後に大きな森のあるひっそりとした寂しげなたたずまいであった。

中にはナポレオンやジョゼフィーヌの肖像画や寝室、浴室、調度があった。私にはバラ以外にもう一つの目当てがあった。彼女は濃艶な香りが好きで、特に動物性香料のムスクで部屋を満たしていた。さわやかな柑橘系のオーデコロンが好きで、戦場でも何時も身近において使っていたナポレオンはこの香りに大いに悩まされ、これが二人の不仲そして離婚へとつながっていったというもっともらしい話さえ残っている。しかしジョゼフィーヌがムスクを愛したのは事実で、彼女の死後も寝室は香り続け、ペンキを塗ってもなお四十年間香っていたという。私は今でもその香りが感じられるのではないかと、ひそかな期待を抱いていた。十二世紀に建てられたイランのタブリーズにあるイスラム寺院の壁の漆喰に塗り込められたムスクは、陽光に温められると今なお強く香るというほどで、ムスクの香りが長く持続することは香料の専門家には良く知られていることである。私の希望もまんざら根拠がないわけではない。それに私は本物のムスクの香りを良く知っているし、仕事柄鼻も敏感なので、もしかしたら……という気持ちがあった。

二階の右手に寝室があった。ベルサイユ宮殿でみる王家の寝室に比べると小振りで寝台も小さめで可愛らしかった。私は目をつぶり鼻先に神経を集中してかいでみた。ムスクの微かな痕跡も見逃さないように何度か繰り返してみた。しかし、ムスクらしいものは何も私の鼻には引っ掛かってこなかった。百八十年の歳月に、さすがのムスクも跡形なく消え失せてしまったようだ。少し裏切られたような気持ちの私の回りに、バラの香りが流れているのに気づいた。その香りは香料の原料にもなるローズ・ド・メ（Rose de

Mai）の少し開きかけたピンクのつぼみを乾燥させたポプリのようなイメージで、乾いてはいるが酷《こく》のある華やかな甘さがあった。二階に上がると、ここにもバラの香りは漂っていた。一つの部屋から次の部屋に入ろうとすると灯りがともり、出ると後ろで消えるという繰り返しの館めぐりであった。電気が点いたり消えたりしたのは、ガードの女性がたった一組の入館者のために、見張りも兼ねて私たちの先回りをしていたためだった。人びとの関心の薄い寂しい雰囲気を少しでも華やかにしようという気持ちから、ジョゼフィーヌゆかりのバラの香りを流していたのだろうか。

外に出てオールド・ローズのバラ園を回ると、五月一日のスズラン祭りの日はまだ寒く、ジョゼフィーヌが愛でたバラ達のつぼみは緑が固かった。六月の花の盛りの頃、もう一度来てみたい。

東洋蘭

四月、薄緑色に開花した東洋蘭の〝一茎九花〟の名品である「大一品《だいいっぴん》」の鉢を室内に取り込むと、部屋中が香る。それればかりでなく、香りは部屋からあふれて外まで広がる。花をじかにかいだら、さぞ香りが強かろうと思い、顔を近づけてみると不思議なことに意外にもそうではない。ジャスミン、スズランとさわやかなレモン様の香りを併せ持つ、

一茎九花‘大一品’

中国春蘭 ‘白雲’〔撮影・城市篤氏〕

甘さの中にもさわやかで透明感のある香りを放つ。濁りのないしみ通るような芳香である。

中国の原種であるシンビジウム属の、〝一茎一花〟の中国春蘭「白雲《はくうん》」「冠雪《かんせつ》」「白寿《はくじゅ》」や、一つの花茎に三花から十花をつける「大一品」「極品《ごくひん》」などが香りの優れた代表的な個体である。日本の〝寒蘭〟も同様の香りを持っている。

どこからともなく漂ってくる「薫」という文字にふさわしい気品の高い香りは、東洋の花の香りの頂点に立っている。長谷川香料と行った「大一品」の分析研究から見出した花香の主要成分メチル・エピジャスモネートを「におい紙」という細長い試香紙の先につけ部屋におくと、一週間も十日も「薫」の香りが漂いつづける。この香りは周りの花の華やかな彩りを褪せさせるほどだといわれる。

蘭の研究家である愛媛県の石丸寛二さんから、木組みに入れて、わざわざ送っていただいた蕙蘭《けいらん》の「旭晃《きょっこう》」の紅花は、一茎多花で、ニオイスミレを思わせる広がりの強い香りがした。花の美しさや葉のたたずまいの調和とともに、中国春蘭や蕙蘭に求められるものが香りである。

中国の紀元前五世紀初頭、周王朝の支配体制がくずれ諸侯の対立抗争が激化する春秋末の動乱期に、孔子は新しい説を唱え、衛、陳、宋、楚などの諸国を行脚したが、「法律でなく道徳をもって国を治める」との理想を受け入れるには諸国の政情は厳しく、諸侯に受け入れられなかった。失意のうちに生まれ故郷の魯（山東省）に帰る途中、孔子は、花は控えめだが香りが高い蘭にであい、それに感じて「猗蘭操」という琴曲の詩を残した。

その詩には二つの解釈がある。

①孔子が自ら時に合わないのを嘆いて詠んだ歌、という解釈

孔子は「隠谷の中に香りの良い蘭の独り茂る」のを見かけて、「蘭はまさに王者の香り」だという。誰にも認められず、他のつまらない花と一緒にいながら、芳香を放

つ姿に、自らの不遇の境遇を重ね合わせて詠んだもの。

②孔子が蘭の王者の香りに接し、自らを省みて詠んだ歌、という解釈

どこからともなく漂う控えめだが高い蘭の香りに接し、自説を押しつけることの愚を悟ったという。以来、家で修行に専念した結果、教えを請う者は四方より集まった。

どちらの解釈にしても孔子が深く心を動かされた香りであったことに間違いはない。

薫、芳、香、馨、匂、馥、臭

諸橋轍次著の『大漢和辞典』によると、薫とは「かおりぐさ」、すなわち「蘭」の類で多年生。細長い葉が対生し、赤い花、黒い実をつける。古人は根を焚いて香をたて、葉を帯びて悪気を避けた。葉を蕙《けい》といい、根を薫という、とある。

作家の陳舜臣さんは「蘭におもう」(宇野千代編『日本の名随筆1　花』作品社、一九八三)の中で、中国では香りこそ花の心であるといい、蘭と薫の関係について、こう述べている。

「植物では蘭、動物系のものでは麝香《じゃこう》が、においの世界の両横綱で、あわせて蘭麝《らんじゃ》の香とたたえられてきた。植物にかぎっていえば、やはり蘭と菊が双璧であろう。……高い

かおりを発することを『薫』というが、薫育、薫化、薫陶といった用例をみると、どこからともなく漂ってくるかおりは、むかしから教育の理想と考えられていたようだ。蘭や菊のかおりは、一過性のものではない。たとえば髪にかざしたり、衣服のなかに入れておくと、そのにおいはうつるものなのだ。それを薫染という」

においを表す字には、普通用いられるものに、薫、芳、香、馨、匂、馥、臭がある。「芳」はかおりぐさやにおいぐさが本義で、転じて良い香気、ほまれや美しいもののたとえを意味する。「香」の字の本義は、「黍《きび》」などの良い香りを指しているが、転じて「凡《すべ》て、声、色、様子、味などの美しいこと」を意味している。「馨」は、良いにおいが遠くにまでおよぶことから、感化や名声が伝わる意味にもなる。「匂」は匂→匀→韵→韻と遡れる。「韻」は音のよい響きの意で、例えば「韻をふんだ詩歌」のように用いられる。「韵」は「韻」と同じ意味である。「匀」は「韵」の省画からきている。「匂」は「匀」からきた国字である。聴覚と嗅覚が互いに関わり合っているのを感じる。森鷗外や幸田露伴は「匂」を使わず、「匀」を用いた。二人の文豪は、正確に原字に近い「匀」の字を用いているわけである。北原白秋は、「匀」を用いてみたが、「どうにも香ひがこもらぬやうな気がして、このごろはまた匂に還つた」（前掲『日本の名随筆48香』）と書いている。フランス料理や中国料理を、日本人が日本の風土や嗜好に合うように、味つけや盛りつけを変えてしまうように、「匀」を「匂」に変えてしまったような気がする。私は「匂」の方が、日本の四季の風物やこまやかな人情や姿を描写するのにぴったりしているようで、好きである。「馥」はかおりが豊かの意で、香気が盛んな様子を表す。「臭」は悪いにおいに用いられるが、元来、イヌがよく鼻でにおいをかぐことから犬と自（鼻）とをあわせて「臭」の字をつくったものである。しかし、においの良い悪いに関係なく使うときもあるようだ。

現在一般的に使われている字で、良いにおいと悪いにおいの全体を表す漢字はない。香料やにおいに関する文章を書いていても、その用語の選択に迷うことがあり、私のいいたいことや気持ち、感じなどをぴったり表現するのはなかなか難しい。

これらの七つの字は、単に嗅覚に直接結びつく感覚を表すだけでなく、色彩や雰囲気を表すものとして多様に使われている。嗅覚的ではないものに用いられた例では、「清浄で甘美な芳香を放つ」と、彫刻作品を評した新聞記事があった。これは、一九八六年に東京・銀座の現代彫刻センターで開かれた「舟越保武自選展」の記事（『日本経済新聞』十月十七日）の見出しである。「ナルドの香油」でも取り上げたあのマグダラのマリアが香油の壺を持つ、宗教的な主題による聖女彫像『聖マリア・マグダレナ』の美しさをたたえて「形や表情や陰影は平衡感に富んで芳香を放ち、名状し難く魅力的だ」と書いている。

「におい」や「かおり」という言葉で表される感性の幅とこまやかさを、古今の文章の中に見てみたい。

1　良いにおい

良いにおいには、自然のにおい、香《こう》や香水の香り、嗜好品や食べ物のにおいがある。
「一人が起《た》つて窓の障子を開けると、雨は何時《いつ》かあがつて、新緑の香《かをり》を含んだ気持のいい山の冷々《ひえびえ》した空気が流れ込んで来た。煙草の煙が立ち迷つてゐる。皆《みんな》は生き返つたやうに互に顔を見交《みかは》した」（志賀直哉『焚火』）
「澄んだ、明るい目をしていた。
こんな人の帰りを待つ娘の幸福をたみはそっと思いやった。
そのうち、名物のスコールがあった。スコールは、またたく間にすぎて、あとには、さわやかな水の匂いだけがのこされた。
『まるで、打ち水を天がしてくれるようですわね』」（瀬戸内晴美『女徳』）
「伏籠に数々の美しい衣裳《いしょう》をかけ、香を焚きこめていた母——。……線香の色は薄茶色で、流れ漂う煙の色は白く、朋子はその香を嗅いで、また香籠の下から流れ出た香の香りを想い出した。……香気は馥郁《ふくいく》と辺りに漂い、幼い朋子はしばらく放心を続けていた」（有吉佐和子『香華』）

「私の鼻は、その時何処かで嗅いだことのあるほのかな匂を感じました。あゝ此の匂、……海の彼方《かなた》の国々や、世にも妙《たへ》なる異国の花園を想ひ出させるやうな匂、……此れはいつぞや、ダンスの教授のシユレムスカヤ伯爵夫人、……あの人の肌から匂つた匂だ。ナオミはあれと同じ香水を着けてゐるのだ。……私はナオミが何と云つても、たゞ『うん〳〵』と頷いたゞけでした。彼女の姿が再び夜の闇に消えてしまつても、まだ部屋の中に漂ひつゝ、次第にうすれて行く匂を、幻を趁《お》ふやうに鋭い嗅覚《きうかく》で趁ひかけながら。……」（谷崎潤一郎『痴人の愛』）

「台所で沸かしてゐる珈琲《コーヒー》の匂が際立つて香《こう》ばしく匂つて来るのに心づいて、突然、『秋やなあ、――』と、新聞の面から顔を上げて、貞之助に云つた。『――今朝は珈琲が特別強う匂うて来るやうに思ひなされへん？』」（谷崎潤一郎『細雪』）

「茸《きのこ》を噛むと秋の香《にほひ》が齦《はぐき》に沁むやうな気持がする。味覚の発達した今の人の物を喰べるのは、其の持前の味以外に色を食べ香気《にほひ》を食べまた趣致《おもむき》を食べるので、……香気《にほひ》にしてからが然《さ》うで、石花菜《ところてん》を食べるのは、海の匂を味はひ、香魚《あゆ》を食べるのは淡水《まみず》の匂を味はふので、今恁《か》うして茸を食べるのは、軈《やが》てまた山の匂を味はふのである」（薄田泣菫

『茸の香』)

2 艶、色

「にほひ」は、赤く色が浮きでるのが原義で、①赤く色が映える、②色に染まる、③色美しく映える、のように、あふれ出す美しさを表す言葉として用いられ、転じてものの香りがほのぼのと立つ意になった(『岩波古語辞典』)。色とか艶とか光沢を表現するのに「におい」という言葉が使われるのは、ごく自然なことである。「色はにおう」、「香りは聞く」といわれてきたように、人間の感覚は、深いところでつながっている。

敷島の大和心を人問はば朝日に匂ふ山桜花(本居宣長)

うら〳〵とのどけき春の心よりにほひいでたる山ざくら花(賀茂真淵)

「都忘れは野春菊ともいうそうだが、葉もしゃんとして形が良い。時々切り花にしてたのしむが、紫の花からは清楚ななかに艶なものが匂ってくる心地がする」(芝木好子『都忘れ』)

「先週末、埼玉県北本市のスモモの里あたりを散策していたら、エドヒガンザクラの巨木にであった。根回り三メートル、高さ二十メートル、四方にひろげた枝に密生する千万の花がうすべに色ににおって、白っぽい空にとけこんでいる。ソメイヨシノよりもやや小さめの花びらは、繊細で清絶だ」（辰濃和男「花の移ろい」『辰濃和男の天声人語　自然編』）

「むかし、小林古径さんのお嬢さんのお通《つう》さんとよく遊んだことがあったが……粋と気品の溶け合った地味好みで、長襦袢だけがいつも匂うようだった」（志村ふくみ『色と糸と織と』岩波書店　岩波グラフィックス35）

「まだ粉雪の舞う頃だった。小倉山のふもとの方まで行ったとき、桜の木を切っている老人に出会った。その桜の枝をいただいて帰り、炊き出して染めてみたら匂うように美しい桜色が染まった。染場中なにか心までほんのりするような桜の匂いがみちていた。私はそのとき、色が匂うということを実感として味わった。もちろん匂うとは嗅覚のことではないのだが、人間の五感というものはどこかでつながっていて、美しいという要素には、五感の中のいずれかと微妙に響き合っているものがあるように思われる」（同）

最近、「におい」という言葉の使い方として、思いがけない例を見つけた。日本刀の刃と地金との境目に現れる霧のようにほんのりと見える美しい鉄肌の紋様を「におい」といい、刀の最も大切な見所の一つであるという。「におい」という言葉の感覚が的確に使われていることに私は驚いた。

3　人柄、趣、気質

においや、かおりという言葉は、目に見えるものや鼻で感じるもの以外にも、にじみ出る人柄や趣の美しさをも表している。

「御屏風も、風のいたく吹きければ、おしたゝみ寄せたるに、見とほしあらはなる、廂《ひさし》の御座《おまし》にゐ給へる人、ものにまぎるべくもあらず、気高く、清らに、さと匂ふ心ちして、春のあけぼのゝ霞の間より、おもしろきかば桜の咲きみだれたるを見る心地す。あぢきなく、見たてまつるわが顔にも、うつりくるやうに、愛敬は匂ひちりて、またなくめづらしき、人の御さまなり」（『源氏物語』野分）

「姪《めい》が出して来て見せたものは、手紙と言っても、純白な紙の片《きれ》にペンで細く書いた僅《わず》かな奥床《おくゆか》しい文句であつた。『君のやうに香《か》の高い人に遭遇《であ》つたことは無い、これから君のことを白い百合の花と言はう』唯《ただ》それだけの意味が認《したゝ》めてある」（島崎藤村『家』）

「私は吃驚《びつくり》して顔を仰いだが、嬉しくて涙が重たくまつ毛にかかってこまった。こんな場合、宮村の素朴なよさがかおるように顔に出る。私はうじうじ胸にかかっていたもやが一度に晴れたようで、買物があるからと偽って、いそいそ彼について外へ出た」（芹沢光治良『巴里に死す』）

「じいつとこちらを見つめてゐる眼が美しい。重い厚い花弁がひろがつてくるやうな、咲くといふ眼なざしだつた。匂ふものが梨花へ送られた。職業的な修練だらうか、それともかういふときに匂ひを放つやうな美しい心なのだらうか」（幸田文『流れる』）

4　雰囲気

政治や思想や文化のかたちや流れがつくり出す独特の状況や時代の雰囲気を表現する言葉としても用いられることがある。

「亜米利加のやうな新しい土地は別として、古い歴史を持つ国々の田舎の町は、支那でも欧羅巴《ヨーロッパ》でも、天災地変に見舞はれない限り文化の流れに取り残されつゝ、封建の世の匂ひを伝へてゐるのである。たとへば此の町にしても、電線と、電信柱と、ペンキ塗りの看板と、ところ〳〵の飾り窓とを気にしなければ、西鶴《さいかく》の浮世草紙の挿絵にあるやうな町家を至る所に見ることが出来る」（谷崎潤一郎『蓼喰ふ虫』）

「彼には宗団の新旧両派も、宗団の独立と繁栄も問題にはならない。彼は自分自身が暗い日常で想いつめたことを、自分自身の手でやってみたいにすぎなかった。彼の眼つきや挙動にふくまれた、アナアキスト風な臭気がそれを示していた。その時以後、その夜の長い集会のあいだ、ずっと不機嫌に彼が黙りこみ、いかなる相談にも応じなくなったことで、それは明瞭だった」（武田泰淳『異形の者』）
「さきごろ、店頭でコーディネイトされた着物一式をみた。長襦袢《ながじゆばん》から半襟《はんえり》、帯、帯締《おびじめ》にいたるまで、いっさいをひと組の装いとして飾られていた。大正浪漫風の色彩と意匠で、倦怠と爛熟がどこか匂うようである」（志村ふくみ、前掲書）

5　いやなにおい

直接嗅覚に働きかけるもので、生理的不快感を伴うものには、どういう言葉が使われているだろうか。
「焰の音が聞えた。眼の前に火の手が立つた。……島村と駒子も人垣に自然立ちどまつた。火事の焦臭《こげくさ》さに繭《まゆ》を煮るやうな臭ひがまじつてゐた」（川端康成『雪国』）
「薄暗い中で、漁夫は豚のやうにゴロ〳〵してゐた。それに豚小屋そつくりの、胸がすぐゲエと来さうな臭ひがしてゐた。『臭せえ。臭せえ。』『そよ、俺だちだもの。え、加減、こつたら腐りかけた臭ひでもすべよ。』」（小林多喜二『蟹工船』）

6　疑わしい、うさんくさい

この意味では、現代ではよく使われているので、だれでも分かる。

「花魁《おいらん》の新造とか、芸者の箱屋とか、役者の男衆とか、すべてさう云ふ寄生虫的な生活をしてゐる人間が、喰ひさがつてゐる者の隅から隅まで悉く掌中に置き、少しでも余計に栄養を盗み吸ひ取らうとする根性から、油断も隙もなく、常に秘密の匂に鼻をヒコつかせてゐる事実は、三好も見聞《みき》してゐたうへに、滝十郎の男衆、大橋善太郎が、典型的な寄生虫根性の男だと云ふことも知つてゐた」（里見弴『多情仏心』）

「帰りがけに山嵐は、君赤シヤツは臭《くさ》いぜ、用心しないとやられるぜと注意した。どうせ臭いんだ、今日から臭くなつたんぢやなからうと云ふと、君まだ気が付かないか、きのふわざ〳〵、僕等を誘ひ出して喧嘩のなかへ、捲《ま》き込んだのは策だぜと教へてくれた」（夏目漱石『坊つちやん』）

7　体臭

これには女の体臭、男の体臭、人を誘う体臭、不快な体臭などがある。

「胸のあたりから腹にかけての拡がりが、脳裏に浮び上ってくる。白くなめらかなその部分は、興奮すると薄桃色に染まり、膨れ上った静脈の枝が青い模様を描き出している。……噎《む》せるほどの女のにおいを放つ、薄桃色の拡がりである。それは、荒々しい男の力を招き寄せないで済む筈がない」（吉行淳之介『技巧的生活』）

「ショーウインドーを覗いている美那子の横に学生風の青年が三、四人まるで彼女にかぶさるように寄って来た。若い男のむせかえるような体臭が美那子を取りまいた。美那子はそこを離れると魚津を会社へ訪ねて行ってみようと思った。しかし、まだ本当に心が決まったわけではなかった」（井上靖『氷壁』）

言葉の違いを厳密に考えていくと、なかなか難しいものである。私はこの本を書くに当たって、どのような原則で言葉を使ったかを、ここで示しておこう。

原則は現代の言葉の使い方を優先させた。まず、「かおり」という言葉だが、これには「香り」、「薫り」の両方があり、ともに使っている。「香り」は、香り高い、香水の香り、花が香る、土の香りなどのように一般的に使う場合で、この本のテーマは、当然ながら嗅覚の問題が圧倒的に多いから、「香り」を使った場合が多い。一方、「薫り」は、菊薫る佳日、初夏の薫りなど、比喩的、抽象的ないい方のときに使っている。

「におい」には、「匂い」と「臭い」の両方あるが、「臭い」は「くさい」と混同する恐れがある。そこで、すべてひらがなで「におい」とした。一般的にはあまり良いにおいではないことを表現する「くさい」のときだけ、「臭い」を使った。ただし、古典、文芸作品などの引用文のときは、送り仮名も含めて原文通りである。

酒と香り

酒というと、年配の人にとっては日本酒のことであるが、若い人にとってはアルコール飲料全般のことのようだ。酒という言葉の受け取り方によって年代が分かるそうだ。私はいろいろな国のいろいろな酒が好きである。味もさることながら、それぞれ特有の香りを持っていて楽しい。香りの研究にかこつけて、いろいろ飲んでいる。

日本酒はひところに比べ、人気を取り戻している。吟醸や純米醸造などの高級酒も多種出回るようになり、宣伝広告も行き届いているせいだろう。おいしい酒を見つけた人が口コミで伝えあう影響も大きい。全国各地で種類が多く、その香りと味を云々するのは私には無理だが、外国の酒に比べて、全般に香りと味の幅は狭い。

フランス人と日本酒を飲むと、うまいうまいというが、本音なのか外交辞令なのか分からない。酒と食事とのかかわりでは、日本酒は食事中に飲む食中酒と位置づけられるが、代表的な食中酒のワインに比べると、アルコール濃度がやや高い。フランス人の料理の専門家が、日本酒は少し水で薄めて使った方が、食欲を高めたり、料理の味をひきたてたりする食中酒としては良い、と語っているのを読んだことがある。アルコール濃度は日本酒が十五度から十七度、ワインが九度から十四度である。「度」は、アルコールの含有量を容量パーセントで表したもので、普通使われる重量パーセントとは少し違うが、大差はない。

そうはいっても、日本酒を薄めて飲む感覚は、あまり歓迎されるものではない。水っぽい酒は金魚が泳げるほどの薄さだと「金魚酒《きんぎょざけ》」とか、村はずれまで来ると醒めてしまう「村醒《むらさめ》の酒」といって軽蔑されてきた。日本の風土に支えられて二〇パーセントにも達する高濃度のアルコールを含む酒をつくり出した伝統的な醸造技術は世界に誇れる文化だと思う。

最近は日本酒にも香り高いものが多い。その中でも石川県白山市の「天狗舞《てんぐまい》」は、含むとフルーティな香りが口いっぱいに広がる。その地方で産する米の山田錦を五〇パーセント以上削って精白してつくる吟醸酒である。吟醸酒は一般に四〇パーセント以上削った米粒（精米歩合六〇パーセント以下）を使い、若い麹《こうじ》を摂氏一〇度前後の低温で時間をかけてゆっくり仕込む。すると、吟醸香という独特の、フルーティな香りが醸し出される。この香気成分の生成は、麹と酵母の発酵によるところが大きい。

一九七七年、京都の第七回国際精油会議で、元国税庁醸造試験所所長の野白喜久雄博士が、特別講演の中で、精米と香気成分の生成について述べた内容が強く印象に残っている。日本酒からは約百種類の香気成分が見いだされていて、エステルと高級アルコールがその主要な役割を果たしている。約一〇〇ppmのエステルと四〇〇ppmの高級アルコールを含んでいる。興味を引かれたのは、酵母によるエステル生成が不飽和脂肪酸の存在によって強く阻害されることだった。精米の度合いの高い米は、不飽和脂肪酸の含有量が低く、また、発酵時の低温は、エステルの生成量を増やす。精白度合いが高く、低温で発酵させた吟醸酒が良い香りを出す理由が分かってきた、と野白博士は述べられた。

酵母によって、香気成分の生成量は異なるが、中でも「きょうかい九号」という酵母が、通常の酵母に比べ約二倍の香気成分を生成するとのことであった。会場を出たところに「きょうかい九号」を用いた吟醸酒が並べられてあった。そのふくよかな香りはいまでも忘れられない。その後私は、いろいろな吟醸酒を飲むときに、そのときの香りをもとに判断し味わっている。冷やで飲むと香りがよく分かる。

良い酒は、香りや味の調和だけでなく、しっかりした「酷《こく》」といわれるうま味の本質的なものを持っている。「菊正宗」は、原料米の精白度は上げないが、生酛《きもと》特有のうま味と香りとをアピールしている。辛口のきりっとした味わいはまた格別である。幻の名酒といわれる「越乃寒梅」は、抵抗のないのど越しの良い酒であり、すっきりした味わいは、淡麗である。「淡麗」という言葉は、元国税庁醸造試験所の佐藤信博士が『日本酒の研究』(池田洋一編、中央公論社、一九八二)の中で酒のタイプを分類したときに提案していた言葉である。この酒の風味のニュアンスを大変うまく表していると思う。

私は、いまは種類を決めないでいろいろなものを飲むことにしている。味わいは、口に含んだときの味覚、嗅覚、温冷感などによる複合感覚である。日本酒のデリケートな風味を香りの言葉で表現するのは、その語彙の少なさもあってとても難しく、文字にすることができないのは残念である。

一九八五年、私は学会のエクスカーションで広島の宮島口にある大手のウイスキー工場を訪れた。五十九度、七年熟成のウイスキーを飲む機会に恵まれた。樫《かし》の樽の中に柄の長い小さなひしゃくを入れて、琥珀色の液体をくむ。五~六メートル離れている私のところに、芳醇な香りが押し寄せてくる。五十九度という濃いウイスキーを飲んだのは、それが初めてだった。私には、ダブルのストレート一杯が限度だった。一行の中にはお代わりをする人もいて、工場の人もどうぞとすすめてくれるのだが、これだけ濃いと、つまみが相当ないと杯はすすまない。

熟成中、アルコールの酸化やエステル化が徐々に進んで、アルデヒドや酸、高級アルコールのエステルなどが、ウイスキーの中に増えていく。また、樽材の成分のうちウイスキーに溶け出すことができる化合物のほかに、セルロースやリグニン、ヘミセルロースなどの分解生成物も長期の熟成期間中に、多くの香味成分を生成している。その主たる成分は、シリングアルデヒド、バニリン、シナップアルデヒド、バニリン酸エステルなどである。

成分の変化のほかに、ウイスキーでもブランデーでも、熟成に伴って、アルコール・水の溶液構造が変化してくる。東洋大学工学部の赤星亮一博士は、この現象を三十年にわたって追究している。赤星博士は、酒の世界的権威であり文化勲章を受けられた醸造学の坂口謹一郎先生の高弟で、東大時代の私の恩師でもある。ウイスキーでもブランデーでも三十年ものになると、飲んだときのアルコールの刺激がぐんと消えて、香りも味もまろやかになる。アルコール分が四〇パーセント以上もあるのに、味覚では一五パーセント程度にしか感じない。蒸留酒の中で、水の分子とアルコールの分子とは、熟成が進むにつれて水素結合によって結ばれ、安定でより強い分子会合塊を形成する。蒸留直後の酒の中では会合塊が不安定で、アルコール分子の単量体が多く、それが蒸気となって立ちのぼりやすいので、刺激のあるアルコールの香気が生じる。熟成が進むとともに、安定な会合塊が生成し、アルコール分子が束縛されて、単量体が減る事実を赤星博士は証明している（「調熟《ちょうじゅく》の科学」『日本醸造協会誌』五八号、一九六三）。

赤星博士は、このことを「水分子とアルコール分子が素晴らしい結婚をしているのだ」とたとえている。なるほど、良い夫婦は年とともに良い味が出るものなのだ。博士は研究で、世界のコニャック市場の二〇パーセントを占めるトップメーカー、ヘネシー社の工場を訪ねたことがある。熟成が十年から四十年以下の若いコニャックの眠る熟成庫では、頭がくらくらするほどアルコールの蒸気がたちこめており、意外なほどひんやりとした冷気を感じた、という。それは、樽を通して揮散する「天使の分け前《エンジェルズ・シェア》」と呼ばれるアルコールの、気化熱によるものである。エンジェルズ・シェアとは、だれがいいだしたのか分からないが、良い表現だ。ところが、八十年とか二百年ものが貯蔵されている酒倉では、冷気もアルコールの香りも感じられなかった、という。長期貯蔵によって熟成が進み、アルコール分子が束縛されて、気化しにくくなっているからだ、と博士は私たちに説明して下さった。

長期の熟成ものは、テーブルの上にたらすと、広がらないで玉になってころがるらしい、という話を、かつて博士から雑談でうかがったことがある。これは本当だろうか。博士自身も確かめたことだろうか。最近、博士に再度お話をうかがったところ、「それは昭和二十一、二年ころ、サントリーの元工場長の方から聞いた間接的な話なので、自信が持てません。テーブルの表面の状態にもよるが、私が試したところでは、必ずしもそうではありません」とのことであった。

私が飲んだ最も古い蒸留酒は、「ヘネシー」の百年ものである。年始回りに研究室の者と連れだって、会社の当時の専務宅を訪ねたところ、香料をやっている人たちなら分かるだろうから、ということで、専務夫人がその宝物をあけてくれた。研究室には、大手の会社の高級ウイスキーを買ったところ味がおかしいといって、ウイスキー会社の営業の担当者を謝らせたつわものもいたから、専務夫人の言葉もまんざらお世辞ばかりではない。

チェコスロバキア製のブランデーグラスに注がれた琥珀色の液体は、まさに宝石のように見えた。味は舌にまろやかだったが、不思議なことに長い熟成の芳醇の香りの中に、新鮮なブドウの香りが潜んでいるのを私は感じた。貴重な経験だった。私は、さきの話をちらと思い出したが、この宝石をテーブルにころがしてみる気にはとてもなれなかった。

私が会社に入ったころ、スコッチ・ウイスキーの「バランタイン」の三十年ものを買っていれば、いまでは八十年ものになっているから、ころがるウイスキーを手にできていたかもしれない。しかし、当時の新入社員では、ボーナスをはたいても買えるしろものではなかった。私が四年前に買った「ロイヤルサリュート」（王礼砲《ロイヤルサリュート》二十一発にちなんで熟成二十一年）は、あと二十五年すると五十年ものになる。そのときテーブルの上でころがるのを試してみたい、とひそかに思っている。五十年程度ではまだだめかもしれないが。

瓶に入れたものでも熟成するのか、という疑問を持つ人もいるかもしれないが、赤星博士の研究に従えば当然そうなるはずだ。

中華料理には、中国の酒が似合う。私が飲むのは、おおかた紹興酒《しょうこうしゅ》で、日本酒と同じ米と麹からつくった酒がこんなにも違うのか、と思う。紹興酒の独特の香りと甘みは、脂っこい料理によく合う。アルコール度も十六度で、日本酒なみである。

日中国交回復に出かけた田中角栄元首相が賞味したことで、一躍有名になった茅台酒《マオタイ》は、蒸留酒で、五十五度の白酒《バイチュウ》である。最初私は、小さなリキュールのグラスに一杯も飲めなかった。そのエステル臭は、私の知っている蒸留酒の中でも最も強く、それにいかにもアルコール濃度が高いという印象だった。飲み慣れてくると、香りとアルコールの強い刺激は、中華料理を味わうときに欠かせない、おいしいものになってきた。アルコールは濃度が高いものほどおいしい、という意見があるが、茅台酒の場合、まさにそれを実感している。胃にご用心、である。

バラの酒だからということで、中国からのお土産に玫瑰酒《まいかいしゅ》をもらった。日本でも入手できるようだが、横浜の中華街の中でも大きい店の華正樓には私が見たときは置いていなかった。飲んでみると、いかにもバラの香りだった。

玫瑰はハマナシに似ている、ということは知っていたが、どのように違うのか実際に見たいと思った。八八年五月の下旬、千葉県八千代市の京成バラ園芸研究所で、育種の研究をしている平林浩さんに、玫瑰とハマナシとが並んで咲いているところを案内してもらった。

玫瑰は、花がひとまわり小さい。葉はとがっている。生長した比較的大きな株になると、とげが少なくなる。一方、ハマナシは花が大きめで、葉は丸く、とげが茎に密生していて、人を寄せつけない感じである。

実物を目の前にすると、その差は歴然としていた。ただ、丁子のニュアンスを持った甘い花の香りは、きわめて似たものだった。

南仏のラベンダーの栽培地に六九年夏私が出かけた折、途中、氷水を入れてすすめられたアニス酒は、乳白色で少し青臭く、舌にからまる不慣れな味も、乾いた暑さの中で心地よく、汗のひくのが感じられた。同行のフランス人は、初めてなのに全部飲めたのは日本人では珍しい、といった。

醸造酒や蒸留酒に果実、花、種子や香草などで味付けした酒がリキュールである。リキュールは薬用酒としての歴史を持っていて、アニスは古代ギリシャ時代から薬草として知られていた。第四章の「芳香治療学」で述べたように、「シャルトルーズ」や「ベネディクティーヌ」もリキュールの一種で、強壮健胃、消化不良に効能がある。

リキュールは国によって多くの種類があるので、私はいろいろ試すつもりできたが、まだその入り口を垣間見たにすぎない。中には珍しい香味のものもある。フランス最大の香料会社ルール社を一九八〇年の国際精油会議の後に訪問したとき、昼食で胃に良いからとすすめられた「シューズ」という名の酒は、ふるえあがるほど苦いものだった。リンドウ科の植物ゲンチアナの根茎を乾燥させた苦味健胃剤を溶かし込んでいるもので、食前酒としてよく飲む「カンパリソーダ」の、ほろっとした苦味を濃縮した強烈なものだった。たいていの酒にはひるまない私だが、この苦味には驚かされた。日本で、酒をそろえていることで知られるようなバーに行って「シューズ」を注文してもあったためしがない。需要があるとは、私にもとても思えない。

ドイツの「ウンターベルク」は、食後酒に良いと、数年前ドイツの会社の日本支社の人から二十三ミリリットル入りのものを六本もらったが、いまだになくならない。ヨーロッパで最もよく飲まれている健康酒で、世界の四十三カ国から選び抜かれた自然の植物が四十九度のアルコールに溶けています、といううたい文句である。褐色の粘っこい液体は、二十三ミリリットルの超小瓶一本を空けるにも、時間がかかる。口に入れた途端に私は「太田胃散」を思い出した。アニスの甘さや丁子、シナモン、ナツメグ、キナの香りを感じる。キナとは、種々のキナノキ属の植物の幹枝の皮を総称したもので、苦味健胃、強壮解熱剤として用いる。「ぐっと一息に飲み干して下さい」とドイツ語で書いてあるのは、あちらでもやはり、良薬は口に苦し、なのだろう。

八六年二月に訪れたポルトガルの南は、アーモンドのピンクの花が盛りだった。ベンズアルデヒドとフェニルエチルアルコールを感じる花は、梅の香りを甘くした感じだった。ラゴスの町のレストランで飲んだ「アメンドア・アマルガ」(アーモンドのリキュールの商品名)は、アーモンドの強い香りがした。ポルトガル特産の保存食である干した無花果《いちじく》との取り合わせが妙で、どちらもこれまで口にしたことがないものだった。

日航機内では、食前に梅酒を出す。家庭ではポピュラーだが、最近は料亭でも出すところがある。梅酒は世界に通じるリキュールであって、外国の人にも知ってもらいたい、と私は思う。リキュールは良い香りと舌あたりの良い甘さで女性を魅了するものが多い。手近な愛の小道具といわれる。もっと研究したい酒である。

ワインは、種類が多く、私はよく分からない。ホストを務めるときに値段もほどほどで、料理に合ったものを選んだり、最初に味見をする程度のことはできても、何しろ種類が多い。飲んでおいしく、料理に合っていればそれで良い酒だと常日ごろ思っている。例えば、赤ワインの場合、のどを過ぎてから、渋みが下から上へ上がってくる時間が遅いほど良いものだ、ということだが、私はあまりそんなことは考えない。香りで質の六〜七割は分かるというから、得意な鼻を使えばおよその見当はつく。

頼んだ酒が合わなかったら、どうしたものだろうか。これには二つの場合があって、一つは自分が間違って注文した場合、もう一つは品質がちょっとおかしいのではないかという場合である。最初のケースに出くわしたことがある。ワインに詳しい人だが、飲んでみて料理に合わないという。これは、注文した方が悪いわけで、別の銘柄を選び直してけりとなった。二番目の例は、海外で一人で食事したときのことで、ボトルではなく、テーブルワインであった。赤のワインをとったところ、あぶら臭いような感じがした。ウエートレスにクレームをつけたら、すぐに別のグラスを持ってきた。外国にしては珍しく素直な応対だった。日本で食事する外国の人を見ていると、おかしいと思っても、クレームをつけない場合があるようだ。日本だから仕方がない、と思うのだろうか。

味と香りが秀逸とされる最高級の赤ワイン「ロマネ・コンティ」は、ブルゴーニュのヴォーヌ・ロマネ村の産（ロマネ・コンティ社）で、作られて間もないものでも日本では一本十五万円もする。本当のワイン通になるのには、一千万円の出費と肝臓を犠牲にするくらいの覚悟が必要だ、とだれかがいっていたのが思い出される。

十一月の後半、日本の街では、「ボージョレ・ヌーボー入荷」という張り紙が所々で見られる。フランスからの新ワインの解禁日が、毎年十一月の第三木曜日なのである。この新酒の鮮やかなワインレッドは、グラスに注いだとき、そこに居合わせた人ならだれもが「きれい！」と思わず叫んでしまうほどに美しい。その香味は、ブドウの香りを強く残していて、若々しく、生き生きとした活力がある。つい飲みたくなってしまうワインである。日本でのボージョレ・ヌーボーの流行は、マーケティングの大成功であり、バレンタインデーのチョコレートに似ている。この時期にフランスから日本に来る貨物便は、このワインで満杯である。普通なら航空会社に顔の利く香料会社でも、さほど重くもなく、かさばりもしない予定外の香料を飛行機に積み込もうとしても、この時期ばかりは積み込めないという。流行おそるべしである。

酒は、その国の料理と一緒のときが一番おいしい。同じ風土と歴史の中で、調和のとれた食文化として発展してきたのだから、当然のことであろう。酒はまた、調理でも力を発揮している。日本料理でも、フランス料理でも、中国料理でも、酒を使うものが多い。門外漢の私にはわからないけれど、恐らく酷《こく》や風味を増すのに役立っているのだろう。

私は特定の酒に限らず、いろいろと味わっていきたい。味に上達するコツは、品質の優れたものに早くから親しむことである。これは、優れた香水や香料の品質評価と同じである。私は大学で醸造をひと通り勉強したが、残念ながら若いころはそれほど良いものを飲んで来たわけではない。肝臓をいたわりながら、味と香りの研究に励みたい。

第九章　香りの言葉

「ノート」について

「ノート（note）」という言葉は、もともと音楽用語である。①楽器の音（sound, tone）、②楽譜や音符（key）、③古語とか詩の調べ、曲調、旋律、歌（strain, melody, song）などを表す。

香料では、香調を意味する「ノート」という言葉を頻繁に使う。一般の人には分からなくても、それを使えば、専門家にはどんな香りの組み合わせで、どんなイメージかが、理解し合えるので、便利である。いくつかを次に示す。

シトラス・ノート——レモン、オレンジ、ライムやマンダリンなどの新鮮でさわやかな柑橘《かんきつ》系の香調。

スパイシー・ノート——丁子《ちょうじ》やシナモン、ナツメグ、コショウなどのぴりっとした感じのスパイスの香調。

アニマル・ノート——ムスク（麝香《じゃこう》）、シベットキャット（麝香猫）からとるシベット（霊猫香《れいびょうこう》）、ビーバーからとるカストリウム（海狸香《かいりこう》）、マッコウクジラからとるアンバー（龍涎香《りゅうぜんこう》）の四つの香調がある。

フローラル・ノート——ジャスミン、スズラン、ローズ、バイオレット、ミモザなどの甘く華やかな香調。

これ以外にもまだまだたくさんある。

音階と香調を結びつけた試みに、十九世紀後半のイギリスの香料研究者として有名なS・ピースが考案した香階《こうかい》がある。彼は、一八五五年、自分の経験と研究から、四十六種の天然香料を、自然音階にならって音階のように並べ、著書『香りと芸術』に発表した。

日本語に翻訳された香階をいくつか比べてみると、香料の名に食い違いがあった。そこで、私は、その香階がフランス語に翻訳されている『香水の歴史』（バイエール・エ・フィス社、一九〇五）を調べることにした。

高砂香料工業にお願いして探してもらったところ、貴重なその本をお借りすることができた。くすんだオレンジ色の表紙は、ところどころ黒くまだらになっていて、中はいたるところにシミがあった。コピーをとお願いしたが、コピー中に本がばらばらになりそうなのでと、厳重に包装してわざわざ持ってきてくれた。開いてそっとかいでみると、葉巻のような古めいたにおいがしみていた。見返しには、「高砂香料株式会社図書室大正九年（一九二〇）」とあるから、購入のときにすでに古本であったのだろうか。だれかが、葉巻をくゆらせながら、この本を読んだのかもしれない。

香階のフランス語を日本語にしようと思って、分厚い仏語辞書や香料事典、何冊もの植物辞典を動員したが、おいそれとは分からない。しかし、ていねいに調べていくと、訳語になぜ食い違いがあるのかが、自分なりに分かってきた。香料についての訳語は、先輩の専門家たちも、随分苦労したことがうかがえた。現在は使われていない香料があるからだ。この本で示した訳語は、フランスの専門家にも問い合わせてもらって最善を尽くしたものである。多くの人の手をわずらわせた。

ためしに調和を見てみると、一オクターブ違うパッチュリと白檀《びゃくだん》は、どのような割合に混ぜてもよく調和する。なるほどよく考えた香階である、と分かってきた。二オクターブ違うジャスミンとローズの場合もまったく同様である。本の中には、和音のドミ

香階

Rose	ローズ
Cinnamon	シナモン
Tolu	トルー・バルサム
Sweet Pea	スイートピー
Musk	ムスク(麝香)
Orris	イリス
Heliotrope	ヘリオトロープ
Geranium	ゼラニウム
Stocks and Pinks	ストックとカーネーション
Balsam of Peru	ペルー・バルサム
Pergalaria	エイライシャン（夜来香)
Castor	カストリウム(海狸香)
Calamus	ショウブ
Clematis	クレマチス
Santal	白　檀
Clove	丁　子
Storax	スチラックス(蘇合香)
Frangipanni Plant (Plumeria alba)	プルメリア
Benzoin	ベンゾイン(安息香)
Wallflower	ニオイアラセイトウ
Vanilla	バニラ
Patchouly	パッチュリ

Civet	シベット(霊猫香)
Verbena	ベルベナ
Citronella	シトロネラ
Pineapple	パイナップル
Peppermint	ペパーミント
Lavender	ラベンダー
Magnolia	マグノリア
Ambergris	アンバー(龍涎香)
Cedrat	マルブシュカン
Bergamot	ベルガモット
Jasmine	ジャスミン
Mint	スペアミント
Tonquin Beans	トンカ豆
Syringa	ライラック
Jonquillle	黄水仙
Portugal	オレンジ
Almond	アーモンド
Camphor	樟　脳
Southernwood	キダチヨモギ
Vernal Grass (New Hay)	刈りたての牧草
Orange Flower	オレンジフラワー
Tuberose	チュベローズ(月下香)
Acacia	アカシア(カッシー)
Violet	ニオイスミレ

ソ、ドファラの例が載っていた。それは、香気的にも調和がとれている。

ドミソ

ド　白檀
ド　ゼラニウム
ミ　アカシア
ソ　オレンジフラワー
ド　樟脳

ドファラ

ファ　ムスク（麝香）
ド　ローズ
ファ　チュベローズ
ラ　トンカ豆
ド　樟脳
ファ　黄水仙

彼の香階には、重要素材のオークモスが欠落しているのが物足りない。しかし、オークモスを使った香水「シプレー」が世に出たのが一九一七年であったことを考えると、これは無理からぬことと思える。

その後、香階を見るたびに何となくしっくりしないので、改めて調べ直すことにした。化粧文化や香料・香水の古い文献を所蔵しているポーラ文化研究所でピースの原著を見せてもらった。ピースはイギリス人なので原著は英語で書かれている。私が見たのは一八九一年の五版であった。日本でよく目に触れるのは英語からフランス語に訳された香階である。両者を比べてみるとしっくりしない理由が分かった。フランス語に訳すときに香料名の誤訳があったのだ。欧米で香料の専門用語を翻訳する時、誤訳があるのはままあることだ。間違いに気づかず読み進むと落ち着きの悪い気分になる。

ここではフランス語を改めるより原著の英語をそのまま用いることにした。その方が読む人にもわかりやすい。

なじみの薄い三種類の植物について触れておく。

○Cedrat マルブシュカン

果実はレモン型で黄色である（『園芸植物大事典』小学館、一九九四）。ピースはCédrat（学名 *Citrus medica*）の果皮から香料をとると述べている。一度南仏で見たことがあるが、夏みかんを縦に少し長くしたような形の覚えがある。日本でよく見るのはテブシュカン（手仏手柑）で形が違う。

○Southernwood キダチヨモギ

葉がほのかにレモンの香りのする甘い強い香りがある。ビネガー、ポプリなどに用いられる（『ハーブの写真図鑑』日本ヴォーグ社、一九九五）。

○Wallflower ニオイアラセイトウ

この花が芳香を持つことは古くから有名、随筆家ベーコンは居間の窓辺に植えるとすばらしいと書き、十七世紀の園芸家パーキンソンは香りのよい花束に適すると記している（前掲『園芸植物大事典』）。

ちなみに、音楽用語ではないが、画家が使う「パレット」という言葉には、二つの意味がある。絵の具を調色する板の意味と、絵の具や色彩の範囲を表す意味である。香料の専門家たちは、この二つ目の意味で使う。パーフューマーが自分で調香に使う天然香料や合成香料のひとそろえを指す。例えば、新しい興味ある香料が香料会社から紹介されたとき、「この新しい香料を私のパレットに入れておきます」という。それは、その香料を、よく使う特定の場所に置いておいて、できるだけいろいろな機会に香料処方に入れて検討してみます、という意味である。面倒な表現を使わなくても「パレット」の一言で、意図するところがすぐに相手に通じるから、便利である。

ウッディー・ノート

ウッディー・ノートをそのまま訳せば、木の香りになるが、香料の世界では、木の香りがそのまま使えるかというと、そうはいかない。ウッディー・ノートは、調香の基本的な要素で、元来は、白檀、パッチュリ、ベチバー、セダーウッドの四種類のことである。現在は合成でこれらに類似の香料も各種つくられるようになった。

これまで、この四種のウッディー・ノートのことをほとんど述べてこなかったのは、わけがある。香水を語るとき、私たちはまず、その香水を特徴づける表の顔で語らざるをえない。ローズやジャスミンや柑橘系など香水の主役と、その効果を上げ、主役の香りに広がりと持続性をもたせるムスクのような特別の素材で語る。だが実は、どの香水にも必ずなければならない、香水の中心に位置するものがある。それがウッディー・ノートなのである。香りの骨格、香りを支える裏の本体に位置する素材である。

そのようなわけで、ウッディー・ノートは、地味な存在ではあるが、ムスクやバニラと一緒に使うことによって、香水の粉っぽさ――いわゆる脂粉の香り――、女っぽいセクシーな濃厚な甘さを生み出すことが出来る。また、用い方によっては力強い男らしさをも表現できる。ウッディー・ノートに共通していえることは、香りが長く持続することである。

ついでに、木のことをいえば、私たちが知っている木は、すべてといってよいほど香水用香料の主流からは外れる。松のパイン・ノート、クスノキのカンファー・ノート、杉や檜のシルベストル・ノート（森林の香り）などは、香料用語としては、一応香りの仲間に入れられている。もっとも、高級建材の檜材や、菓子箱や酒のますに使われる杉材は、良い香りはするが、香料素材の対象にはならない。日本のヒバは、香料を採油したことがあり、床用のワックスに清潔感を持たせる香りをつけるのに使われた。だが、化粧品用の香料としては、やはり安っぽいイメージを免れない。

1 白檀

ウッディー・ノートの中で、一番ポピュラーで典型的なものである。インド大陸の南西に位置するマイソール地方で産出するが、残念ながら、私は行ったことがない。輸出は政府が管理していて、長さ三十センチ以上の材は、輸出が禁止されて、国外には出ないように規制されている。この材でつくられた彫像や、身近なところでは扇などを見かける。インド政府は、国内で加工し、付加価値の高い商品として輸出したい意向だ。

　しかし、法の網をくぐるブラック・マーケットもあり、香港との間でかなりの取引があると聞く。最近はインドネシア産の精油も出回っている。研究室にある白檀の小片は、建築現場の隅にでも転がっているような木片であるが、それから水蒸気蒸留でとった精油の試料瓶のふたをとると、重く深い木の香りが漂う。主成分は、炭素数十五のセスキテルペンアルコールのサンタロールである。合成は困難で、行われていない。高価なこの精油の代替として、多種類の類似の香気を持つ合成香料が開発されていて、身の回りの商品の香りに使われている。本物の白檀の精油を入れるような、高価な香料処方の場合でも合成代替香料を併用する場合が多い。

2　パッチュリ

　シソ科の植物の葉から採る精油である。墨臭さの混じった藁《わら》臭さの中に、甘さと粉っぽさを感じる。ほかの香料と調和させたときに、特に力を発揮する。

　香料植物の中には、シソ科のものが結構多い。ペパーミント、ラベンダー、クラリーセージ、タイムなどがそれに当たる。私が訪れたことのある北スマトラのパッチュリ栽培畑は、一カ所一カ所の畑はそれほど広くはなく、所々にシナモンやナツメグの木が点在する日当たりの良い明るい畑だった。見た感じがいかにもシソ科の植物というイメージであった。

パッチュリは一月に植えつけられ、三カ月で刈り取ることができる。その後、畑は三年間休耕させる。パッチュリは地味を衰えさせ連作はきかない。うねのそばに、翌年植える別の植物が準備されていた。

茎ごと切って、三日くらい日陰で乾燥させた後、三〜四カ月放置したものを蒸留する。葉から重量で約三パーセントの精油が採れる。茎からも採れるが、収量は少ない。

その精油には、いろいろな問題点がある。鉄分が多く含まれているのだが、これが商品の中でトラブルを引き起こすことがある。しばらく前のことだが、淡黄色の男性用整髪料の色が赤くなってしまったことがある。長く実績のあった商品だったので、基本となる材料や香料処方、製造工程が原因とは考えられず、処方中の成分のロット（製造単位）変動が疑わしかった。

そのロットで使ったパッチュリを除いて試作し、テストをしてみたところ、色焼けの現象は起こらなかった。色焼けは、パッチュリとジャスミンとベイの三種の香料が合わさったときに起こることが分かった。原因はパッチュリの中の鉄分が、それまで使っていたものより多いことであった。

パッチュリは現在でもブッシュ・トレーディングと呼ばれる取引が行われている典型的な例である。これは、家族または小さなグループが、最も原始的な蒸留装置で二～二百キロ単位の精油を生産し、中間業者に販売する。中間業者はさらに二百～五百キロ単位になった精油を、もっと大きい中間業者か輸出業者に転売する仕組みである。ブッシュとは何を意味するのか、いわれはよく分からないが、奥地で行われる取引をいうのだろうか。極端な例では、自分の家で蒸留した精油をコーラの瓶に入れて売りにくる。零細農家の蒸留装置は、ドラム缶を加工したようなものもあり、鉄さびで赤くなっている。ステンレスの設備を導入することなどは考えも及ばない。整髪料の色焼けは、熱帯のドラム缶の鉄さびによって起こったのだった。

鉄を減らす方法は二通りある。一つは、精油の化学的処理で、クエン酸水溶液を加え、摂氏約五〇度で加熱攪拌《かくはん》して水を分離し、さらに減圧脱水する。この方法だと途中ロスが五パーセントほどでる。もう一つは、採油、運搬過程で鉄と接触させない方法である。常識的なやり方だが、この方が設備と手数がかかる。

北スマトラで見学した蒸留場には、ステンレスの新鋭の設備があり、国際精油会議のメンバーの目にも堪えるもので、案内の工場長も自慢気だった。工場の隣の別棟には、使われなくなったさびた鉄の装置が放置されていた。手数のかかるのは、現地で蒸留しないで、乾燥させた葉を大きなさいころの形にパックしてフランスやオランダの香料会社に送り、そこの良い設備で蒸留する方法だ。

フランスの会社から日本に来るパッチュリや丁子油には、N／Dという記号がついている等級のものがある。これは、フランス語で「自社内で蒸留したもの」という略号で、高級品を意味している。

パッチュリには、まがい物が混入されることがあるので、油断ならない。それぞれの工程段階でひそかに、あるいは公然と混ぜられる。インドネシアでは、ガージャンバルサムという香料が容易にしかも大量に採れる。幹の直径三十センチほどの木に穴をあけると樹脂が十キロほど採れ、木は枯れる。へちま水をとるようなものである。これが混ぜられるのである。

パッチュリの主たる香気成分は、パッチュリアルコール（セスキテルペンアルコール）で、含有量の多いものは五〇パーセント近くにもなる。これは合成できないし、類似の香気を持つ化合物も合成できていない。ガージャンバルサムの化学組成は、パッチュリの精油から肝心なパッチュリアルコールを除いた組成と共通部分がある。またそのにおいは、パッチュリのにおいを妨げず、ほどほどに良い香りである。天が与えてくれた偽《ぎ》和《わ》剤というべきである。

天然香料の常として、パッチュリも激しい価格変動があり、高騰することがある。あまりの高騰ぶりに、安いものはないかと香料会社に要求すると、しばらくして数段階ずつ価格差のあるものを持って来る。私たちは、値段を隠してパッチュリアルコールのにおいに注意を集中して、慎重にかぎ分けて順位をつける。その後で価格表と照合してみると、価格とにおいの順位とがぴったり一致した。同時にガスクロマトグラフィーで分析し、パッチュリアルコールの量を比べてみると、これまた価格の順位と合致する。何のことはない、価格に応じて安い偽和剤の量を単に増やしているに過ぎないのだ。まことに単純なやり方である。

パッチュリ精油を人工的に再現することは、これからの香料化学の課題の一つであろう。価格は、高級品で一キロ当たり三万円、最高級品で十万円である。

3　ベチバー

イネ科の植物で、根から香料を採る。重く甘い木の香りだ。少し土臭さと湯気っぽさが感じられる。山の蒸留場には根を洗うほどの水はない。土を払い落としただけの根を蒸留したのでは、どうしても異臭がついてしまう。洗ってやれば高級品ができる。沈香《じんこう》の香りにもよく調和しそうな、親しみのある香りである。

インドネシアやインド洋マダガスカルの東にあるレユニオン島やハイチなどで採れる。ジャワ島では、栽培と蒸留が行われ、植物を引き抜いた後の穴に根の一部を放り込んでおくと、また生育してくるので、割合に手数がかからない。生育には日照と気温の高いことが重要である。

デパートの園芸コーナーで鉢を見つけたので、育てられるかもしれないと思い、買ってみた。稲に似て細長い葉が伸びている。ざらざらしていて、うっかり葉脈に沿って手を滑らすと、指の皮膚が切れることがある。暑さの盛りの八月だった。日当たりが良く、風通しの良い場所を選んで置いてやったが、秋風が吹くころになると、かわいそうに元気がなくなり、そのうちにだめになってしまった。横浜あたりの気候では、温室なしでは、やはり無理なのだろうか。

主成分はベチベロールで、これもセスキテルペンアルコールであり、合成が難しい。

4　セダーウッド

ヒノキ科の木で、材や葉の水蒸気蒸留で香料が得られる。最近では中国産が出回るようになった。香気は、比較的おとなしく、松やにのイメージがあり、底にフルーティな甘さがあってなじみやすい。主成分はセドレンとセスキテルペンアルコールのセドロールである。エルメス社（フランス）の香水「カレーシュ」はセドロールの香りを特徴にしている。単一のウッディー・ノートを特徴にしている香水は珍しい。上品で優雅、高級なイメージで、調和が良く、強さと拡散性がそれほど強くないという典型的なフレンチタイプである。日本人にも親しみやすい、きれいな香りを持っていて人気も高い。

先日私は、思いがけなくセドロールのきれいな結晶を見た。私の研究室で、薄いエタノールの水溶液に、界面活性剤と最高級のバージニア産セダーウッドを混ぜ、透明に溶解させて、摂氏マイナス一〇度に保存しておいた。二週間たって取り出したところ、長くて針よりも細い数百本のきらきら光る結晶が析出した。瓶をゆすると、結晶の針はわずかにたわみながら揺れた。コンピューター・グラフィックスによる芸術的な幾何学模様の動きをみるような、奇妙な美しさがあった。

オリエンタル・ノート

「オリエンタル・ノート」という言葉ほど正しく理解されず誤解を招いている用語はない。そのまま訳せば、東洋調の香りとなる。では、東洋のどこの香りかとなると、これが難しい。中近東やインド、中国、インドネシア、日本と主な地域や国を並べて、いずれも東洋だといっても、その歴史、風土、文化などにあまりにも大きな違いがあって、一つのイメージにはなりえない。

「オリエンタル・ノート」という呼び方は、チベットのムスクを求めたクレオパトラの時代やスパイスを求めた大航海時代の昔から、東洋で産出された香料が、ヨーロッパへもたらされ、それらの香料でつくられた香りの持つ特徴を総称して名づけられたものである。東洋に産する貴重な香料は、当時、東洋からヨーロッパへの交易品の最も重要なものの一つであった、という歴史にもとづいている。従って、この言葉で中近東から極東までを含む東洋のイメージを表しているわけではないのだ。現在売られている最も古い香水の「ジッキー（一八八九年発売、ゲラン社）」は、オリエンタル・ノートである。

オリエンタル・ノートと呼ばれる香りは、甘く、重く、濃艶であって、香りが長く持続する。日本人は東洋人であっても、東洋調という英語で述べられるこの濃艶な香りを好きではない。日本で、世界の代表的な香水を集めて、香りの好みのテストをすると、最下位の一群は、オリエンタルタイプで占められる。しかし、ウッディー・ノートの大半はオリエンタルであり、それが典型的に現れると好まれないものの、多かれ少なかれ必ず香水には使われている重要なものである。

オリエンタル・ノートは、動物性香料のムスクやシベット、アンバーのアニマル・ノートと、バニラに由来する甘く粉っぽいパウダリー・ノート、スパイシー・ノート、バルサミック・ノートそれにウッディー・ノートの組み合わせで醸し出される香りの総称である。ムスクはすでに説明したので、ほかのものを簡単に解説しよう。

シベットは、エチオピアに棲息するシベットキャット（麝香猫）からとる。雌、雄ともに尾部に香嚢を持っている。しかし、雌からのものは不純物が多いため、雄からだけ香料をとる。香料をとる目的で飼育し、香嚢から分泌するペースト状のものがシベットである。猫を殺さないで反復採取できるところが良い。シベットをかきとった後の猫は疲労困憊の体で、かきとった所の局部にワセリンと上質のバターを必ず補給してやる必要がある。そうしないと体力を消耗して死んでしまうという。えさは、牛肉、トウモロコシ、卵である。食糧事情の良くないエチオピアで、シベットがいかに貴重な外貨獲得の資源であるかが分かる。以前、私は、南仏の香料会社アルジェビル社で、大量のシベットを巨大な乳鉢で練っている現場に出くわしたことがある。強い不快臭の中に濃厚な甘さがあったことが印象深く記憶に残っている。その主香気成分はシベトンである。

アンバーは、ムスクと並んで、最も神秘的な香料である。七世紀の初め、アラビア人によって使われ始めた。そのころは、これが何ものであるのかが、よく分からなかった。これは、マッコウクジラの腸内、または内臓に発生した病的な生成物である。そのように正体を突き止められたのは、二十世紀になってジャン・ガットフォセ（一九二〇）とビクトル・ハスロウアー（一九二二）によってであった。飼育、栽培などで人間が増やし育てつくり出すことができないという点で、ほかの天然香料とはまったく違う。アフリカ、インド、スマトラ、日本など各地の海上や浜辺で発見される。結石が大きい場合には、それが原因でクジラが死んだことも考えられる。死後、ほかの魚に食われたり、腐敗したりして肉がなくなってしまった後でも、アンバーは腐ることなく、海上に浮いていたり、海辺に打ち上げられたりする。

捕鯨ができた時期には、クジラの体内から取り出したことが多かった。大手の捕鯨業者がアンバーを商っていた。一九八六年以降商業捕鯨が禁止され、現在では、アンバーを計画的に入手するのは、不可能になった。金華山沖には、マッコウクジラが多いと聞く。世界の天然香料地図（ルール社、一九八七）にも、日本の太平洋岸にマッコウクジラの絵が描かれている。マッコウクジラは、捕鯨反対の国際世論のおかげか、いまは増えつつあるそうだ。金華山沖や近くの海岸で待てば、高価なアンバーを拾える幸運に恵まれるかもしれない。現在その香料は一キロ二百万円。昔は、大きな塊を一つ見つければ、一生安楽に暮らせたというしろものである。切り株のそばで、ウサギを待つよりは割の良いことだろう。

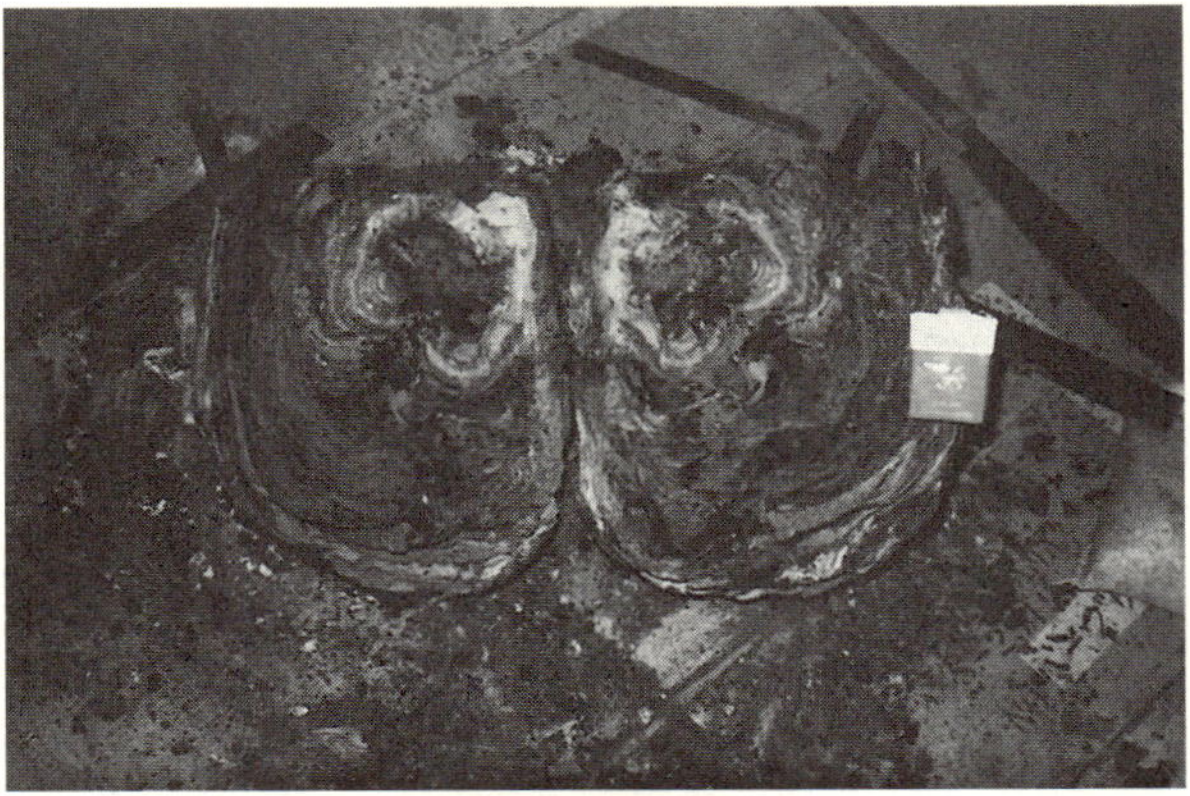

アンバー〔高砂香料提供〕

結石だから、大きさや形は様々であり、一キロくらいのものから大きいものでは百六十キロにもなるものがあった、という。暗い灰色から黒褐色の塊で、アンバー・グリース（灰色の琥珀）ともいわれるように、灰色を帯びているものが良質とされる。私の研究室にあるものは、黒褐色の岩を思わせる外観だが、持ってみるとそれほど重くはない。乾燥がすすむにつれて、引き締まってきて、大きさの割には重量感が出てくる。表面をよく見ると、イカのくちばしが必ずといっていいほど見つかる。マッコウクジラはイカが好きでそれをたくさん食べるので、それと結石の形成とは、明らかに関係がありそうだ。

アンバーは、アルコールに浸して数日間置いた後、室温で振蕩《しんとう》を繰り返しては放置して溶かす。溶けない部分を濾過して除いてから、光を遮断して一年以上熟成させることによって、素晴らしい香りを出すようになる。アンバーも、ほかの天然香料と同様に多くの成分を含んでいるが、中でもアンブロックスが香気的に重要な成分であることが解明されている。これは、一九七七年に京都の第七回国際精油会議で、「アンバー・グリースの揮発性香気成分の単離と同定」という論文(B・D・ムカジーら)で発表された。

甘い粉っぽさを出すバニラは、アイスクリームの香りで知られる。主産地はアフリカの東にあるマダガスカル島。日本の約一・五倍の広さで、バニラの生育地域は東北海岸の一帯に限られている。年間を通して生育最適温度の摂氏二一度から三二度、年間降雨量二〇〇〇ミリ、平均湿度八〇パーセントという高温多湿である。ラン科の植物で、木陰に育つように支えの木の根元に植え込んでいく。花は、受粉しにくい構造をしているので、人手で自家授粉する。一本の蔓《つる》から百個ほどのインゲン豆に似た青豆が採れる。青豆の盗難を防ぐため、四、五月ころ八割ほど生育した豆のさや一本一本に、農民は自分の所有であることを表す刻印をつけるというから、いかに貴重なものかが分かる。

収穫した青豆は、湯に通したあと、発酵、乾燥などの処理加工を経て、つやのある黒褐色のバニラ豆の商品となる。バニラ豆から溶剤抽出法で香料をとるが、最近では、高圧下で液化炭酸ガス抽出法により、天然の香気を忠実に取り出せるようになった。天然香料の例に漏れず、バニラも気象の影響を受け、この地方を襲うサイクロンによって、大きな被害を受けることがある。主成分は昇華性のあるバニリンだが、複雑な成分を持ち一キロ当たり十~二十万円、最高級品は七十万円。一方、リグニンやオイゲノールから合成するバニリンは一キロ五千円である。

スパイスというのは、一般には、料理に使う調味料のことで、刺激性の香味を持ち、飲食物を風味づけたり、着色したり、食欲を増進させたり、消化吸収を助けたりする働きのあるものをさす。歴史的に見ると、料理だけでなく、薫香、防腐剤、薬、香料などにも古くから使われてきているものである。

バニラ（海南島）〔撮影・海老沢俊英氏〕

スパイスは、熱帯産スパイスとハーブに大別でき、一般にスパイスはハーブより強いにおいと味と刺激を持っている。ハーブは、ヨーロッパとりわけ地中海沿岸地方の温帯、亜熱帯地域に自生していた風味や香りのよい、また、内服や外用の薬効のある植物の葉、実、根、花などをいう。一方、熱帯スパイスの原産地は大部分が東洋にあって、北緯二五度、南緯一〇度の帯状地帯の中にある。スパイスを求める努力は、世界史の中でも重要な役割を演じ、コロンブスのアメリカ大陸発見、マゼランの世界一周航路発見などにつながり、東西の文化や文明の交流に貢献した。

横浜の私の家には、ハーブに属するものをいくつか植えてある。タイムが二種、クラリーセージ、ローズマリー、カモミル、マジョラム、ペパーミント二種、スペアミント、ラベンダーで、日照と冬の寒さに少し注意してやれば、十分に生育する。私はとりわけマジョラムの香りが好きだ。熱帯産スパイスは、温室のない私の家では無理である。代表的なものは、コショウ、シナモン、丁子、ナツメグ。オリエンタル・ノートに用いられるのは、ヨーロッパでは生育しない熱帯東洋産のスパイスである。

レザー・ノート

なめし革の香調である。研究室の試料瓶の棚には、ムスク（麝香《じゃこう》）の香嚢、アンバー（龍涎香《りゅうぜんこう》）の暗灰色の塊、丁子などと並んで、ロシア革の切れ端が詰まった瓶がある。ロシア革は良いにおいがするものだった。大先輩の話によると、以前はそれから香料を抽出したという。調べてみると、確かにドイツでレザーのアルコールチンキをつくったという記述にぶつかった（S・アークタンダー『天然由来の香料原料と食品香料原料』アメリカ、エリザベス社、一九六〇）。しかし、現代はキノリン系の合成香料を中心に用いるから、現役のパーフューマーは、ロシア革を直接扱うことはない。私の瓶は、この香りの原点を忘れないためのシンボルのようなものになっている。

レザー・ノートは、タバコ・ノートとともに男性用の香りの特徴として重要であり、この二つはしばしば併用される。男性用のコロンには、それほどには強くないにしても、この二つが見え隠れするものが多い。ごわごわする粗い感じの革をイメージするもの、柔らかでしなやかな手触りの革を感じさせるものなど様々である。

男性は革のにおいが本能的に好きなようである。息子が幼かったころ、鹿のなめし革に顔を埋めて「いいにおい」といったのには驚いたものだった。人間はいまなお、狩猟が唯一の生きる道だった、遠い原始の本能の記憶に支配されているのだろうか。

皮革のにおいは、本来はいやなにおいである。なめしの技術が発達していなかったころは、多分動物の皮を干して乾かした程度のものだったのだろう。フランスの香料の産地グラースでは、皮革のなめし技術と香料技術を結びつけて、レザー・ノートは、なめし革のにおいとなった。それはなめすときの薬剤や防腐剤と、皮革の悪臭を覆い隠す

（マスキング）ためのタールのにおいが混じったものである。現代のレザーの香りは、ビーバーの香嚢からとったカストリウム（海狸《かいり》香《こう》）やイソプチルキノリンを使うほか、処理薬剤のにおいを出すために、白樺を乾留して得られる燻液《くんえき》からとった香料や、フェノール、クレゾール類も用いられる。

吸着管

バラや梅の香りをかぐとき感じる香りは、花から揮散する気相成分をかいでいるのであり、花びらの中の液体成分が鼻の中に飛び込んで来るわけではない。香料を採るには、水蒸気蒸留や溶剤に溶かして抽出し液体の香料を得るが、その前に実際の花からどんな香りが出ていて、その成分がどうかを知るには、気相成分をとらえて分析しなければならない。それには、いくつかの方法がある。

最もよく行われてきたのは、吸着管に香りをとらえる方法である。香気成分の捕集材でよく使われるのは、「テナックスＧＣ」と呼ばれる、極めて小さな穴がスポンジのように無数に開いているポリマーの粒子（ビーズ）である。これは、アクゾ・リサーチ・ラボラトリーズ社（オランダ）の商品名で、日本ではジーエルサイエンス社などが扱っている。それをガラス管に詰めて、片側から香気をポンプで吸い、ポリマーに香りの成分を吸着させる。そのポリマーを後で熱や溶媒で処理すると、香り成分を取り出せるから、それを分析する。ポリマーは、2-6-ジフェニル-パラ-フェニレンオキサイドを基本にしたもので、弱い極性をもつ。極性とは、一つの分子に注目した場合、分子内の電荷がどの程度分離しているかによって決まる性質で、静電気的に化合物の物理化学的な性質が影響を受ける。メタノールのように分離の程度の大きいものを極性が大きいといい、小さいものを極性が小さいという。ベンゼンは極性がない。極性が近いもの同士は、互いに溶解したり、吸着したりしやすい。この性質を利用して、吸着させる。極性が近すぎると脱着しにくくなる。

アルコール、ポリエチレングリコール類、ジオール類、フェノール類、アミン、アルデヒド、ケトンといった沸点が比較的高く、分子に極性を持つ化合物は、この吸着管にとらえて分析するのに適している。香料物質はそれに相当する。このポリマーの良い点は、水を吸着しないことである。粒径六十〜八十メッシュのものがよく使われる。さらさらした白い砂のようなもので、細かさは、手のひらに乗せて指でこすると指紋の中には入らないが、掌紋の中には入る程度である。

一九七三年の末から翌年初めにかけて、宇宙船スカイラブ四号で、船室の空気の中にどんな物質が生じているかを調べたときにも、このポリマーが使われた。宇宙船は大気圏を出たり入ったりするときに高熱にさらされるが、船室の内装や構造材料が、有毒な蒸気を生じていないかどうかを分析した。このとき、三百種以上の物質が検出され、百七種が同定されている。主としてシリコン化合物が見いだされている（W・ベルチら「スカイラブ4号内の揮発性有機物の分析と濃縮」『ジャーナル・オブ・クロマトグラフィー』九九号、一九七四）。

鉢植えの花や庭に咲いた花から、花を摘まないで香りを捕集することも出来るし、摘んだ花を研究室に持ち帰って分析することも出来る。吸着管と吸着ポンプを用意すれば、ブルガリアのバラ畑や中国のシルクロードの奥や台湾の山中で咲く花が放つ香りをそのまま捕集して持ち帰ることができる。ポンプにはメーターがついていて、入って来た気体の全量が分かるようになっている。花に専用のテフロン袋や専用のガラス容器をかぶせ、吸着管を装着し、シリコンチューブで吸引ポンプと接続する。この状態で数時間ポンプを作動させる。時間は、花の種類や分析の目的、摘まない花か摘んだ花かによって異なる。吸着管を加熱して香気を脱着させ、直接ガスクロマトグラフィーに導入して分析する場合と、いったん吸着管に溶剤を通して香り成分を溶かし出し、その液を分析する場合とがある。吸引する空気には、通常いろいろな微量成分が含まれているので、空気の導入口には活性炭を置いて、吸着管に花の香気以外の成分が届かないようにする。

固相マイクロ抽出法（SPME：Solid Phase Micro Extraction）

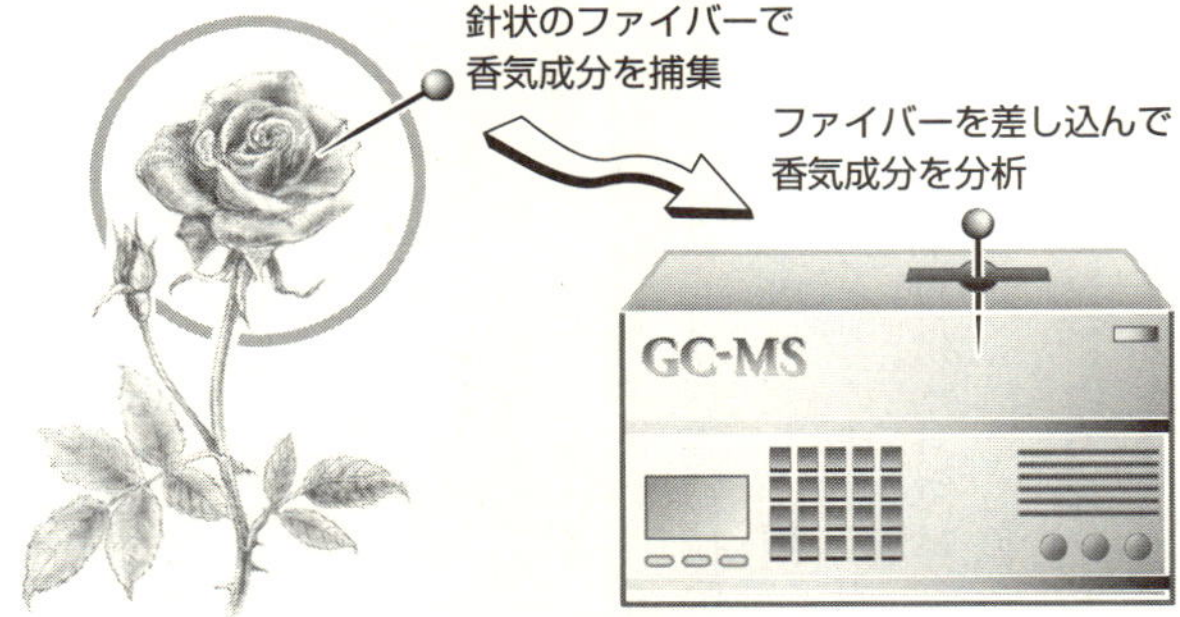
針状のファイバーで
香気成分を捕集
ファイバーを差し込んで
香気成分を分析
GC-MS

香気捕集
（ファイバーへ香気成分が吸着）

香気成分分析（捕集した香気成分が加熱脱着され、成分分析へ）

最近では、固相マイクロ抽出法（Solid Phase Micro Extraction）により、一輪の花が放つ香りも精度よく分析可能になり、応用範囲が広がっている。針状のシリカファイバー部分に香りを吸着するポリマーがコーティングされていて、花の近くにおくと、ファイバーが香りを吸着、捕集する。ファイバーを分析装置のＧＣ－ＭＳの試料注入口に直接つなぎ香気成分を加熱・脱着することにより直ちに分析することができる。これまでのヘッドスペース法よりも操作が容易な上、ＧＣのクロマトグラムもシャープで分離のよい結果が得られる。

　このような方法で得られた分析数値をそのまま使って、それぞれの香料成分を数量通り混合して香料をつくればその花の香りになるかというと、そうはならない。気相中の成分組成をそのままの数値で混合して液体にしたものからたちのぼる気相成分は、最初の気相成分の値と同じものではないからである。例えば、梅の花の場合、かなりの比率のベンズアルデヒドが捕集されるが、捕集成分通り調合した液をにおい紙につけてかいでみると、圧倒的にベンズアルデヒドのにおいになってしまう。それが十分もたつと、今度はベンズアルデヒドは揮発してしまって、まるで別の成分のにおいしかしなくなる。どちらも梅の香りからはかけ離れている。

花は生合成によって、常に調和のとれた香りを出しているが、調合されて瓶に詰められた香料は、におい紙につけたとき、揮発しやすい成分は早く消え、揮発しにくい沸点の高い成分が後に残るという不調和を露呈する。これが自然の花の香りと人工物の避けられない違いであり、調香技術の難しさなのである。しかし、調香技術には、揮発しやすい成分を持続させたり、揮発しにくい成分を揮発しやすくさせるテクニックがあり、沸点の異なる数多くの成分の香りを調和よく感じさせることができるのである。

花の香りの分析ばかりではなく、吸着管は大気や河川の水の中の有機微量成分の捕集や濃縮に利用できる。森や海辺の空気はもちろん、病院の廊下や病室のにおいの捕集と分析もでき、病院に特有なにおいや雰囲気の改善にも力を発揮することができる。最近では、広くオフィスや公共施設の香りの環境のコントロールにも、目が向けられ始めてきた。これまでは香りの世界にまで気を配る余裕は、建築家やデザイナーにも少なかったし、そういう発想自体がまれであった。

あとがき

終戦のとき、私は小学校五年生だった。身の回りはすべてのものが荒廃していた。焼け野原の東京では、終戦直後短期間は、学校の授業も行われなかった。乏しい食物を補うため、焼け跡に麦、さつまいも、とうもろこし、トマト、かぼちゃを植えていた。

そのころ、同じ年ごろの遊び仲間の間で宝物のようにされていた珍しいものがあった。ガラスのようだが、すれた傷がいくつもあって、手に持つとガラスほどには冷たい感じがない、透明な固い小片だった。

汚れたズボンのポケットから、汚れたハンカチにくるまれた小片を大事に取り出して、指で強くこすってかぐと、ほのかな甘い果物の香りがした。持っている子どもは得意そうだったし、周りの子どもたちは、それなりにありがたがって、その香りをかがせてもらったものだ。

荒廃の中で空腹をかかえた遊び盛りの子どもたちにとって、その香りは気持ちを和らげ、ほっとさせてくれる貴重なものだった。それは米軍機の風防ガラスのかけらといわれていたが、どこに行けばそれが拾えるのか、また、本当にそれが風防ガラスの破片だったのかどうかは分からない。芳香を秘めたかけらは、乏しい中でいくばくかの食糧と交換されるほどの価値を持っていた。人はどのような状況にあっても、生来、快い香りを求めているものなのだろう。

いま、豊かでものがあふれかえっている世の中で、人々は香りをどう感じ、どのように自分のものにしているのだろう。日本人の感覚はもともと大変繊細で、ものの微妙な違いを感じ分けるこまやかさを育ててきた。季語や歳時記に凝縮された日本人の季節感は、四季の移り変わりにそって、デリケートな生活感覚をつくり上げてきた。

香りに焦点をあてて思いつくままに生活のにおいを拾ってみても、年の始めに咲く黄色い臘梅、早春の梅、沈丁花、木の芽(山椒《さんしょう》の若芽)、新茶、樟脳、梔子《くちなし》、蚊やり、西瓜《すいか》、鮎《あゆ》、菊、柚《ゆず》、海苔《のり》、檜、杉などなど、四季折々の自然の香りが生活の中にあることに気がつく。

戦後経済の高度成長に支えられて、日本人の生活環境のにおいは著しく改善されてきた。水洗トイレの普及と住まいの換気設備は、家庭からいやなにおいを追放した。入浴や洗髪や洗濯の回数が増え、清潔な生活が当たり前になって、汗や脂の汚れたにおいから解放された。最近は、香りに対する関心が高まり、いろいろな分野で香りの商品が話題になっている。これらの商品を注意してみると、ハーブやポプリや森林浴をうたった、自然でシンプルなものが多くみられる。

季節の香りを自然から与えられるままに、そのときそのときに楽しんできた日本人が、積極的に四季を通して香りを楽しもうとし始めた表れだろう。これらの商品が、自然の中にある単一素材の香りであるのは、食品に添加するフレーバーに通じるものである。

一方、香水は、自然でシンプルな素材を組み合わせて、次第により複雑で洗練された香りへとつくり上げられていった歴史を持っている。香水の基本は、花や草などから抽出した多数のシンプルな素材を調和よく組み合わせたものであり、ポプリが自然で、香水は人工的なものということではない。香水は多種類の香りが奏でる壮大なシンフォニーである。しかも、CDの音楽や複製や写真で見る絵画と違って、生演奏や画家の手になる絵そのものに匹敵する。琥珀色の香りを身近に置いて楽しめる、香りの芸術品である。香りのシンフォニーを聞き分け、熟達したパーフューマーたちの創造した世界に踏み込んで来てくれる人たちが増えてほしいと私は思う。

日本では、視覚や聴覚、味覚は小さいころから、単純なものからより高度なものへと教育され訓練されていくが、残念ながら嗅覚についてはなおざりにされたり、あるいは、その進歩を妨げたり、などの状況がある。ヨーロッパでは、学校の寄宿舎にはいるときに、生活必需品として用意する品物のリストにオーデコロンが入っているのとは、対照的である。だれでも、身の回りには香りの世界が開かれている。実にいろいろなものが、意外なほどににおいを持っている。満開のソメイヨシノの木の下の香りや、地下鉄の出口から外に出たときの明るい日差しの中に突然現れるオゾンのにおいや、草いきれの中に流れてくる刈りたてのほのかに甘い新鮮な芝のにおいに、気がついてほしい。春の薫風、自然の花や草、飲み物や食べ物、香水などのにおいにいつも関心を払っていると、嗅覚の感性は育ってきて、いままでは意識していなかった、新しい香りの世界が次から次へと姿をみせ、広がってくるのが分かる。多くの人々が、香りの奥の深い魅力的な世界の扉を開いて、その豊かさを享受してほしいと願っている。

この本は、香りの世界に係わって三十年の一人の研究者として、香りをまず情報としてとらえ、それが人の心の動きにどんな役割を果たしているかを考えながら、折に触れて感じたことを書いた随筆である。香りやにおいをめぐる新しい心の文化を模索しようという人たちのために、何らかの意味を持てば、というのが私の願いである。

香りに無関心だった人々が、身近な所にある様々な香りの世界へと踏み込んで行けるように、だれにでも理解できるようにという思いを込めて、分かりやすい言葉で語ったつもりである。文章の中に必ず私の体験を書き込むことで、香りの個人的な体験を分かち合えるようにした。

分かりやすいということは、いってみれば、科学性を踏まえて理由を論理的に説明できることだ、と私は思う。特殊な才能や、名人芸を強調することで読者を迷路に誘い込んでしまうようなことは、香りの民主化のために力を尽くしてきた先輩の香料研究者たちの本意ではなかろう。

内容は、次の通りいくつかの点に留意した。
一、教科書的ではないこと。香料については、先達の手になる数々の成書がある。知識を得る目的なら、それらの方が優れているだろう。私はむしろ香りについての考え方の道筋を分かってもらえば十分との方針で、生活の中でふと感じた疑問、しかもよく考えると底の深い科学性を含んだ疑問に自ら答えを探るつもりで、随筆ふうに書き進んだ。
二、どの章も科学的な内容を含んでいて、それを私自身が関係した研究や観察、経験と結びつけるようにした。また、それができないものでも、私の意見や考察を加えた。

三、初めて香りのことを読む人にも理解できるように、特殊な用語、学術用語には、できるだけ適当な説明をしながら書き進んだ。

四、引用文献は、できるだけ本文中に出典を記した。文献にとらわれずに楽に読み進むこともできるし、さらに深く知りたい読者には文献が探せるようにした。主だった化学構造式を巻末に付したので役に立てて頂ければ幸いと思う。

出来上がってみると、香りに関する本としては、これまでにないものになったと自負している。

香料化学に興味のある方には、次の図書をおすすめしたい。

『香料の事典』 藤巻正生他編　朝倉書店　一九八〇年
『香料の化学』 赤星亮一　大日本図書　一九八三年
『香料化学総覧Ⅰ、Ⅱ、Ⅲ』 奥田治　廣川書店　一九六七〜七九年
『においの化学』 長谷川香料㈱編　裳華房　一九八八年

執筆に当たっては、実に多くの人々のお世話になった。大学、研究機関、香料会社などの方々からは貴重な資料を提供していただいた。海外の専門家、友人を含め、どの方

もびっくりするほど素早く、気持ちよく私の求めに応じて下さった。また資生堂の各研究所の人たちの温かい協力も大きかった。

内容の基本となったのは、一九八六年五月七日から六月三日まで、『朝日新聞』科学欄の小さな随筆コラムとして、十六回連載された「変わる香り」である。当時の朝日新聞東京本社科学部デスクが西村幹夫記者で、不備や疑問を厳しく指摘していただいた。何より西村記者は、単行本のための加筆書き下ろしに際しても、終始協力してくれた。何よりも、読者の目の位置というものを教えられた。朝日新聞出版局図書編集室の山田豊氏には、二年余りにわたり温かい励ましをいただいた。また仕上げに当たっては、きめ細かな注意をいただき文章を整えることができた。このような多くの人々に対して、この場を借りて、深く感謝したい。

最後に、原稿をまとめるに当たり、いろいろな形で妻の協力があったことをつけ加えたい。

一九八九年四月

中村祥二

文庫版あとがき

香料会社の若い女性から『香りの世界をさぐる』にサインを求められることが幾度かあった。言葉を交わしていると、自分はこの本を読んで香りの道に進むことを志しました、と話してくれた。本書を通じて出会った人たちはこの本によく目を通してくれただろうし、いつも身近においてあったに違いない。繰り返し読んだ人もあるだろう。読んで、読んでボロボロになったので、二冊目を購入したという香り文化の普及に熱心な熊本市の田中貴子さんのような方もいた。原著のあとがきに述べたように、この本が「香りやにおいをめぐる新しい心の文化を模索しようという人たちのために、何らかの意味を持てば」という私の願いがいささかでも叶えられたことは、とても嬉しい。

原著の出版から二十年の間に世情は大きく変わった。その間、香りの世界では「変わらないこと」「変わったこと」、それに「私の気づかなかったことや新しい発見」があった。

そこで今回の文庫化にあたり「変わらないこと」はそのまま引き継ぎ、新しい内容を加えることにした。

「変わらないこと」で思い出すのは、二〇〇八年五月の中国四川大地震での報道であった。震源地に近い北川県の悲惨な被災地で十歳くらいの女の子が「今一番何がほしい」と聞かれて「香りのよい石けん」と答えていたのが、強く印象に残った。食べ物、衣服、寝具などの答えを予想したかもしれないが、荒廃の中でよい香りを求めるこの言葉は、私が終戦直後の子供の頃に嗅いだ風防ガラスの甘いフルーツの香りの記憶と結びついた。人はどのような困窮の中にあっても快い香りを求めるものだという感を深くした。このような感覚は子供の方が強いのかもしれない。

新しい内容として追加したのは、私が書きためたものを中心に概ね次のようなものである。いずれも私の観察や体験を織り込むようにした。

○花の香りとして、イングリッシュローズの神秘的なミルラの香り、世界初の芳香バラコンクール、意外に知られていないローズウォーターとその歴史、単純化したバラの香りの系譜、蘭の珍しいムスクの香り、受胎告知に描かれたマドンナリリー。
○普及いちじるしいアロマテラピーと、森林浴効果の実証。
○嗅覚研究にたいするノーベル生理医学賞の業績。
○現在、社会に定着した感のある「加齢臭」ノネナールの発見。
○香りの文化として、現代バラの女王ジョゼフィーヌのマルメゾンの館、孔子が愛でた王者の香り、地球の丸いことを実証した丁子を求めた航海について。
○組香の面白さと難しさについて。
○流行を創り出した新しい香りの、イッセイミヤケのフレグランスについて。

また、この二十年間の学問的発見や科学技術の進歩は著しい。
○嗅覚生理について。ノーベル賞についてはすでに述べた。これからの嗅覚生理研究の大きな発展につながることは確かである。
○化学合成技術について。二〇〇一年、名古屋大学の野依良治教授がノーベル化学賞を受賞した。対掌的な構造を持つ化合物を選択的に合成できる触媒の開発の業績によるもので、多くの生理活性物質が効率よく合成できるようになった。香料のl-メントールを合成する反応もその一つである。香料、調味料、食品添加物、医薬品、農薬、液晶材料などの分野で幅広く利用されている。

○分析技術について。植物・食物の香りや空気中・水の中のにおい物質を短時間で正確に分析できるようになった。

かつて、香りは王侯貴族や一部の富裕階級のものであった。それが今、経済の発展や科学技術の進歩により誰でも豊かな香りを享受できるようになった。これからの香りの世界は五感の美的感性と自然科学、社会科学にまたがるおもしろい領域に拡がっていくように思う。人を魅了してやまない香りの文化が多彩に発展することを念じている。

香りや花に関する情報入手には、あらたに次の図書などをおすすめしたい。

・『香りの百科事典』　丸善　二〇〇五年
香りの分野の約三百語について記述。各項目は読み物としても面白い。
・『園芸植物大事典』　小学館　一九九四年
二万種の原種と多数の園芸品種を収載。世界各国の植物を全てカラー写真で収録。植物文化史についての記述があるのも嬉しい。

また、香りの図書館（フレグランスジャーナル社　電話：〇三―三二六四―〇一二六入館有料）では、香り・匂いに関する学術書、解説書、読物などの和洋書（雑誌を含む）五千冊を所蔵しており、館内の図書を閲覧できる。

改訂に当たっては、今回も多くの方にお世話になった。その方々については出来るだけ本文中にお名前を記させていただくようにした。過去のデータの更新などについては資生堂リサーチセンター香料研究室の方々に情報を提供していただいた。ここに記して感謝したい。

『香りの世界をさぐる』の出版の際にお世話になった山田豊さんと朝日文庫編集長の大槻慎二さんの勧めがあり、書名も新たに『調香師の手帖《ノオト》』として朝日文庫から出していただくことになった。この機会を嬉しく思うとともに、お二人に厚くお礼を申し上げたい。

編集をしていただいた河田真果さんには、私の筆が遅れがちだったにもかかわらず、いつも温かく臨機応変に対応をしていただき、心から感謝している。

二〇〇八年十月　　中村祥二

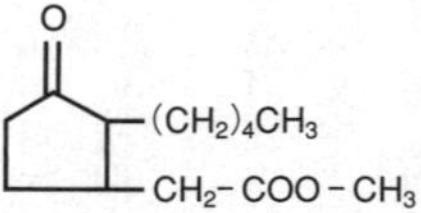

ジヒドロジャスモン酸メチル

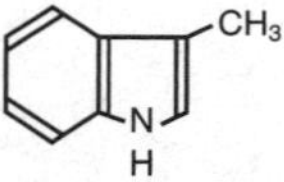

スカトール

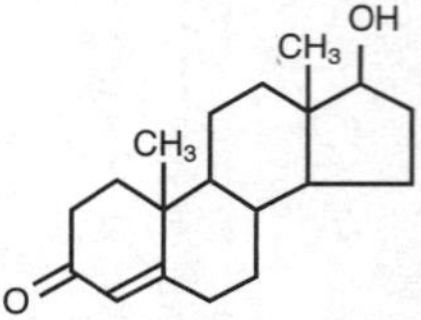

テストステロン

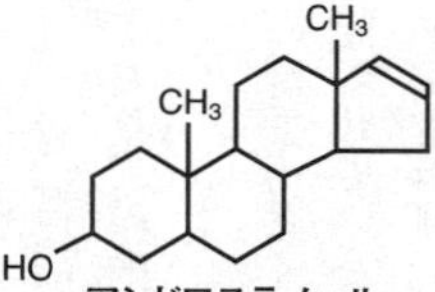

アンドロステノール

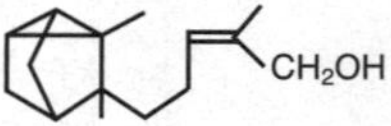

α-サンタロール

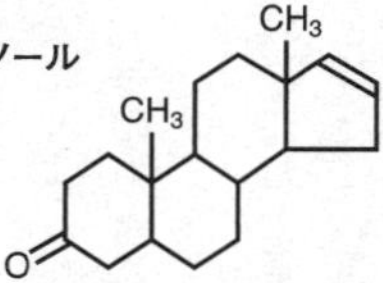

アンドロステノン

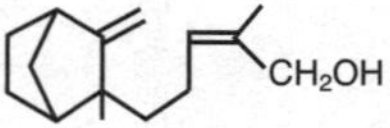

β-サンタロール

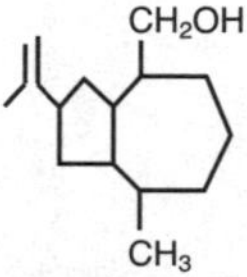

双環性ベチベロール

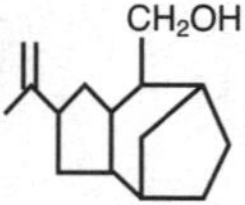

三環性ベチベロール

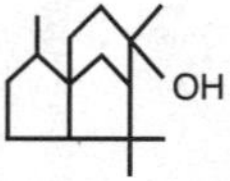

セドロール

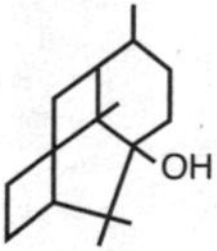

パチュリアルコール

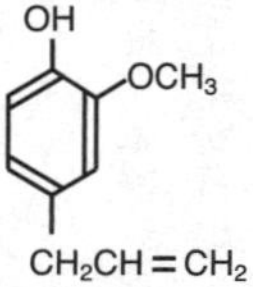

オイゲノール

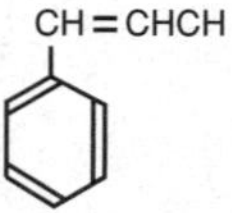

シンナミックアルデヒド

香り成分の化学構造式

青葉アルコール

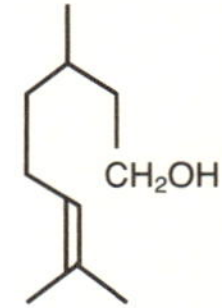

シトロネロール

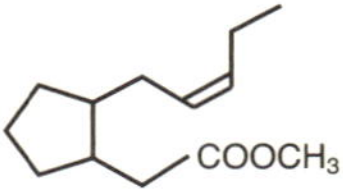

メチルエピジャスモネート

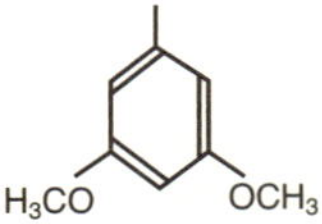

ジメトキシメチルベンゼン

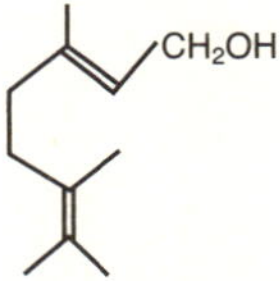

ゲラニオール

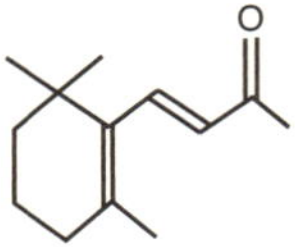

β-イオノン

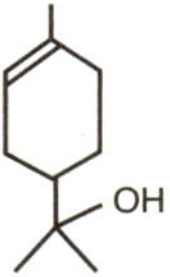

α-ターピネオール

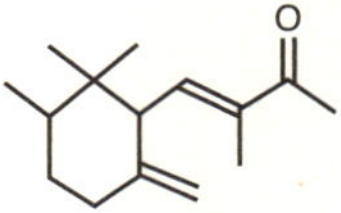

γ イロン

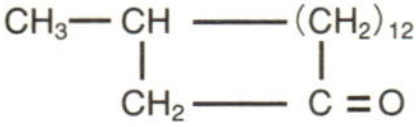

ムスコン

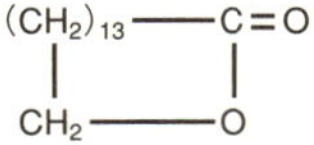

シクロペンタデカノリッド

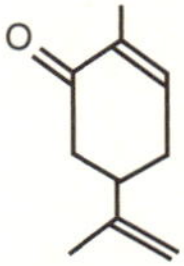

ℓ・カルボン

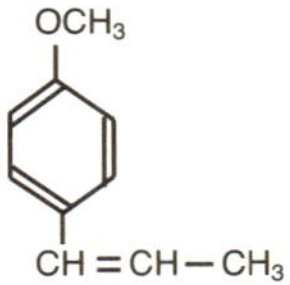

アネトール

索引

ア行

サ行

タ行

ナ行

ハ行

マ行

ヤ行

ラ行

ワ行

調香師《ちょうこうし》の手帖《ノオト》　香《かお》りの世界《せかい》をさぐる　朝日文庫

2008年12月30日　第1刷発行
2022年8月20日　第6刷発行

著　者　中村祥二《なかむらしょうじ》

発行者　三宮博信
発行所　朝日新聞出版
〒104-8011　東京都中央区築地5-3-2
電話　03-5541-8832（編集）
03-5540-7793（販売）
印刷製本　大日本印刷株式会社

ISBN978-4-02-261583-1

浅田　次郎
椿山課長の七日間
突然死した椿山和昭は家族に別れを告げるため、美女の肉体を借りて七日間だけ〝現世〟に舞い戻った！　涙と笑いの感動巨編。《解説・北上次郎》

伊坂　幸太郎
ガソリン生活
望月兄弟の前に現れた女優と強面の芸能記者!?　次々に謎が降りかかる、仲良し一家の冒険譚！　愛すべき長編ミステリー。《解説・津村記久子》

伊東　潤
江戸を造った男
海運航路整備、治水、灌漑、鉱山採掘……江戸の都市計画・日本大改造の総指揮者、河村瑞賢の波瀾万丈の生涯を描く長編時代小説。《解説・飯田泰之》

今村　夏子
星の子
《野間文芸新人賞受賞作》
病弱だったちひろを救いたい一心で、両親は「あやしい宗教」にのめり込み、少しずつ家族のかたちを歪めていく……。《巻末対談・小川洋子》

宇江佐　真理
うめ婆《ばあ》行状記
北町奉行同心の夫を亡くしたうめ。念願の独り暮らしを始めるが、隠し子騒動に巻き込まれてひと肌脱ぐことにするが。《解説・諸田玲子、末國善己》

江國　香織
いつか記憶からこぼれおちるとしても
私たちは、いつまでも「あのころ」のままだ――。少女と大人のあわいで揺れる一七歳の孤独と幸福を鮮やかに描く。《解説・石井睦美》

鈴峯紅也
警視庁監察官Q
人並みの感情を失った代わりに、超記憶能力を得た監察官・小田垣観月。アイスクイーンと呼ばれる彼女が警察内部に巣食う悪を裁く新シリーズ！

小説トリッパー編集部編
20の短編小説
人気作家二〇人が「二〇」をテーマに短編を競作。現代小説の最前線にいる作家たちのエッセンスが一冊で味わえる、最強のアンソロジー。

堂場瞬一
ピーク
一七年前、新米記者の永尾は野球賭博のスクープ記事を書くが、その後はパッとしない日々を送る。そんな時、永久追放された選手と再会し……。

貫井徳郎
乱反射
《日本推理作家協会賞受賞作》
幼い命の死。報われぬ悲しみ。決して法では裁けない「殺人」に、残された家族は沈黙するしかないのか？　社会派エンターテインメントの傑作。

西加奈子
ふくわらい
《河合隼雄物語賞受賞作》
不器用にしか生きられない編集者の鳴木戸定は、自分を包み込む愛すべき世界に気づいていく。第一回河合隼雄物語賞受賞作。《解説・上橋菜穂子》

梨木香歩
f植物園の巣穴
歯痛に悩む植物園の園丁は、ある日巣穴に落ちて……。動植物や地理を豊かに描き、埋もれた記憶を掘り起こす著者会心の異界譚。《解説・松永美穂》

中山　七里
闘う君の唄を

新任幼稚園教諭の喜多嶋凜は自らの理想を貫き、周囲から認められていくのだが……。どんでん返しの帝王が贈る驚愕のミステリ。《解説・大矢博子》

葉室　麟
柚子《ゆず》の花咲く

少年時代の恩師が殺された事実を知った筒井恭平は、真相を突き止めるため命懸けで敵藩に潜入する――。感動の長編時代小説。《解説・江上　剛》

畠中　恵
明治・妖《あやかし》モダン

巡査の滝と原田は一瞬で成長する少女や妖出現の噂など不思議な事件に奔走する。ドキドキ時々ヒヤリの痛快妖怪ファンタジー。《解説・杉江松恋》

細谷正充・編／宇江佐真理／北原亞以子／杉本苑子／半村良／平岩弓枝／山本一力／山本周五郎・著
情に泣く
朝日文庫時代小説アンソロジー　人情・市井編

失踪した若君を探すため物乞いに堕ちた老藩士、家族に虐げられ娼家で金を毟られる旗本の四男坊など、名手による珠玉の物語。《解説・細谷正充》

村田　沙耶香
しろいろの街の、その骨の体温の
《三島由紀夫賞受賞作》

クラスでは目立たない存在の、小学四年と中学二年の結佳を通して、女の子が少女へと変化する時間を丹念に描く、静かな衝撃作。《解説・西加奈子》

湊　かなえ
物語のおわり

悩みを抱えた者たちが北海道へひとり旅をする。道中に手渡されたのは結末の書かれていない小説だった。本当の結末とは――。《解説・藤村忠寿》

山本 一力
たすけ鍼《ばり》
深川に住む染谷《せんこく》は〝ツボ師〟の異名をとる名鍼灸師。病を癒やし、心を救い、人助けや世直しに奔走する日々を描く長編時代小説。《解説・重金敦之》

森見 登美彦
聖なる怠け者の冒険
《京都本大賞受賞作》
宵山で賑やかな京都を舞台に、全く動かない主人公・小和田君の果てしなく長い冒険が始まる。著者による文庫版あとがき付き。

横山 秀夫
震度0《ゼロ》
阪神大震災の朝、県警幹部の一人が姿を消した。失踪を巡り人々の思惑が複雑に交錯する。組織の本質を鋭くえぐる長編警察小説。

柚木 麻子
嘆きの美女
見た目も性格も「ブス」、ネットに悪口ばかり書き連ねる耶居子は、あるきっかけで美人たちと同居するハメに……。《解説・黒沢かずこ（森三中）》

綿矢 りさ
私をくいとめて
黒田みつ子、もうすぐ三三歳。「おひとりさま」生活を満喫していたが、あの人が現れ、なぜか気持ちが揺らいでしまう。《解説・金原ひとみ》

宇佐美 まこと
夜の声を聴く
引きこもりの隆太が誘われたのは、一一年前の一家殺人事件に端を発する悲哀渦巻く世界だった！平穏な日常が揺らぐ衝撃の書き下ろしミステリー。

池谷　裕二
脳はなにげに不公平
パテカトルの万脳薬

人気の脳研究者が〝もっとも気合を入れて書き続けている〟週刊朝日の連載が待望の文庫化。読めば誰かに話したくなる！《対談・寄藤文平》

内田　洋子
イタリア発イタリア着

留学先ナポリ、通信社の仕事を始めたミラノ、船上の暮らしまで、町と街、今と昔を行き来して綴る。静謐で端正な紀行随筆集。《解説・宮田珠己》

上野　千鶴子
おひとりさまの最期

在宅ひとり死は可能か。取材を始めて二〇年、著者が医療・看護・介護の現場を当事者目線で歩き続けた成果を大公開。《解説・山中　修》

加谷　珪一
お金は「歴史」で儲けなさい

日米英の金融・経済一三〇年のデータをひも解き、波高くなる世界経済で生き残るためのヒントをわかりやすく解説した画期的な一冊。

川上　未映子
おめかしの引力

「おめかし」をめぐる失敗や憧れにまつわる魅力満載のエッセイ集。単行本時より一〇〇ページ増量！《特別インタビュー・江南亜美子》

ディーン・R・クーンツ著／大出　健訳
ベストセラー小説の書き方

どんな本が売れるのか？　世界に知られる超ベストセラー作家が、さまざまな例をひきながら、成功の秘密を明かす好読み物。